21世纪高等学校规划教材 | 计算机应用

网站建设与管理基础及实训(ASP版)(第二版)

吴代文 主　编

郭军军　刘静　副主编

清华大学出版社

北　京

内容简介

本书按照网站建设的真实流程，以一个真实的电子商务网站"易购商城"为例，讲述网站建设和管理维护的全过程。书中内容涉及网站建设的每个流程，包括网站策划、IIS服务器搭建、网页美工设计、网站制作、网站测试、网站发布和管理维护等，书中的模块代码是编者严格按照统一代码缩进、统一命名规范的原则精心编写的。代码注释规范且全面，对于关键代码和函数几乎每行语句均有注释。

本书采用模块式的教材编写方式，每个模块根据"知识储备"、"模拟制作任务"、"知识点拓展"、"职业技能知识点考核"和"综合任务"等来组织内容，全方位剖析了网站设计制作中的各个流程和拓展领域。

本书既适合作为高职高专院校计算机及其他相关专业"网站建设与管理维护"课程的教材或参考书，也可作为其他各类、各层次学历教育和短期培训的选用教材，还适合作为网页后台代码编写人员的参考用书。

图书在版编目(CIP)数据

网站建设与管理基础及实训：ASP版/吴代文主编．—2版．—北京：清华大学出版社，2015(2021.2重印)

21世纪高等学校规划教材·计算机应用

ISBN 978-7-302-39162-3

Ⅰ．①网… Ⅱ．①吴… Ⅲ．①网页制作工具—程序设计—高等学校—教材 Ⅳ．①TP393.092

中国版本图书馆CIP数据核字(2015)第017752号

责任编辑：闫红梅 李 晔
封面设计：常雪影
责任校对：白 蕾
责任印制：杨 艳

出版发行：清华大学出版社
网　址：http://www.tup.com.cn，http://www.wqbook.com
地　址：北京清华大学学研大厦A座　**邮　编**：100084
社 总 机：010-62770175　**邮　购**：010-83470235
投稿与读者服务：010-62776969，c-service@tup.tsinghua.edu.cn
质量反馈：010-62772015，zhiliang@tup.tsinghua.edu.cn
课件下载：http://www.tup.com.cn，010-83470236
印 装 者：北京九州迅驰传媒文化有限公司
经　销：全国新华书店
开　本：185mm×260mm　**印　张**：18.75　**字　数**：455千字
版　次：2012年7月第1版　2015年5月第2版　**印　次**：2021年2月第5次印刷
印　数：4001～4300
定　价：39.50元

产品编号：061984-02

出版说明

随着我国改革开放的进一步深化，高等教育也得到了快速发展，各地高校紧密结合地方经济建设发展需要，科学运用市场调节机制，加大了使用信息科学等现代科学技术提升、改造传统学科专业的投入力度，通过教育改革合理调整和配置了教育资源，优化了传统学科专业，积极为地方经济建设输送人才，为我国经济社会的快速、健康和可持续发展以及高等教育自身的改革发展做出了巨大贡献。但是，高等教育质量还需要进一步提高以适应经济社会发展的需要，不少高校的专业设置和结构不尽合理，教师队伍整体素质亟待提高，人才培养模式、教学内容和方法需要进一步转变，学生的实践能力和创新精神亟待加强。

教育部一直十分重视高等教育质量工作。2007 年 1 月，教育部下发了《关于实施高等学校本科教学质量与教学改革工程的意见》，计划实施"高等学校本科教学质量与教学改革工程（简称'质量工程'）"，通过专业结构调整、课程教材建设、实践教学改革、教学团队建设等多项内容，进一步深化高等学校教学改革，提高人才培养的能力和水平，更好地满足经济社会发展对高素质人才的需要。在贯彻和落实教育部"质量工程"的过程中，各地高校发挥师资力量强、办学经验丰富、教学资源充裕等优势，对其特色专业及特色课程（群）加以规划、整理和总结，更新教学内容、改革课程体系，建设了一大批内容新、体系新、方法新、手段新的特色课程。在此基础上，经教育部相关教学指导委员会专家的指导和建议，清华大学出版社在多个领域精选各高校的特色课程，分别规划出版系列教材，以配合"质量工程"的实施，满足各高校教学质量和教学改革的需要。

为了深入贯彻落实教育部《关于加强高等学校本科教学工作，提高教学质量的若干意见》精神，紧密配合教育部已经启动的"高等学校教学质量与教学改革工程精品课程建设工作"，在有关专家、教授的倡议和有关部门的大力支持下，我们组织并成立了"清华大学出版社教材编审委员会"（以下简称"编委会"），旨在配合教育部制定精品课程教材的出版规划，讨论并实施精品课程教材的编写与出版工作。"编委会"成员皆来自全国各类高等学校教学与科研第一线的骨干教师，其中许多教师为各校相关院、系主管教学的院长或系主任。

按照教育部的要求，"编委会"一致认为，精品课程的建设工作从开始就要坚持高标准、严要求，处于一个比较高的起点上；精品课程教材应该能够反映各高校教学改革与课程建设的需要，要有特色风格、有创新性（新体系、新内容、新手段、新思路，教材的内容体系有较高的科学创新、技术创新和理念创新的含量）、先进性（对原有的学科体系有实质性的改革和发展，顺应并符合 21 世纪教学发展的规律，代表并引领课程发展的趋势和方向）、示范性（教材所体现的课程体系具有较广泛的辐射性和示范性）和一定的前瞻性。教材由个人申报或各校推荐（通过所在高校的"编委会"成员推荐），经"编委会"认真评审，最后由清华大学出版社审定出版。

目前,针对计算机类和电子信息类相关专业成立了两个“编委会”,即“清华大学出版社计算机教材编审委员会”和“清华大学出版社电子信息教材编审委员会”。推出的特色精品教材包括:

(1) 21世纪高等学校规划教材·计算机应用——高等学校各类专业,特别是非计算机专业的计算机应用类教材。

(2) 21世纪高等学校规划教材·计算机科学与技术——高等学校计算机相关专业的教材。

(3) 21世纪高等学校规划教材·电子信息——高等学校电子信息相关专业的教材。

(4) 21世纪高等学校规划教材·软件工程——高等学校软件工程相关专业的教材。

(5) 21世纪高等学校规划教材·信息管理与信息系统。

(6) 21世纪高等学校规划教材·财经管理与应用。

(7) 21世纪高等学校规划教材·电子商务。

(8) 21世纪高等学校规划教材·物联网。

清华大学出版社经过三十多年的努力,在教材尤其是计算机和电子信息类专业教材出版方面树立了权威品牌,为我国的高等教育事业做出了重要贡献。清华版教材形成了技术准确、内容严谨的独特风格,这种风格将延续并反映在特色精品教材的建设中。

清华大学出版社教材编审委员会

联系人:魏江江

E-mail:weijj@tup.tsinghua.edu.cn

前言

随着因特网的迅猛发展，网络已深入到世界的各个角落。网站作为因特网的主要组成部分，其数量和质量都在迅速发展。越来越多的政府部门、企业、组织和个人，都在通过制作网页、建立网站来发布信息和宣传自己。而在日常生活方面，电子商务取得了巨大发展，网络购物现在已然成为年轻人的购物时尚。人们对网站的美观及操作性、交互性、安全性也有了越来越高的要求。

本书模拟网站建设的真实流程，以一个真实的电子商务网站“易购商城”为例，讲述网站建设和管理维护的全过程。本书采用模块式的教材编写方式，每个模块根据“知识储备”、“模拟制作任务”、“知识点拓展”、“职业技能知识点考核”、“实训”和“综合任务”等来组织内容，全方位剖析了网站设计制作中的各个流程和拓展领域。

本书特点

1. 强调技术应用能力、学习能力和工作能力

本教材侧重综合职业能力与职业素质的培养，融“教、学、做”为一体，以尽可能适应以“能力本位”为主旨的学生为主、教师为辅的新型教学模式的需要。

每一个模块的开始部分都对通过本模块应掌握的能力目标、知识目标提出了明确的要求，让学生每学完一个模块都会感觉很有收获，根据模块提供的任务即可举一反三地编写相应功能模块代码。

每一个任务都通过任务背景、任务要求、任务分析、操作步骤详解和知识点拓展等部分引导，以启发学生思考，学生可以在解决问题中学习知识。通过任务，学生能运用所学知识解决现实问题、积累经验，从而提高动手能力和解决问题的能力。

2. 注重解决方法

本书以真实网站“易购商城”为例，带领学生一起进行网站的设计制作，培养学生解决问题的能力，主要使学生学会使用其中的核心技术实现网站所需要的功能，并且可以举一反三地应用于其他网站的开发工作中。

3. 注重实训和可操作性

本书相对传统编书方式更加注重实训和可操作性。更加关注教师教学的可演示性和学生上机的可操作性，注重培养学生的实际动手能力。对于过多的相关理论知识，采用知识拓展的方式展示给学生，这部分内容可不作为教学的重点。

4. 代码规范，注释全面

书中的模块代码在注重执行效率的同时，是编者严格按照统一代码缩进、统一命名规范

的原则精心编写的。代码注释规范而且非常全面,对于关键代码和函数几乎每行均有注释。

5. 以真实项目为载体,以模块化和任务驱动方式编写

本书基于编者的实际教学和开发经验,由浅入深、循序渐进地讲解了网站建设与管理的全过程。讲解过程以模块为单位,将一个复杂任务(网站建设与管理的全过程)划分为多个子模块分别进行详细讲解。在模块讲解过程中使用了大量的实例和代码,使学生在学完每个模块后就能进行实践。

每个模块的讲解都力求做到"学以致用",学生通过本课程所有模块的学习之后,都能自己动手制作出一个中型电子商务网站。

本书内容

全书共分为13个模块,具体内容如下。

01模块:绪论,介绍了与网站相关的基本常识和概念,详细讲解了网站建设的基本原则和网站规划的基本流程。最后,以"易购商城"为例设计了一份电子商务网站规划书。

02模块:网站的安装与配置,主要介绍了 Windows 2003 下 IIS 6.0 的安装,WWW 服务器的配置、虚拟目录的设置和 IIS 配置数据的备份等。

03模块:网页设计工具——Dreamweaver CS5,主要介绍网页设计工具——Dreamweaver CS5 的使用,如超链接、插入表格、图像、视频和 Flash 动画等网页元素。

04模块:网站及网页的色彩搭配,主要介绍色彩搭配的相关知识。内容包括三原色、常见网页色彩、色彩的冷暖视觉、网页的安全色、网站色彩规划与搭配原理和常见配色方案等。

05模块:网页的排版布局,主要讲解页面的基本构成、常见的页面结构、页面布局设计的基本流程和常用网页布局方法等内容。

06模块:CSS 和 ASP 脚本语言,本模块主要讲解 CSS、VBScript 和 JavaScript 三方面的内容。

07模块:ASP 动态扩展,本模块主要讲解 ASP 技术的特点及其工作原理,ASP 的基本语法和 ASP 内建对象的使用方法。

08模块:网页数据库扩展,本模块主要讲解 ADO 对象模型,ADO 访问数据库的各种方式和利用常用 ADO 对象实现对数据库的访问等内容。

09模块:注册登录,本模块通过一个简单的注册和登录过程,介绍一般网站注册和登录模块实现的基本方法。

10模块:商品发布,本模块主要以实例的形式讲述商品信息的添加、修改和删除等功能。

11模块:购物车、订单和在线支付,本模块主要以实例的形式讲述购物车、订单和在线支付等功能的实现。

12模块:网站测试发布与宣传推广,本模块主要讲解网页测试、网站发布管理和网站宣传推广等方面内容。

参编人员

本书由吴代文任主编,郭军军、刘静任副主编。第1模块和第2模块由郭军军、刘静和周莹编写,第3~12模块由吴代文编写。全书由吴代文拟定纲要和统一定稿,郭军军、刘静参与部分章节的稿件审核工作。在本书编写的过程中,张郭军、谢丽春、曹熙斌、林关成、哈渭涛、何泰伯和高彩容等老师对本书的编写提供了大量帮助,在此一并表示感谢!

对于书中不足和疏漏之处,恳请各位专家、老师和读者批评指正。对于发现的本书错误,请发邮件至 wudaiwen@foxmail. com。

编 者

2015 年 2 月

目 录

01 模块

绪　论

本模块主要介绍与网站和Internet有关的概念和技术，让学生了解一些网站的基本概念、网站的分类和网站的基本要素等常识性知识。初步了解网站建设的基本原则和网站规划的基本流程。

能力目标

1. 了解网站建设的原则。
2. 熟悉网站规划的基本流程。

知识目标

1. Web概述。
2. 网站的基本概念。
3. 网站的分类。
4. 常用动态网页语言。

知识储备

知识1-1　Web概述

World Wide Web也称为万维网，是Internet上一个非常重要的信息资源网，产生于20世纪90年代初，它遵循超文本传输协议，以超文本或超媒体的形式传送各种各样的信息，为用户提供了一个共享和获取信息的平台，方便上网用户查阅Internet上的信息。

下面介绍一些Web常用术语。

Web页面：通常指在浏览器中所看到的网页，其实是一个单一的文件。

网页：用HTML编写的文本文件，包含文字、表格、图像、链接、声音、动画和视频等内容。

主页：有时也称首页，是网站的第一个页面。通常，主页总是与一个URL网址相对应，引导用户浏览网站。

URL：统一资源定位器(Uniform Resource Locator)，是一种唯一标识Internet上计算机、目录和文件位置的命名规则。它由资源类型、存放资源的主机地址和端口以及资源目录和文件名构成。“资源类型”表示信息传输的协议，如HTTP、FTP等。“主机地址”是提供资源的主机IP地址或域名。“端口”表示某一服务器在该主机上所使用的TCP端口。“目

录”表示提供服务的信息资源所在目录。“文件名”由基本文件名和扩展名两部分组成。例如:

http://www.tup.tsinghua.edu.cn:80/book/menu_jc.asp

其中 http 为超文本传输协议,www.tup.tsinghua.edu.cn 是服务器名,80 为默认端口号,book 是文件夹,menu_jc.asp 是文件名。

Http(Hypertext Transfer Protocol):超文本传输协议,是 Internet 上访问 WWW 信息资源的一种协议,用来传输多媒体信息。

HTML(Hypertext Markup Language):超文本标记语言,是一种描述文档结构的语言,而不能描述实际的表现形式。HTML 语言使用描述性的标记符(标签)来指明文档的不同格式和内容。

知识 1-2 网站的基本概念

1. 网站

网站是指由若干网页按一定方式组织在一起的,放在服务器上,提供相关信息资源。通俗的讲法就是在 Internet 上营造的“家”。这个“家”可以通过租赁网络空间或购买服务器两种方式实现。用户可以到相关网站租赁虚拟网络空间来发布自己的网站,这种方式通常比较便宜;而购买服务器需要用户购买一台服务器并通过有关部门的检验后接入 Internet,这种方式一般用于专门的网络公司,购买服务器通常费用较高,但网站访问速度和质量更有保障。

2. 网站的构成要素

一个网站是由多个元素有机地结合而组成的 Internet 空间,包括以下几方面。

(1) 域名:域名是一个网站在 Internet 上的身份证,就像企业在工商局登记的名称一样。域名有国际域名和国内域名之分,国际域名在全世界内有效;国内域名只在国内有效。国际域名是以.com、.net、.org 等结尾;而国内域名是以.com.cn、.net.cn、.org.cn 等结尾。

(2) IP 地址:IP 是每个网站或上网用户的特定网络地址,通常用户上网后会立刻取得一个由 4 个数字组成的 IP。对于直接拨号上网者,这个 IP 是全球唯一的。IP 地址由 4 个小于 255 的十进制数组成,格式为 xxx.xxx.xxx.xxx。由网络解析这个地址,以确立每个用户的身份。如 192.168.1.1 即为一个 IP 地址。

(3) 网站的构成:一个网站是由多个网页及其他资源文件(图片、动画和视频等)和数据库组成的,网页只是一页信息,只有多个网页以及其他要素组合起才能算网站。

(4) 网站的功能:网站既能起到企业形象宣传的效果,又能为各方朋友、商家和客户提供网络交流平台。

知识 1-3 网站的分类

网站一般可分为以下几类。

1. 门户网站

门户网站(Portal Site)或称大门网站、入门网站。它集合了众多内容,提供多样服务,并尽可能地成为网络用户的首选。目前比较知名的中文门户网站有雅虎、新浪、搜狐、网易和腾讯等，这些网站内容除了搜索引擎外，还包括新闻、娱乐、游戏、文化、体育、健康、科技、财经、教育等若干板块，以及网上短信、个人主页空间、免费邮箱等服务项目。

2. 普及型网站

企事业单位和个人根据自身要求建立和发布的以介绍基本情况、通信地址、产品和服务信息、供求信息、人员招聘和合作信息等为主旨的网站属于此类。该类网站以向客户、供应商、公众和其他一切对该网站感兴趣的人宣传推介，树立网上形象为目的，网站内容一般比较全面。通过访问该网站，可以及时了解这些单位的业务范围、最新动态、产品及价格，并可以通过网站提供的用户咨询服务与相关部门进行在线信息交流。此类网站包括企业网站、大学网站、政府网站以及数量众多的个人网站。

3. 电子商务类网站

电子商务按类型分为 B2B(商家对商家)和 B2C(商家对个人客户)两种；按照交易过程可分为商品检索、商品采购、订单支付 3 个阶段。常见的电子商务网站有淘宝、阿里巴巴、京东商城、当当网和亚马逊网等。电子商务网站通常应该具有如下功能。

(1) 商品发布功能。

(2) 商品选购功能。

(3) 具有个性化的采购订单模板，顾客可以进行购物组合比较。

(4) “购物车”内置的价格计算模型可以根据商家的价格体系灵活定制。

(5) 在线交易功能。

(6) 商品推荐功能，能根据用户的购买习惯向用户推荐类似商品。

4. 媒体信息服务类网站

这类网站是报社、杂志社、广播电台、电视台等传统媒体为了树立自己的网上形象、方便服务对象而建立的网站，主要包括以下功能。

(1) 信息发布。

(2) 电子出版。

(3) 客户在线咨询。

(4) 网站管理。

5. 办公事务管理网站

它是企业事业单位为了实现办公自动化而建立的内部网站，它包括以下主要功能模块。

(1) 办公事务管理。

(2) 人力资源管理。

(3) 财务资产管理。

(4) 网站管理。

6. 商务管理网站

它是企业内部为了进行广告及商品管理、客户管理、合同管理、营销管理等目的而建立的网上办公平台。

知识 1-4 网站建设的常用动态网页语言

与网站建设相关的常用动态网页语言有下列几种。

1. ASP

ASP(Active Server Pages)是由微软创建的 Web 应用开发标准,服务器已经包含在 IIS (Internet Information Service)服务器中,服务器将 Web 请求转入解释器中,在解释器中将所有的脚本进行分析,然后执行,同时可以创建 COM 对象以完成更多的功能,ASP 中的脚本是 VBScript 和 JavaScript。ASP 网页文件的后缀是.ASP,网页可以包含 HTML 标记、普通文本、脚本命令以及 COM 组件等。

2. PHP

PHP(Pre-Hypertext Preprocessor)是一种跨平台的服务器端嵌入式脚本语言,由于其良好的性能及免费的特点,它是目前互联网中应用非常流行的一种应用开发平台。它支持目前绝大多数数据库。PHP 程序可以运行在 UNIX、Linux 和 Windows 操作系统下。一般情况下,PHP 与 MySQL 数据库和 Apache Web 服务器是最佳组合。PHP 网页文件的后缀是.PHP。

3. JSP

JSP(Java Server Page)是 Sun 公司推出的网站开发语言,它具有可移植性好、支持多种平台、强大的可伸缩性、多样化与强大的工具支持等特点。JSP 网页文件的后缀是.JSP。

4. .NET

.NET 是微软推出的新一代基于.NET 框架的动态网页开发语言,它采用了代码与页面编程语言相分离的编程方式。而 ASP、PHP 和 JSP 是将脚本语言嵌入到 HTML 文档中。.NET 网页文件的后缀是.ASPX。

上述 4 种动态网页语言的优点是:ASP 学习简单,使用方便,运行环境配置简单;PHP 软件免费,运行成本低;JSP 开放、跨平台性好,且移植方便;ASP.NET 学习简单,开发项目速度快,与微软的软件兼容性好。

上述 4 种动态网页语言的缺点是:ASP 属于解释性的语言,因此每次执行网页时都需要解释一遍,所以相对于 PHP 和 JSP 来说执行速度有点慢。PHP 和 JSP 运行环境的安装比较复杂,对于初学者来说掌握起来有点困难。.NET 运行会占用很多资源,所以对计算机硬件要求较高。

一般情况下,PHP 适合大型网站开发;JSP 在国外网站中用得比较多;.NET 一般用于信息系统开发;ASP 比较适合作为网站开发入门语言,因为简单易学,而且目前网上关于它的资源也是很多的。对于初学者，ASP 是最合适的，所以本书选择 ASP 作为动态网页讲解语言。

知识 1-5 网站建设的整体规划

随着全球信息网络的发展，Internet 在世界上已不仅仅是一种技术，更重要的是它已成为一种新的经营模式。从 4C(Connection，Communication，Commerce，Co-operation)层次上彻底改变了人类工作、学习、生活和娱乐的方式，已成为国家经济和区域经济增长的主要动力。Internet 正成为世界最大的公共资料信息库，它包含无数的信息资源，所有最新的信息都可以通过网络搜索获得。更重要的是，大部分信息都是免费的，应用电子商务可使企业获得在传统模式下所无法获得的海量商业信息，在激烈的市场竞争中领先于对手。

网络是现代公司的一个重要组成部分。一个成功的网站，可以将公司信息、产品信息等最完整、最形象、最具有良好沟通性地向全球展示。

网站规划是指在网站建设前对市场进行分析、确定网站的目的和功能，并根据需要对网站建设中的技术、内容、费用、测试、维护等做出规划。网站规划对网站建设起到了计划和指导的作用，对网站的内容和维护起到了定位作用。

根据不同的需要和侧重点，网站的功能和内容会有一定的差别，但网站规划的基本步骤是类似的，一般来说，一份完整的网站规划应该包括下列内容。

1. 建站前的市场分析

建设网站之前应该对整个行业的市场前景和发展空间做一个详细的了解和分析，同时对网站运作的可行性做深入的论证分析。

2. 建网目的

建立网站的目的也就是一个网站的目标定位问题。网站内容和功能以及各种网站推广策略都是为了实现网站的预期目的。这是网站规划中的核心问题，需要非常明确和具体。建立网站可以有多种目的，例如，从事网上商品销售、发布产品信息、信息中介服务、教育和培训等，不同类型的网站其表达方式和实现手段是不一样的。

3. 域名和网站名称

一个好的域名对营销的成功与否具有重要意义，网站名称同域名一样也具有重要的意义，域名和网站名称应该在网站规划阶段就作为重要内容来考虑。有些网站发布一段时间之后才发现域名或者网站名称不太合适，需要重新更改，不仅非常麻烦，而且前期的推广工作几乎没有任何价值，同时对自己网站的形象也造成一定的伤害。

4. 网站的主要功能

在确定了网站目标和名称之后，接下来要设计网站的功能了，网站功能是战术性的，是为了实现网站的目标。网站的功能是为用户提供服务的基本表现形式。一般来说，一个网站有几个主要的功能模块，这些模块体现了一个网站的核心价值。

5. 网站技术解决方案

根据网站的功能确定网站技术解决方案,应重点考虑下列几个方面。

(1) 采用自建网站服务器,还是租用虚拟主机。

(2) 选择操作系统,用 UNIX、Linux 还是 Window 2003/NT。

(3) 分析投入成本、功能、开发、稳定性和安全性等。

(4) 采用系统性的解决方案,如 IBM、HP 等公司提供的企业上网方案、电子商务解决方案,还是自行开发。

(5) 网站安全性措施,防黑客、防病毒方案。

(6) 相关的程序开发,如网页程序 ASP、JSP、PHP、CGI 和数据库程序等。

6. 网站内容规划

不同类别的网站,在内容方面的差别很大,因此网站内容规划没有固定的格式,需根据不同的网站类型来制定。例如,一般信息发布型企业网站内容应包括:公司简介、产品介绍、服务内容、价格信息、联系方式、网上订单等基本内容;电子商务类网站要提供会员注册、详细的商品服务信息、信息搜索查询、订单确认、付款、个人信息保密措施、相关帮助等;综合门户类网站则将不同的内容划分为许多独立的或有关联的频道,有时,一个频道的内容就相当于一个独立网站的功能。

7. 网站测试和发布

在网站设计完成之后,应该进行一系列的测试,当一切测试正常之后,才能正式发布。主要包括以下测试内容。

(1) 网站服务器的安全性、稳定性。

(2) 各种超链接、图像、插件和数据库等是否工作正常。

(3) 在接入速率不同的情况下网页的下载速度。

(4) 网页对不同浏览器的兼容性。

(5) 网页在不同显示器和不同显示模式下的表现等。

8. 网站推广与维护

网站推广活动一般发生在网站正式发布之后,当然也不排除一些网站在筹备期间就开始宣传的可能。网站推广是网络营销的主要内容,可以说,大部分的网络营销活动都是为了网站推广的需要,例如,发布新闻、搜索引擎登记、交换链接和网络广告等。

因此,在网站规划阶段就应该对将来的推广活动有明确的认识和计划,而不是等网站建成之后才考虑采取什么样的推广手段。由此也可以看出,网站规划并不仅仅是为了网站建设的需要,也是为了整个网络营销活动的需要。

网站发布之后,还要定期进行维护,主要包括下列几个方面。

(1) 服务器及相关软硬件的维护,对可能出现的问题进行评估,确定响应时间。

(2) 网站内容的更新、调整等,将网站维护制度化、规范化。

9. 网站财务预算

除了上述各种技术解决方案、内容、功能、推广、测试等应该在网站规划书中详细说明之外，网站建设和推广的财务预算也是重要内容，网站建设和推广在很大程度上受到财务预算的制约，所有的规划都只能在财务许可的范围之内。财务预算应按照网站的开发周期，包含网站所有的费用明细清单。

具体来讲，可以参照如图 1-1 所示的流程来建设企业网站。

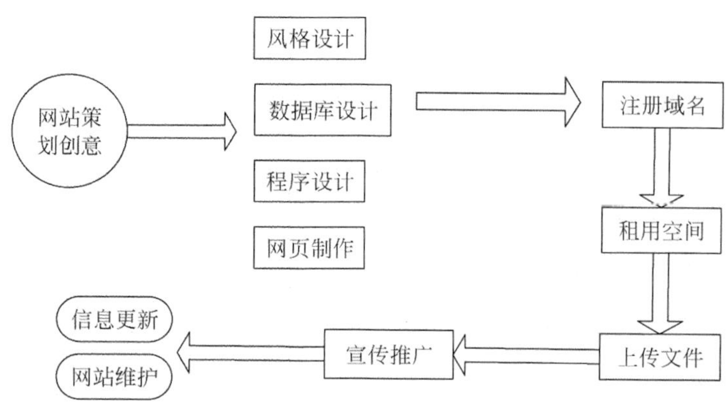

图 1-1 网站建设流程

知识 1-6 电子商务网站的解决方案

针对以上的网站规划流程，一个电子商务网站的解决方案主要包括以下内容。

(1) 制定一份翔实的电子商务市场评估和定位策划书，确立网站的目标，分析网络目标客户群、现有的竞争对手，分析网站运行取胜的机会，分析本企业建立电子商务网站的可行性，组织人员，并制定相应策略和正确的操作步骤。

(2) 策划短期和长期盈利项目，发现和分析企业可开展的网上业务，寻求电子商务特点和网上贸易发展的支撑点，同时也要考虑企业电子商务长远的发展规划。

(3) 设计理想的域名，并注册申请。

(4) 选择合适的软硬件和 ISP(Internet 服务提供商)，确定网站的内容结构、核算制作成本、设计网站开发进度，并分析主流技术和产品或服务外的附加有价值的信息内容。

(5) 收集网站内容信息、创建页面与组织网页链接、开发与设计数据库、制作导航页面、设计网站的检索功能和可能与用户检索排名有密切相关的关键词。

(6) 将网站中的主要页面向世界各大搜索引擎和中国主要的搜索引擎登记注册。

(7) 制定在线广告计划，最大程度地发挥广告效应，以求得最大的投入产出比。

(8) 制定与电子商务密切相关的新闻组、电子邮件组、电子公告牌的信息，使网络营销发挥最大的效率；编写交易邮件，提高交易邮件的响应率，直接增加网上销售的份额和利润。

(9) 开发网站管理数据库，以便及时地发布、维护和更新网站信息，并快速地接收用户的反馈信息。

(10) 建立网络交易的在线支付平台。

(11) 设置防火墙、制定网站维护及安全防卫措施。

(12) 统计用户访问网站的流量,并及时有效地监控网站在搜索引擎中的排名,同时密切地监督竞争对手。

(13) 提供中英文等翻译。

电子商务网站一般包括以下主要内容。

1. 产品展示

详细介绍企业产品。向客户提供的最新企业产品介绍和详细的产品展示图,一些有实力的网站还利用多媒体技术,使客户更直观地了解产品的全貌。

2. 网上客服和电话客服

采用在线交互技术,针对客户反馈的意见,自动或手动回复和处理客户反馈;同时还应该提供电话客服系统,方便用户及时反馈信息;并及时汇总,传输到企业的决策部门,为企业决策提供依据。

3. 电子交易功能

通过和银行、第三方支付公司合作,建立电子交易系统,客户可以在网上订货、付款,企业也可以自动处理订单、自动配货。

4. 数据库检索功能

很多网站的内容丰富,产品种类繁多,想让客户第一时间找到自己想要浏览的信息,就必须提供强大的数据库检索功能。

5. 售后服务

良好的售后服务为顾客购买产品解决了后顾之忧,更能为公司建立良好的形象。这一部分主要是介绍公司售后服务的有关条款和规定,让客户对公司的售后服务情况有所了解,从而在对比的基础上购买公司的产品。

6. 企业简介

介绍企业的发展历程、企业的概况、组织结构、员工队伍等企业的基本信息,多采用图文并茂的网页来表现。

7. 企业的最新动态

介绍企业的一些最新决策、促销活动和礼品派送等。

8. 企业的联系方式

将企业的网站地址、E-mail、电话、传真等多种联系方式公布在网上,方便新老客户的联系。

引例：欣赏三个不同类型网站的首页

如图 1-2～图 1-4 分别是三个不同类别网站的首页。

图 1-2　淘宝网首页

图 1-3　京东商城首页

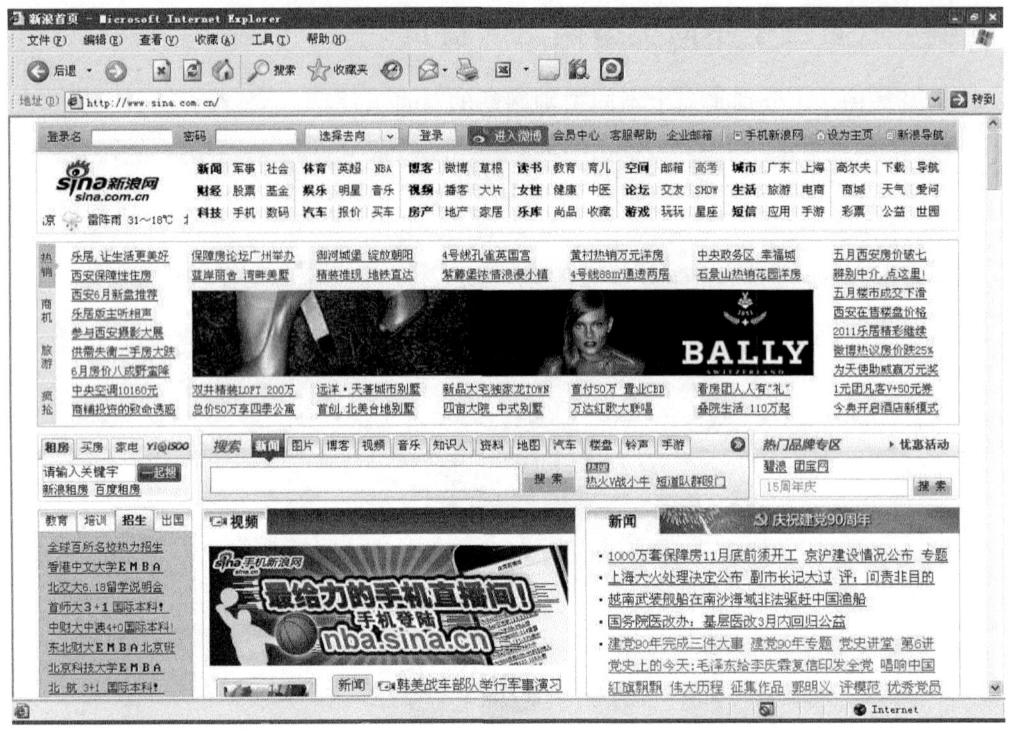

图 1-4　新浪网首页

模拟制作任务

任务 1-1　编写一个电子商务网站规划书

“易购商城”网站规划书

1. 市场分析

随着我国经济的持续发展和人们消费观念的改变,网络购物已经逐渐被人们所接受,尤其被伴随着互联网长大的年轻一代所接受。根据艾瑞咨询发布的 2013 年中国网络购物市场数据,2013 年,中国网络购物市场交易规模达到 1.85 万亿元,增长 42.0%,与 2012 年相比,增速有所回落。根据商务部 2013 年全年社会消费品零售总额数据,2013 年,网络购物交易额占社会消费品零售总额的比重将达到 7.8%,比 2012 提高 1.6 个百分点。且这个比率是从 2003 年的 0.06%增长到 2013 年的 7.8%,11 年来一直保持一个快速增长的趋势。

艾瑞咨询认为,随着网民购物习惯的日益养成,网络购物相关规范的逐步建立及网络购物环境的日渐改善,中国网络购物市场将开始逐渐进入成熟期,未来几年,网络购物市场增速将趋稳。同时,随着传统企业大规模进入电商行业,中国西部省份及中东部三四线城市的网络购物潜力也将得到进一步开发,加上移动互联网的发展促使移动网络购物日益便捷,中国网络购物市场整体还将保持相对较快增长,预计到 2016—2017 年中国网络购物市场交易规模将达到 4 万亿元。

目前，在我国从事 B2C 网上电子商务的企业主要有京东商城、亚马逊、当当网和凡客等。它们的市场占有率如图 1-5 所示（数据来源于中商情报网）。

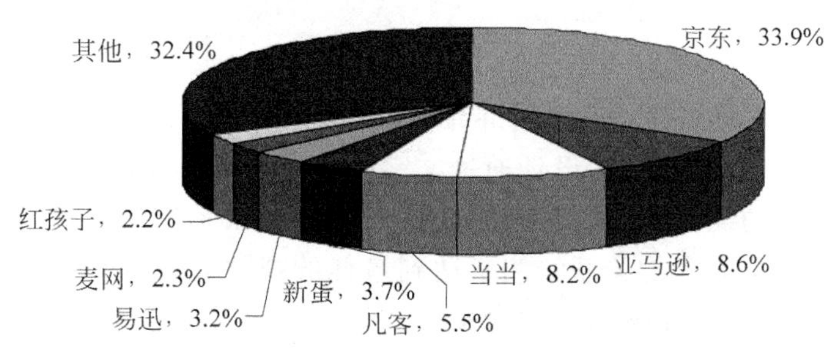

图 1-5　中国 B2C 网上购物系统市场占有率份额图

从图 1-5 可以看出，目前市场占有率最大的京东商城为 33.9%。但也没有占据绝对统治地位。随着我国网购规模的不断增大，其他企业还是有机会的。因此，“易购商城”有限公司打算涉足互联网电子商务领域，规划建设一个电子商务网站“易购商城”。销售产品主要以家电数码、家居用品和化妆品等为主。

2. 网站的目的及功能规划

电子商务（E-Commerce）交易的个性化、自由化可为企业创造无限商机，降低成本，同时可以更好地建立同客户、经销商及合作伙伴的关系，为此，我们规划一个电子商务网站“易购商城”，网站的主要功能有产品展示、产品发布、产品推送、售后服务和企业论坛等。

该网站旨在密切“易购商城”有限公司同其合作伙伴、经销商、客户和浏览者之间的关系，优化企业经营模式，提高企业运营效率。采用最新的技术架构和应用系统平台，协助公司优化复杂的商业运作流程，以减少产品在市场上的流通时间，提高资金的周转率和利用效率，最终提高公司利润。

3. 网站的内容规划

网站名称：“易购商城”。

网站主题：通过网站宣传，树立企业形象，提高企业知名度。

网站语言：简体中文。

网站风格：以暖色调为主，给人以家的感觉，主题鲜明突出（购物上易购，省钱又轻松），要点明确，以简单明确的语言和画面体现站点的主题，表现网站的个性和情趣，办出网站的特点。

网站内容设计：网站内容设计应注意以下几点。

（1）要提供一个友好的展示商品信息的平台，对商品的展示要多媒体化，除了可以利用图片展示外，还能利用视频和动画展示。

（2）首页应该要有最新商品、推荐商品、热销商品和销售排行等栏目，以便领导用户购买，激起用户的购买欲望。

（3）由于网站商品较多，所以应该提供快速检索商品的功能。

(4) 在网站商品分类和栏目设置方面,要注意方便用户浏览,以用户能最快找到商品为目的。

(5) 网站还应支持折扣、秒杀和团购等活动。

4. 网站设计

网页设计作为一种视觉语言,特别讲究编排和布局,虽然主页的设计不等同于平面设计,但它们有许多相近之处。版式设计通过文字图形的空间组合,表达出和谐之美。

多页面站点页面的编排设计要求把页面之间的有机联系反映出来,特别要处理好页面之间和页面内的秩序与内容的关系。为了达到最佳的视觉表现效果,设计时考虑整体布局的合理性,使浏览者有一个流畅的视觉体验。

"易购商城"有限公司网站时应做到以下几点:

(1) 网站的主页应能够给顾客比较强烈和突出的印象,要突出"易购商城"有限公司的特点和风格。设计首先要抓住"易购商城"有限公司在同行业中的突出特点,以增加浏览者的兴趣,挖掘潜在客户;其次要突出"易购商城"有限公司的服务宗旨、服务特色和产品特点。显著位置留给重点宣传栏目或更新最多的栏目,结合网站栏目设计在首页导航上突出层次感,使客户渐进接受。

(2) 网页结构设计合理,层次清楚。为了将丰富的含义和多样的形式组织成统一的页面结构,形式、语言必须符合页面的内容。灵活运用各种手段,通过空间、文字、图形之间的相互关系建立整体的均衡状态,产生和谐的美感。点、线、面相结合,充分表达完美的设计意境,使顾客可以从主页得知自己应查的方向。

(3) 网页内容应全面,尽量涵盖顾客普遍所需的信息。

(4) 页面的链接应方便浏览,传输速度和图片的下载速度快,应注意避免死链接,图像不显示等情况存在。

5. 网站的技术解决方案、维护及测试

网站拟用 Window Server 2003 作为服务器操作系统,公司配备相应的服务器主机,Web 服务器使用 IIS。动态网页编程语言选择目前最为成熟且应用广泛的语言。

为了保证公司网站运行的安全,拟从以下几个方面提高网络运营的安全性。

1) 局域网安全措施

局域网采用广播方式,在同一个广播域中可以侦听到在该局域网上传输的所有信息是不安全的。此时可对局域网进行网络分段,将非法用户与网络资源相互隔离,从而达到限制用户非法访问的目的。分段可采用物理或逻辑分段的形式。

物理分段:按计算机所在的物理地点来划分。

逻辑分段:按计算机的用途划分,不管所在的地理位置,形成 VLAN(Virtual Local Area Network,虚拟局域网)。如企业的服务器系统单独作为一个 VLAN,重要部门(财务、人事、销售、生产等)的计算机系统分别作为独立的 VLAN。

将整个网络分成若干个虚拟网段(IP 子网),各子网之间无法直接通信,必须通过路由器、路由交换机、网关等设备进行连接,可利用这些中间设备的安全机制来控制各子网间的访问。

2）Internet 互连安全措施

网络安全是 Internet 使用者长期担心的问题，也是人们关心的焦点。在维护网络安全的措施中，防火墙是应用最普遍，提供基本的网络防范功能的一种有效手段。防火墙是设置在不同网络（内部网和公共网）或不同的网络安全域之间的设备。它负责过滤、限制和分析，完成安全控制、监控和管理的功能。防火墙是网络之间一种特殊的访问控制设施，在 Internet 网络与内部网之间设置一道屏障，防止黑客进入内部网。由用户制定安全访问策略，抵御黑客的侵袭，主要方法有 IP 地址过滤和服务代理等。

3）数据安全措施

数据加密技术是为提高信息系统及数据的安全性和保密性，使得数据以密文的方式进行传输和存储，防止数据在传输过程中被别人窃听、篡改。数据加密是所有数据安全技术的核心。

网站制作完之后还需要进行功能测试、性能测试、安全性测试、浏览器兼容性测试、链接测试和代码合法性测试等测试。

6. 网站的发布与推广

网站发布后，可以从以下几个方面推广网站。

1）利用自己的客户资源推广网站

网站建好后，首先将它介绍给公司的客户。他们对公司的网站是感兴趣的。因为他们通过公司的网站可以更方便快捷地了解和查询到公司的信息，可以更加方便地与公司沟通。所以，这些客户是公司网站的忠实访问者。

2）通过搜索引擎推广网站

网站做好后，就去 Google、百度、中文雅虎、搜狐、网易等网站上进行搜索引擎登记，以便让更多检索、查找同行业资讯的人查找到公司的网站。

3）利用自己的网站推广自己的网站

网站建好后，不断更新自己的网站内容，这样会给访问者留下好的印象，增加回头率；把自己的促销广告做到网上，让客户产生访问兴趣。

4）利用其他网站推广自己的网站

与相关网站交换首页广告、友情链接，在全国各大能发布信息、广告、留言及论坛的网站上发布广告信息。

5）利用自己的服务和促销活动推广网站

公司如有促销活动或其他大的活动，均可在网上大肆宣传，将这些信息放在网站后，对客户就有吸引力。同时可将信息（广告）发布到那些能发布信息的网站，以吸引更多的访客。

6）利用传统媒体推广网站

适当在报刊、电台、路牌等传统媒体发布网站广告，结合促销活动做一些街道横幅广告促销网站，还可将网址印刷在我们公司的信笺、信封、名片等宣传资料上，让更多的人了解我们的网站。

通过上述的宣传和推广，就可以提高网站的访问率。访问率越高，了解企业和产品的人就越多。就可以在这些访客中发展一些作为公司的客户，并利用网站寻求公司的合作伙伴，最终达到利用网站产生经济效益的目的。

7. 网站的经费预算

网站的经费预算从以下几个方面考虑。

(1) 网站制作费用。

(2) 服务器主机购买费用。

(3) 租用ISP带宽费用。

(4) 域名使用费用。

(5) 网站日常维护和其他耗材费用。

职业技能知识点考核

1. 填空题

(1) "网站"是____。

(2) "网页"是____。

(3) 在网址 http://www.tsinghua.edu.cn:80/publish/th/index.html 中,http 是________,www.tsinghua.edu.cn 是________,80 是________,publish/th 是________,index.html 是________。

2. 简答题

(1) 简述ASP语言相对PHP、JSP及.NET语言的优缺点。

(2) 简述常用网站的种类。

02模块 网站的安装与配置

本模块为动态网站开发解决环境搭建问题。主要介绍网站的安装与配置，内容包括Windows 2003 下 IIS 6.0 的安装、WWW 服务器的配置、虚拟目录的设置和 IIS 配置数据的备份等。

能力目标

1. Windows 2003 下 IIS 6.0 的安装。
2. WWW 服务器的配置。
3. 虚拟目录的设置。
4. IIS 配置数据的备份。

知识目标

1. IIS 概述。
2. IIS 主目录和虚拟目录的区别。

知识储备

知识 2-1 Windows 2003 下 IIS 6.0 的安装

IIS 6.0[1]是专为 Windows 2003 设计的 Web 服务器软件，安装方法是插入 Windows 2003 安装光盘，单击"开始"|"控制面板"|"添加/删除程序"|"添加/删除 Windows 组件"命令，然后出现如图 2-1 所示的界面，选中"应用程序服务器"复选框，单击"下一步"按钮即可。

当安装过程中再次提示插入光盘时，单击"确定"按钮即可，如图 2-2 所示。

然后一直单击"下一步"按钮即可完成 IIS 6.0 的安装。安装完 IIS 6.0 后还需要选择"IIS 信息服务管理器"|"Web 服务器扩展"选项，在出现的窗口设置为允许 ASP 访问 Web 服务器，如图 2-3 所示。

知识 2-2 WWW 服务器的配置

选择"开始"|"所有程序"|"管理工具"|"Internet 信息服务管理器"命令，或者选择"开始"|"管理工具"|"Internet 信息服务管理器"命令，打开"Internet 信息服务(IIS)管理器"窗口，如图 2-4 所示。

右击已存在的"默认网站"选项，在弹出的快捷菜单中选择"属性"命令，即可开始配置

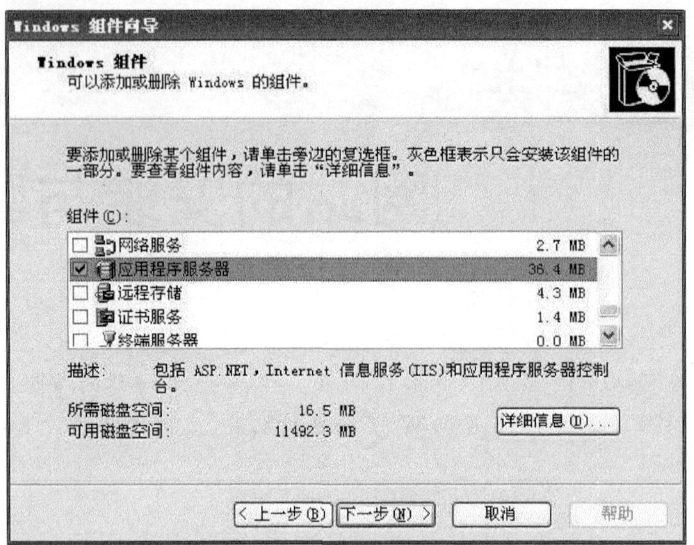

图 2-1 添加/删除程序窗口

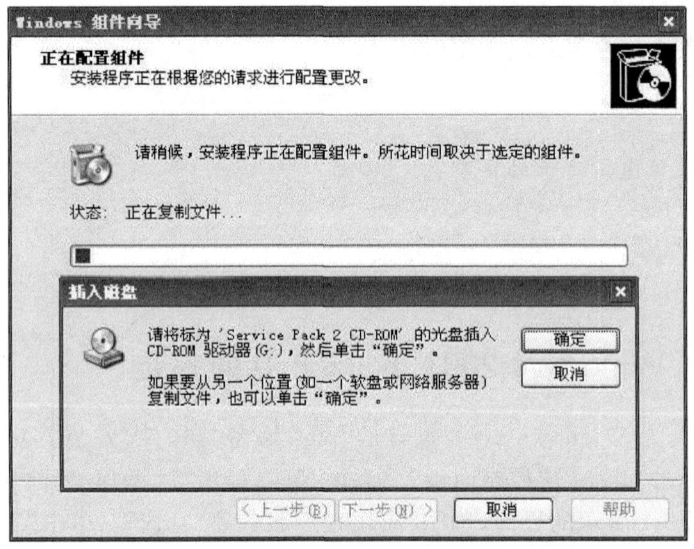

图 2-2 “插入光盘”提示框

IIS 的 Web 站点。每个站点都具有唯一的由三个部分组成的标识，用来接收和响应请求的分别是 IP 地址、端口号和主机头名。浏览器访问 IIS 时的顺序是：IP 地址→端口→主机头→站点主目录→站点默认首文档。所以在配置 IIS 时应该按照访问顺序依次进行。

第一步，配置 IP 地址和主机头。

这里可以指定 Web 站点的 IP 地址，如果没有特别需要，可选择“全部未分配”，如图 2-5 所示。

单击图 2-5 中的“高级”按钮，在弹出的“高级网站标识”对话框中选择“默认值”选项后单击“编辑”按钮。在弹出的“添加/编辑网站标识”对话框中可编辑 IP 地址、TCP 端口和主机头值等属性，如图 2-6 所示。

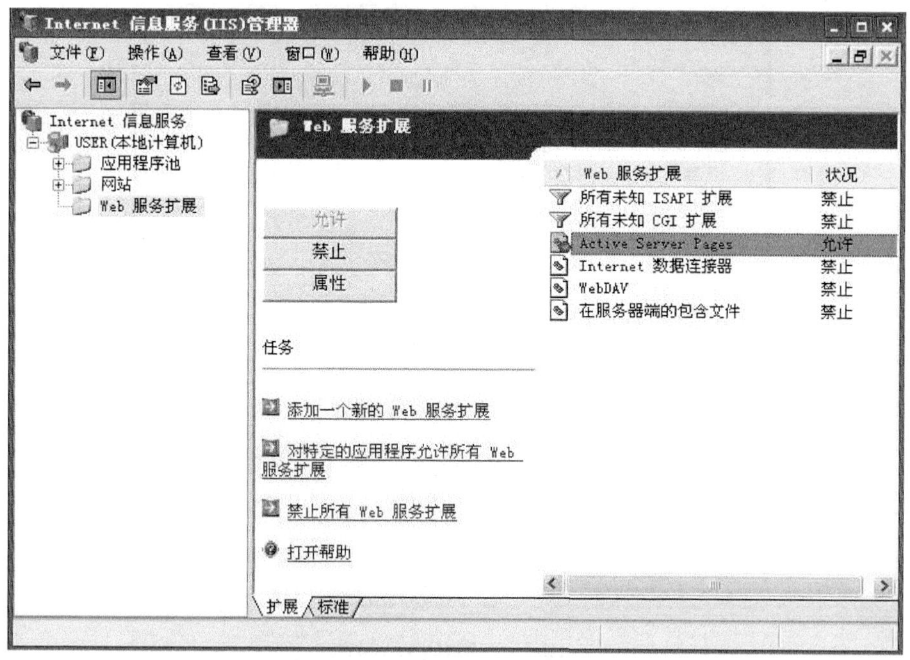

图 2-3　在 Web 服务器扩展中允许 ASP

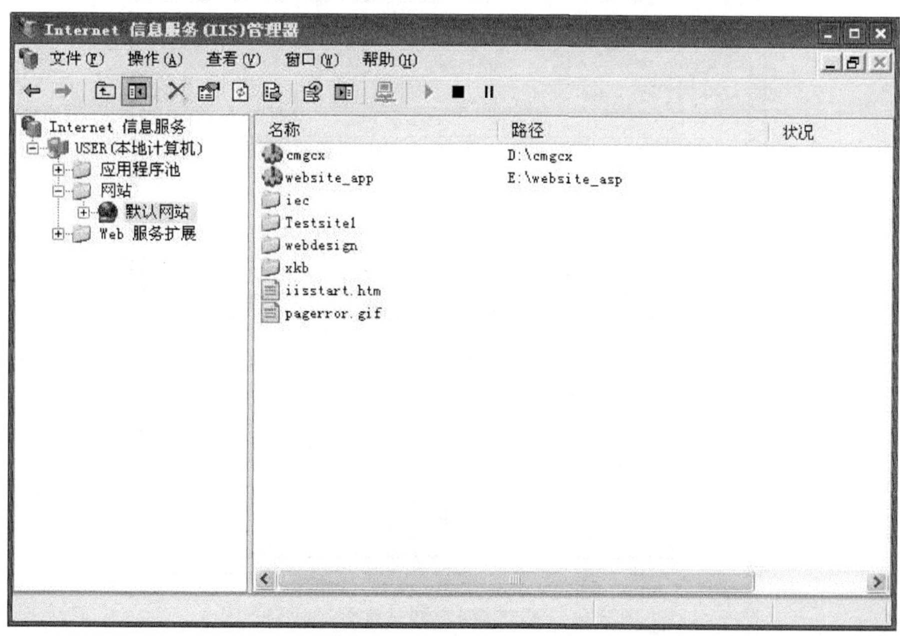

图 2-4　“Internet 信息服务(IIS)管理器”窗口

如指定了多个主机头，这时 IP 地址一定要选为“全部未分配”；如果 IIS 只有一个站点，则无须添加主机头标识。Web 站点的默认的 TCP 端口是 80，如果修改了站点端口，则访问者需要输入 http://IP:端口/，才能够进行正常访问。

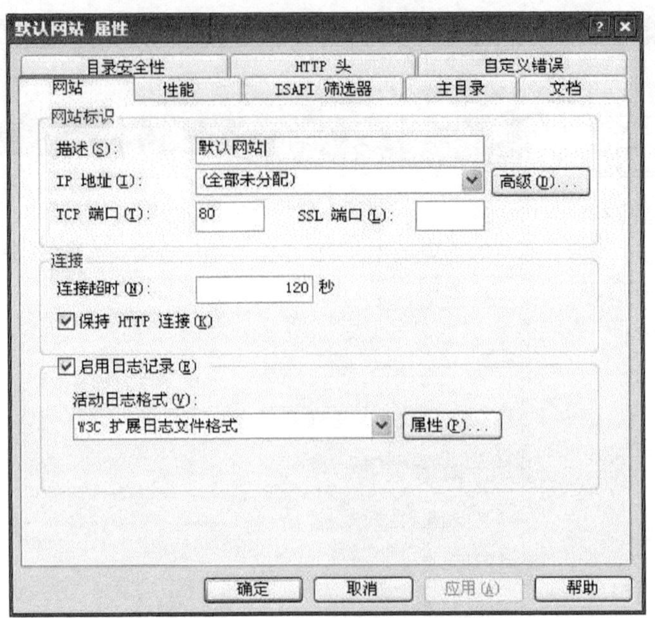

图 2-5 默认网站属性

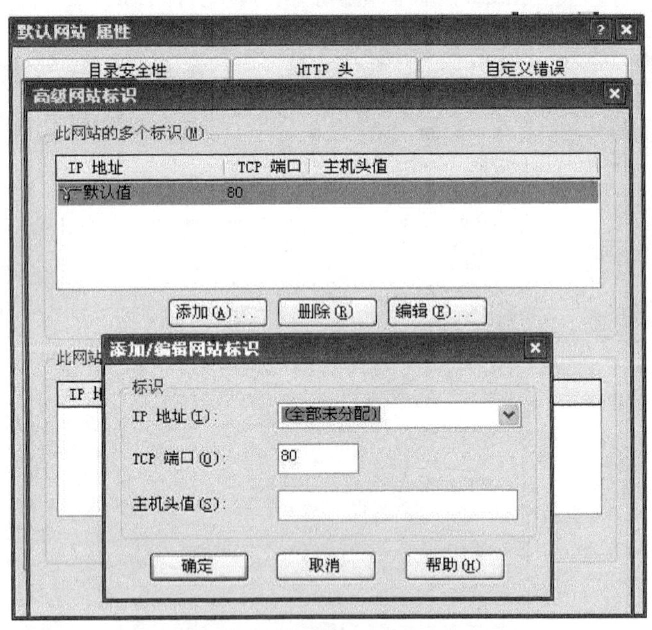

图 2-6 “添加/编辑网站标识”对话框

第二步，指定站点主目录。

主目录是用来存放站点文件的位置，默认是“系统盘:\Inetpub\wwwroot”，如图 2-7 所示。可以选择其他目录作为存放站点文件的位置，直接单击“浏览”按钮选择路径即可。这里还可以选择访问权限，例如“目录浏览”等。通常不要给访问者开放“写入”权限，这样可能会引起安全问题。

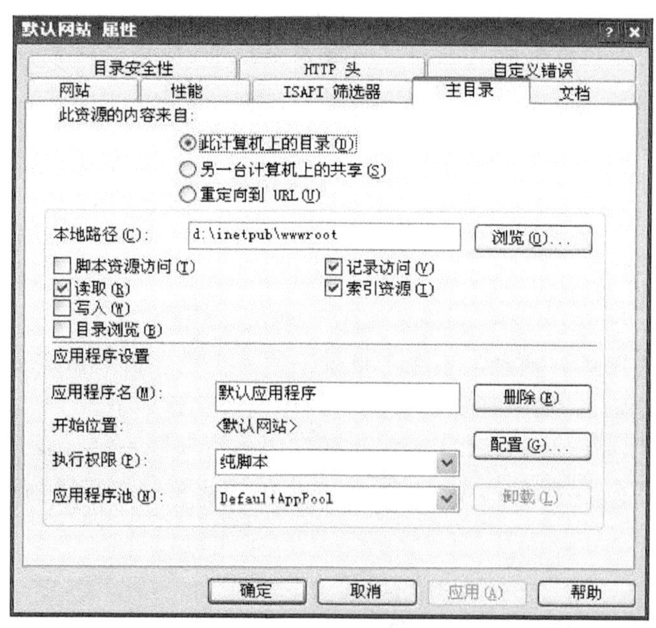

图 2-7　指定站点主目录

第三步，设定默认文档。

每个网站都会有默认文档，默认文档就是访问者访问网站时首先要访问的那个文件。即一个网站的首页，例如 index.htm、index.html、index.asp 和 default.asp 等。默认文档可以在"默认网站属性"对话框的"文档"选项卡中设置，同时还可以设置默认文档的顺序，如图 2-8 所示。

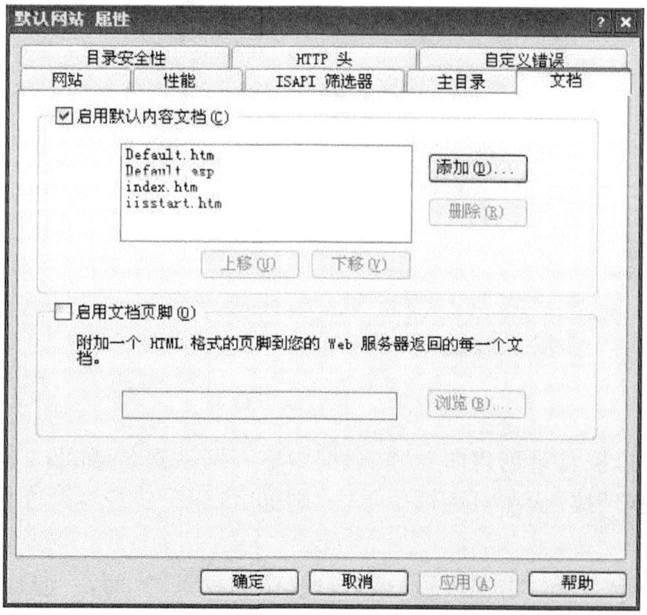

图 2-8　设置网站默认文档

提示：

(1) 这里的默认文档是按照从上到下的顺序读取的，即先访问第一个，如果找不到，再访问第二个，以此类推。

(2) 默认文档的顺序可以通过其旁边的上下箭头来改变。

(3) 如果要运行 jsp、php 或.NET 网站，可以添加 index. jsp、index. php 或 index. aspx 等作为默认文档。

知识 2-3 设置虚拟目录

虚拟目录[2]是为服务器硬盘上不在主目录下的一个物理目录指定一个“别名”。使用虚拟目录不仅便于用户输入，而且还更加安全。具体设置步骤如下。

(1) 选择“开始”|“管理工具”|“Internet 信息服务管理器”命令，展开服务器的名称。

(2) 在左侧窗格右击“默认网站”选项，在弹出的快捷菜单中选择“新建”|“虚拟目录”命令，如图 2-9 所示。

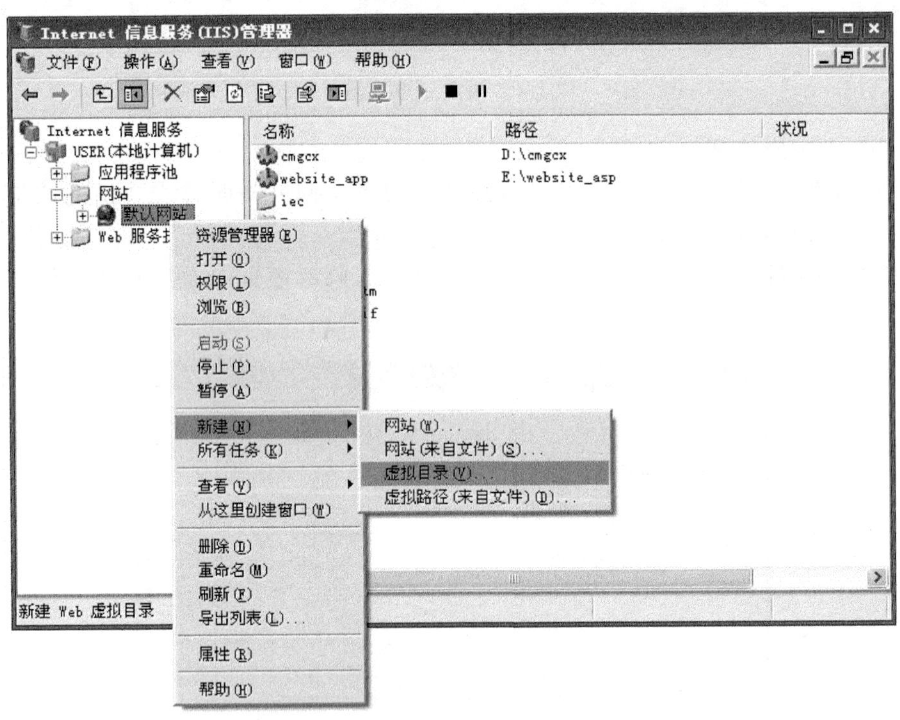

图 2-9 设置虚拟目录

(3) 在弹出的“虚拟目录创建向导”对话框中输入网站别名，如图 2-10 所示。

(4) 单击“下一步”按钮，在对话框中单击“浏览”按钮。定位存放实际网站的文件夹，如图 2-11 所示。

(5) 单击“下一步”按钮，出现设置“虚拟目录访问权限”界面，一般选择前两项“读取”和“运行脚本(如 ASP)”即可，如图 2-12 所示。

(6) 接下来，依次单击“下一步”和“完成”按钮，即可完成虚拟目录的设置工作。

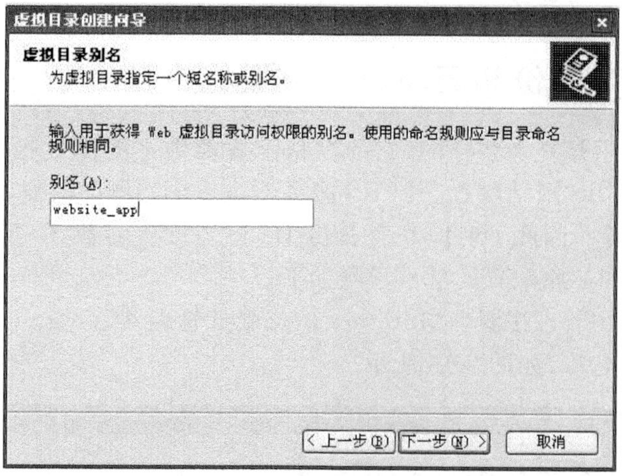

图 2-10　“虚拟目录别名”界面

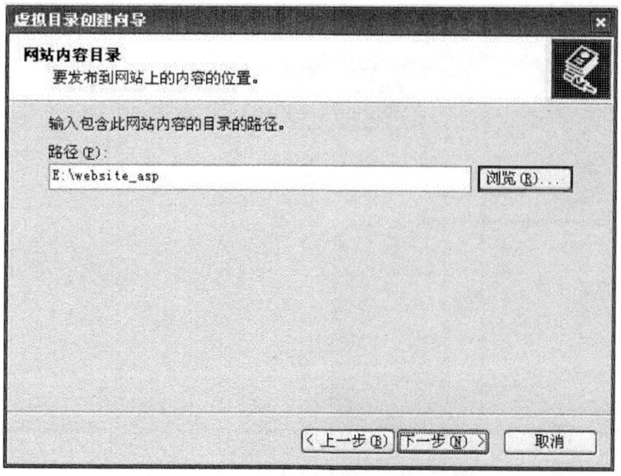

图 2-11　“网站内容目录”界面

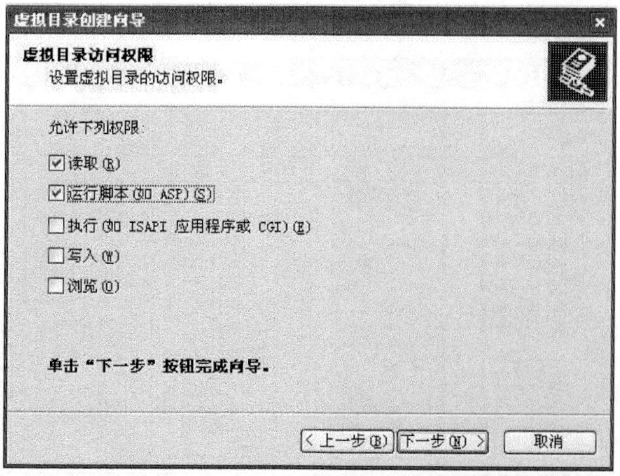

图 2-12　设置“虚拟目录访问权限”界面

注意:应用程序的名称不一定需要与虚拟目录别名相匹配。

知识 2-4 IIS 备份和还原配置数据

网络中 IIS 的应用是复杂多样的,它的默认配置参数不能满足每个网站的需要,因此,用户经常需要自定义 IIS 网站配置。但 IIS 服务器也有出问题的时候,很可能导致这些参数的丢失,还要重新设置。因此平时应注意备份 IIS 站点配置参数,一旦出现问题,再进行还原或移植。IIS 备份和还原配置的基本步骤如下。

(1) 选择"开始"|"管理工具"|"Internet 信息服务管理器"命令。

(2) 右击计算机名称,如图 2-13 所示。

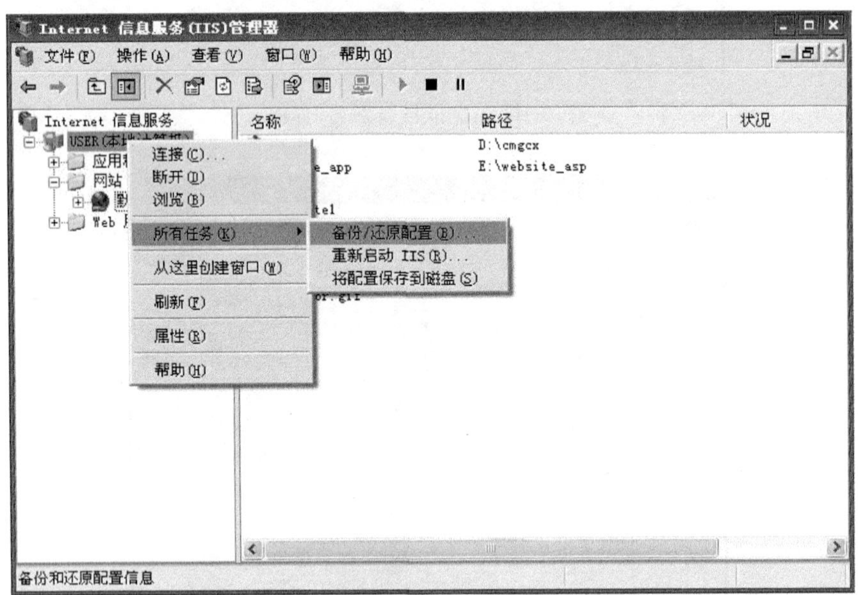

图 2-13 "备份/还原配置"命令

(3) 在弹出的快捷菜单中选择"所有任务"|"备份/还原配置"命令后会弹出一个对话框,该对话框允许备份 IIS 数据库,如图 2-14 所示。

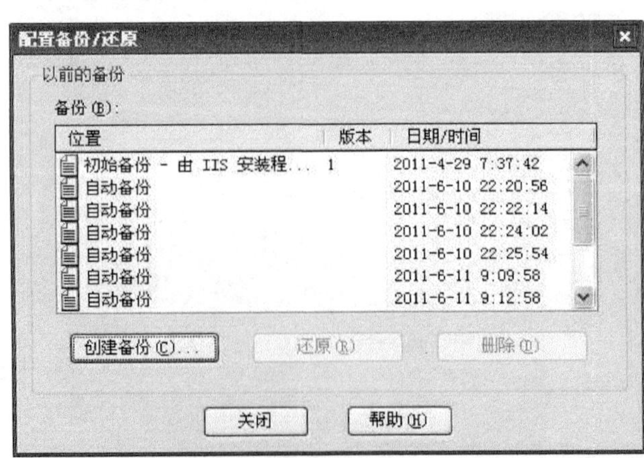

图 2-14 "配置备份/还原"窗口

(4) 单击"创建备份"按钮,然后为此备份输入一个名称,如图 2-15 所示。

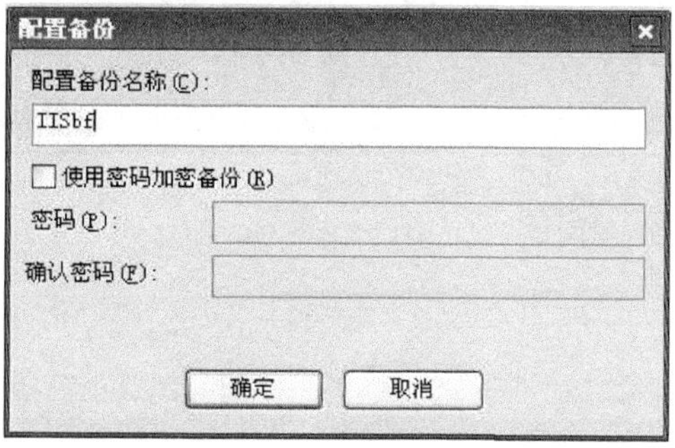

图 2-15　创建 IIS 备份

(5) 单击"确定"按钮,以便快速备份数据库中的管理设置。在"以前的备份"列表框中列出备份名称及其日期和时间。

(6) 单击图 2-14 中的"关闭"按钮,然后退出 IIS 便完成了 IIS 站点配置参数的备份。

模拟制作任务

任务 2-1　编写一个简单的 ASP 网页并将其运行

本任务打算编写一个简单的 ASP 网页,然后分别将其运行于主目录和虚拟目录,完成任务的详细步骤如下。

(1) 制作一个简单的 asp 网页 index. asp,在网页中输入如下代码:

```
<title>asp 首页</title>
<%@LANGUAGE = "VBSCRIPT" CODEPAGE = "936"%>
<%
response.Write("这是一个 ASP 首页!<br>")
response.Write("当前时间是:"&now())
%>
```

(2) 在主目录"系统盘:\Inetpub\wwwroot"下创建子目录 Testsite1,将网页 index. asp 放入该目录 Testsite1 下。

(3) 在浏览器中输入地址"http://localhost/Testsite1/index. asp"后回车,即可访问到 index. asp 网页,如图 2-16 所示。

(4) 在其他目录或盘符(如 D、E)下新建一个目录 Testsite2,将网页 index. asp 放入该目录 Testsite2 下。

(5) 参照知识点 2-3 创建一个虚拟目录,其中虚拟目录的别名设置为 Testsite。

(6) 在浏览器中输入地址"http://localhost/Testsite/index. asp"后回车,即可访问到 index. asp 网页,如图 2-17 所示。

注意:从第(5)步和第(6)步可以看出,应用程序的名称(网站根目录)不一定需要与虚拟目录别名相匹配,访问虚拟目录网站时用的是虚拟目录的别名。

图 2-16 访问主目录下网站 Testsite1 下的网页

图 2-17 访问虚拟目录 Testsite 下的网页

知识点拓展

[1] IIS 是 Internet Information Service 的缩写,它是微软公司主推的服务,最新的版本是 Windows 7 里面包含的 IIS 7.0,最初是 Windows NT 版本的可选包,随后内置在 Windows 2000、Windows XP Professional 和 Windows Server 2003 一起发行,但在普遍使用的 Windows XP Home 版本上并没有 IIS。用户能够利用 IIS 建立强大、灵活而安全的 Internet 和 Intranet 站点。

IIS 支持 HTTP(Hypertext Transfer Protocol,超文本传输协议)、FTP(File Transfer Protocol,文件传输协议)以及 SMTP 协议,通过使用 CGI 和 ISAPI,IIS 可以得到高度的扩展。

IIS 支持与语言无关的脚本编写和组件,通过 IIS,开发人员就可以开发新一代动态的,富有魅力的 Web 站点。IIS 不需要开发人员学习新的脚本语言或者编译应用程序,IIS 完全支持 VBScript、JScript 开发软件以及 Java,它也支持 CGI 和 WinCGI,以及 ISAPI 扩展和过滤器。

IIS 的一个重要特性是支持 ASP。IIS 3.0 版本以后引入了 ASP,可以很容易地张贴动态内容和开发基于 Web 的应用程序。对于诸如 VBScript、JScript 开发软件,或者由 Visual

Basic、Java、Visual C++开发系统，以及现有的CGI和WinCGI脚本开发的应用程序，IIS都提供强大的本地支持。

[2] IIS主目录是用来存放站点文件的位置，默认是"系统盘:\Inetpub\wwwroot"，如图2-7所示。可以把网页做好后直接放到主目录下，但通常不推荐这么做，因为当服务器上有多个网站时就会造成网页文件管理的混乱。此时可以在默认目录下再新建子目录作为网站的名字，把相应网页放入该目录下，这样一个Web服务器可以发布多个网站。

但随着网站内容的增多，当主目录所在的系统盘空间不够时就会对网站的运行产生影响。这时就需要新建虚拟目录，虚拟目录既可以是本地磁盘中的任何一个目录，也可以是网络中其他计算机中的目录。虚拟目录就是将其他目录以映射的方式虚拟到该Web服务器的主目录下，这样一个Web服务器的主目录实质上就可以包括很多不同盘符、不同路径的目录，而不会受到所在盘空间的限制了。当用户登录到主目录下，还可以根据该账户的权限对它进行相应的操作，就像操作主目录下的子目录一样。

主目录设置的权限如果与虚拟目录的权限发生冲突，则以主目录权限为准。比如主目录设置的权限为读取和写入，而虚拟目录的权限只设置为读取，则其权限将会被主目录权限覆盖掉，自动拥有写入权限。

建立虚拟目录对于管理Web站点具有非常重要的意义。

首先，虚拟目录隐藏了有关站点目录结构的重要信息。因为在浏览器中，客户通过选择"查看源代码"命令，很容易就能获取页面的文件路径信息，如果在Web页中使用物理路径，将暴露有关站点目录的重要信息，这容易导致系统受到攻击。

其次，只要两台机器具有相同的虚拟目录，你就可以在不对页面代码做任何改动的情况下，将Web页面从一台机器上移到另一台机器。另外，当你将Web页面放置于虚拟目录下后，可以对目录设置不同的属性，如Read、Excute、Script。读访问表示将目录内容从IIS传递到浏览器。而执行访问则可以使在该目录内执行可执行的文件。当你需要使用ASP时，就必须将你存放.asp文件的目录设置为Excute(执行)。

建议大家在设置Web站点时，将HTML文件同ASP文件分开放置在不同的目录下，然后将HTML子目录设置为"读"，将ASP子目录设置为"执行"，这不仅方便了对Web的管理，而且最重要的是提高了ASP程序的安全性，防止了程序内容被用户所访问。

职业技能知识点考核

1. 填空题

(1) IIS支持的协议有________、________和________等。

(2) Windows 7中IIS的版本为________。

(3) IIS的主目录默认为________________。

2. 简答题

(1) 简述IIS及其功能。

(2) 简述利用IIS的主目录和虚拟目录发布网站的优缺点。

03模块
网页设计工具——Dreamweaver CS5

本模块主要介绍网页设计工具——Dreamweaver CS5的使用，让学生熟悉利用Dreamweaver CS5进行站点设置和网页设计。掌握网页制作的一些基本操作，如插入表格、图像、视频和Flash动画等网页元素，同时了解HTML的常用标签。

能力目标

1. 规划和设置Dreamweaver站点。
2. 常用网页元素的插入和编辑。
3. 表单的制作。

知识目标

1. 常用HTML标签语法。
2. HTML标签的属性设置。

知识储备

知识3-1 Dreamweaver CS5的工作环境

启动Dreamweaver后，单击"新建"项目下的HTML，即可进入Dreamweaver的工作界面。Dreamweaver的工作窗口主要由应用程序栏、插入栏、文档工具栏、文档窗口、面板组、属性检查器和标签选择器等部分组成，如图3-1所示。

1. 应用程序栏

应用程序窗口顶部包含一个工作区切换器、菜单栏（主要包括"文件"、"编辑"、"查看"、"插入"、"修改"、"格式"、"命令"、"站点"、"窗口"、"帮助"等菜单）以及其他应用程序控件。单击菜单栏中的命令，在弹出的下拉菜单中选择要执行的命令。

2. 插入栏

包含用于将各种类型的"对象"（如图像、表格和层）插入到文档中的按钮。每个对象都是一段HTML[1]代码，使用户在插入时设置不同的属性。例如，可以在"插入"栏中单击"图像"按钮插入图像，也可以不使用"插入"栏而使用菜单"插入"|"图像"命令插入图像。

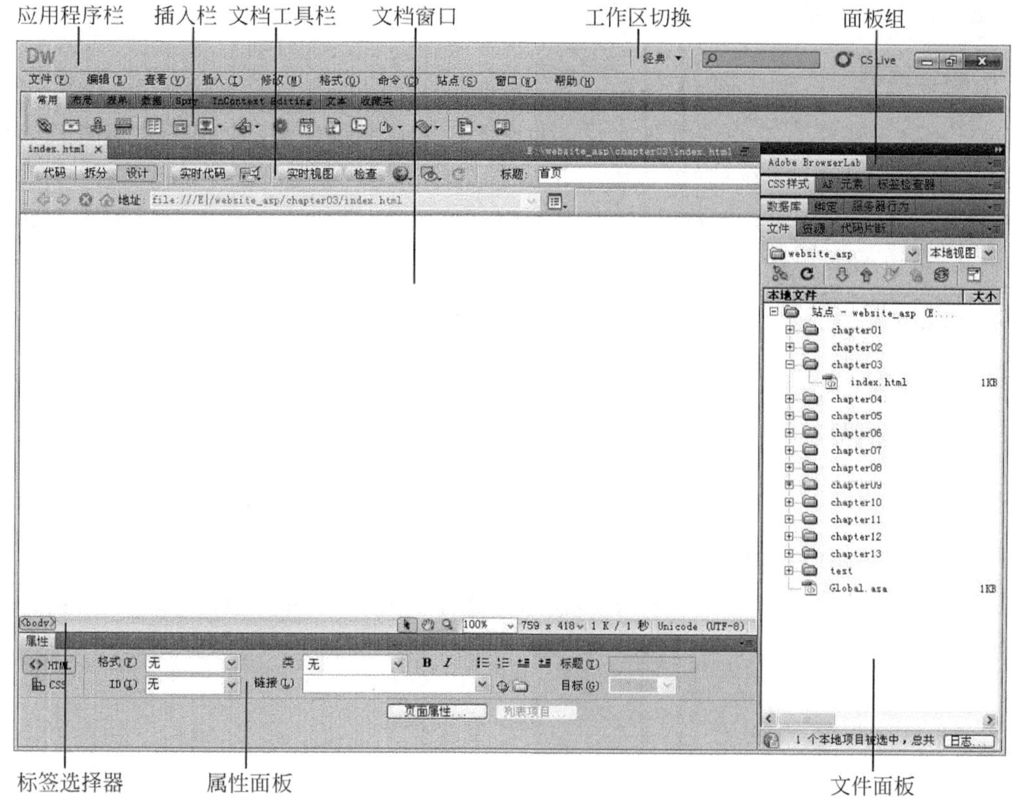

图 3-1 Dreamweaver CS5 工作界面

3. 文档工具栏

文档工具栏包含一些按钮，它们提供在各种“文档”窗口视图（如“设计”视图、“拆分”视图和“代码”视图）间快速切换的选项、各种查看选项和一些常用操作（如“在浏览器中预览/调试”、“文件管理”、“验证标记”、“检查浏览器兼容性”等）。

用户可以在“标题”右侧的文本框中输入一个标题，它会显示在浏览器的标题栏中。单击“在浏览器中预览/调试”按钮，在弹出式菜单中选择一个浏览器，可以预览网页显示效果，快捷键是 F12。

注意：单击“查看”|“工具栏”|“文档”命令，就会在 Dreamweaver CS5 中显示文档工具栏。若取消选中“文档”复选框，就可以隐藏文档工具栏。

4. 文档窗口

文档窗口用于显示当前正在创建和编辑的文档。在文档中单击，即可开始在光标位置输入网页元素并进行编辑了。

5. 面板组

面板组是分组在某个标题下面的相关面板的集合，用来帮助用户监控和修改工作。主要包括“插入”面板、“行为”面板、“CSS 样式”面板和“文件”面板等。用户可以根据自己的需要,选择隐藏和显示面板。若要展开某个面板,请双击其选项卡。

6. 属性面板

属性检查器用于查看和更改所选对象或文本的各种属性。属性面板会随着选择对象的不同而有所不同。单击"属性"面板右下角的三角箭头可以折叠/展开属性面板。单击"属性"面板右上角的下拉菜单选择"关闭"或"关闭面板组"命令可以关闭"属性"面板。如果要重新打开,可以单击"窗口"|"属性"命令。

7. 标签选择器

标签选择器位于"文档"窗口底部的状态栏中。显示环绕当前选定内容的标签的层次结构。单击该层次结构中的任何标签可以选择该标签及其全部内容。

8. 文件面板

文件面板类似于 Windows 资源管理器,用于管理文件和文件夹,无论它们是 Dreamweaver 站点的一部分还是位于远程服务器上。用户还可以通过"文件"面板访问本地磁盘上的全部文件。

模拟制作任务

任务 3-1 规划和设置 Dreamweaver 站点

在 Dreamweaver CS5 中搭建 ASP 动态网站的详细步骤如下。

(1) 单击"站点"|"新建站点"命令,弹出如图 3-2 所示的对话框。在对话框中设置"站点名称"和"站点根文件夹"。如果在本地运行的是静态网站,则只需做这一步设置即可。如果在本地运行的是 ASP 动态网站,则还需设置服务器信息。

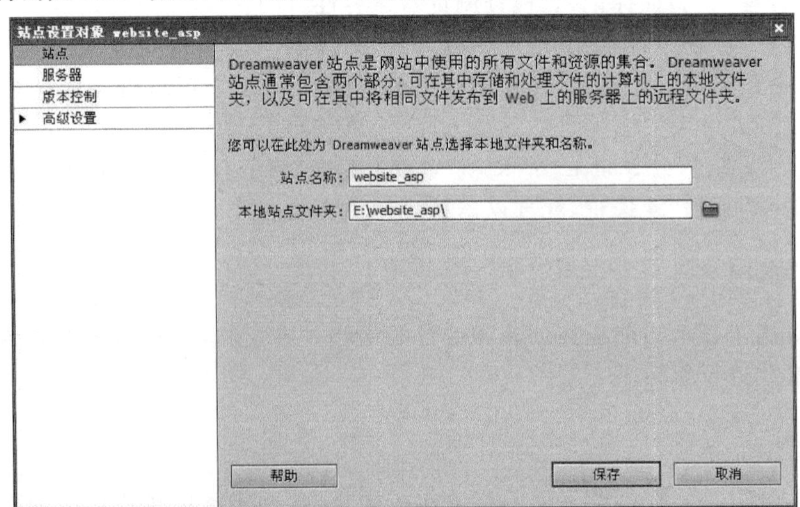

图 3-2 设置站点本地文件夹和名称

(2) 单击图 3-2 中左侧的“服务器”选项，弹出如图 3-3 所示的对话框。

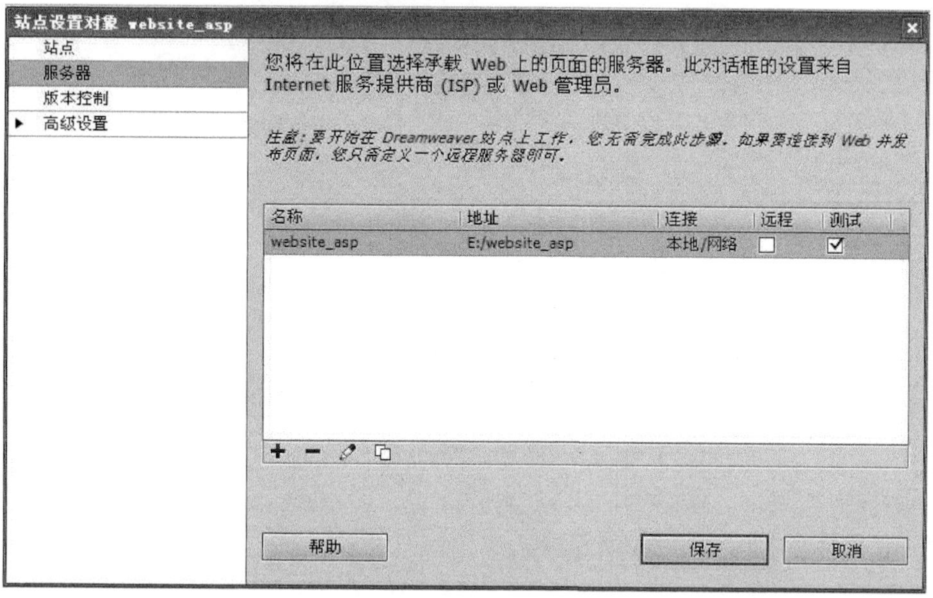

图 3-3　设置网站服务器

(3) 单击图 3-3 下方的“+”按钮，在弹出的如图 3-4 所示对话框中设置动态网站的基本信息。此处 Web URL 中的 website_app 是在 IIS 服务器中为网站所在目录(“E:\website_asp”)设置的虚拟目录别名。

(4) 单击图 3-4 中的“高级”选项，可以设置动态网站的高级信息，如图 3-5 所示。

图 3-4　设置动态网站基本信息

(5) 在图 3-5 中的“测试服务器”选项组中将“服务器类型”选择为 ASP VBScript。单击“保存”按钮即可返回如图 3-3 所示的窗口。由于开发动态网站通常是在本机制作完后在上传到服务器上，所以需要选中图 3-3“测试”下方的复选框将本机作为测试服务器。

(6) 单击图 3-3 中的“保存”按钮即完成了一个简单 ASP 动态网站的设置。“版本控制”和“高级设置”项用户可以根据自己的需要设置，此处不再赘述。

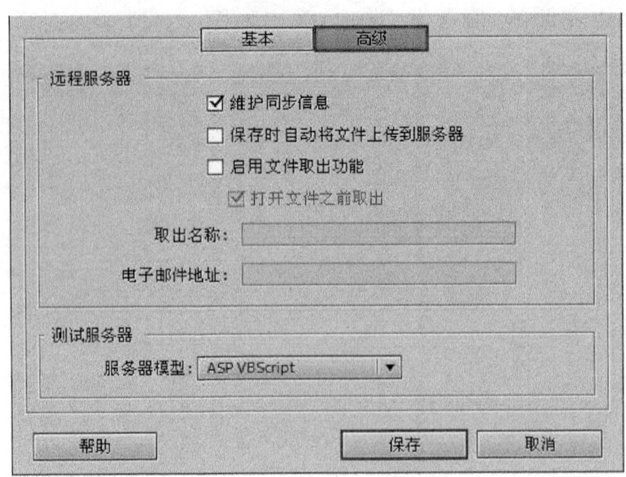

图 3-5 设置动态网站的高级信息

任务 3-2 插入和编辑表格

表格通常用于网页布局,因此熟悉表格的相关操作是十分必要的。在网页中插入和编辑表格的步骤如下:

(1) 选择“窗口”|“插入”命令,打开“插入”栏,在“插入”栏中单击“表格”按钮,或直接选择“插入”|“表格”命令,弹出如图 3-6 所示的对话框。在该对话框中可以设置表格的行数、列数、表格宽度和边框粗细等参数。

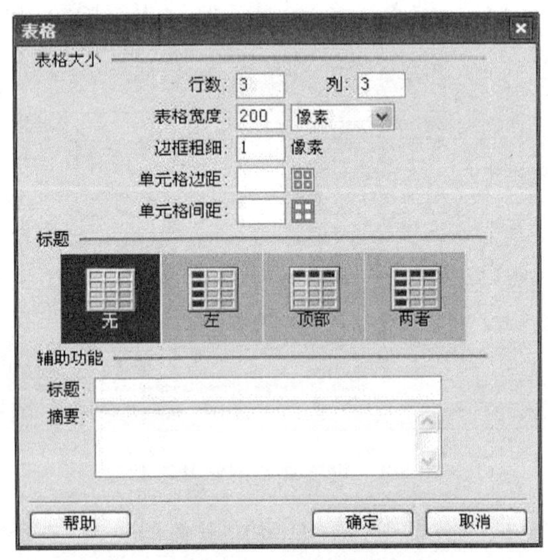

图 3-6 插入表格对话框

(2) 单击“确定”按钮即可在网页中插入一个宽度为 200 的表格,如图 3-7 所示。

(3) 如图 3-7 所示的表格已经被选中,此时可以在属性面板中设置表格的属性,如图 3-8 所示。

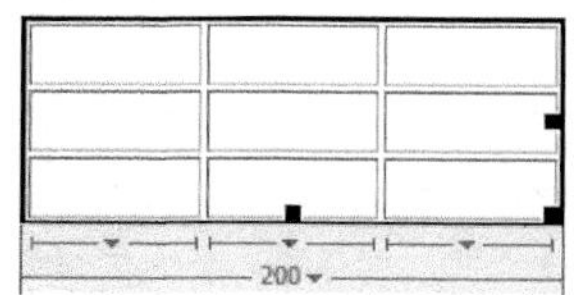

图 3-7　插入网页中的表格

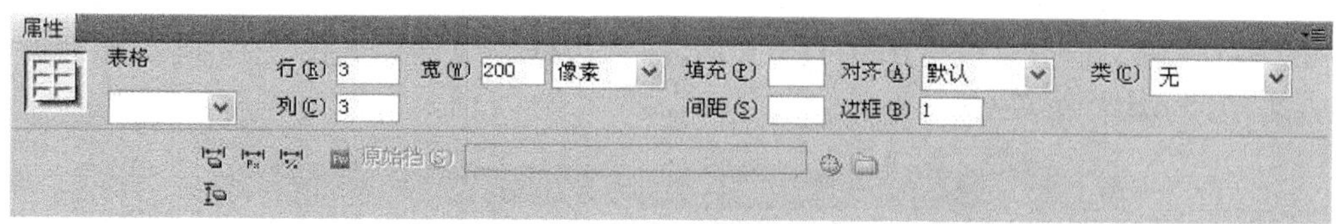

图 3-8　表格的属性面板

(4) 当然也可以选择表格的行、列或单元格进行属性设置。如图 3-9 所示即为选择表格行后的属性面板。

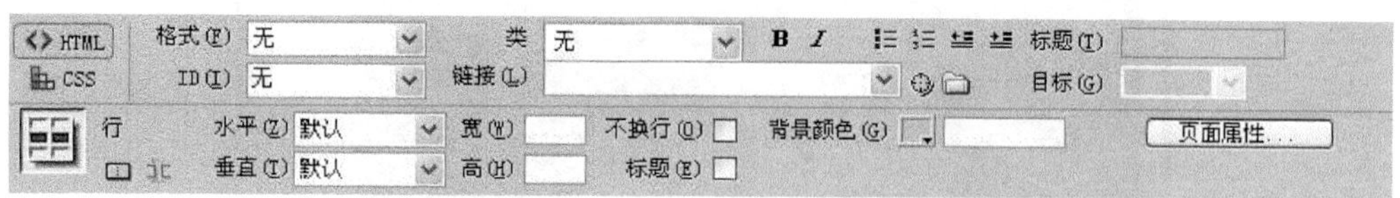

图 3-9　表格行的属性面板

(5) 其他属性的设置大体相似，此处不再赘述，插入的表格在浏览器中的浏览效果如图 3-10 所示。

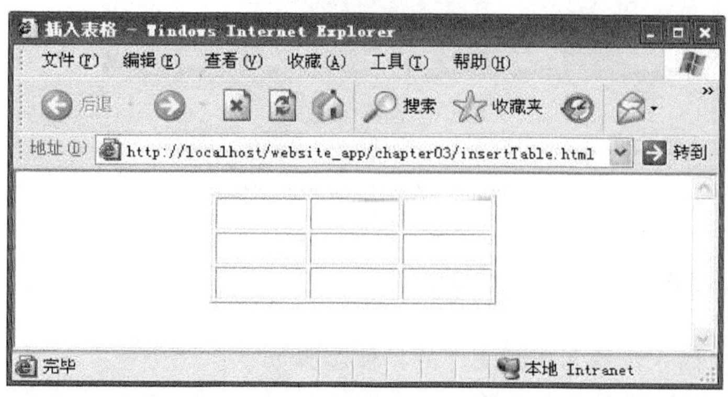

图 3-10　在浏览器中浏览表格

任务 3-3　插入图像

图像是网页中的常用元素，在网页中插入图像和设置图像属性的步骤如下：

(1) 选择“窗口”|“插入”命令，打开“插入”栏，在“插入”栏中单击“图像”按钮，或直接选择“插入”|“图像”命令，在弹出的“选择图像源文件”对话框中选择要插入的图像后，单击“确定”按钮即可插入图像。

(2) 选中网页中的图像,在属性面板可以修改其相应的属性,如图 3-11 所示。

图 3-11 图像属性面板

(3) 在图 3-11 中可以设置图像的 ID、宽、高和边框等属性。如图 3-12 所示即为设置图像边框为 10 的浏览效果。

图 3-12 在浏览器中浏览图像

任务 3-4 插入音频和视频

在文档窗口中插入音频和视频文件的具体步骤如下:

(1) 将插入点定位到要嵌入音视频文件的位置,然后在"插入工具栏"的"常用"选项卡中单击"媒体"图标,选择"插件"命令。或者选择"插入"|"媒体"|"插件"命令。在弹出的"选择文件"对话框中选择要嵌入的音视频文件(注意:文件名必须用英文,不能用汉字)。

(2) 选中插入的音视频文件,通过在"属性"面板的"宽"和"高"文本框中输入数值或在"设计"视图中拖曳插件控制点来调整插件大小,最终确定播放器控件在浏览器中的显示大小,如图 3-13 所示。

(3) 将音视频文件插入到指定位置后,可以利用"属性"面板设置音视频文件的属性。插件使用的 HTML 标签为<embed>。

提示: 插件默认使用的是 Windows Media Player 播放器,IE 在加载页面时会自动加载

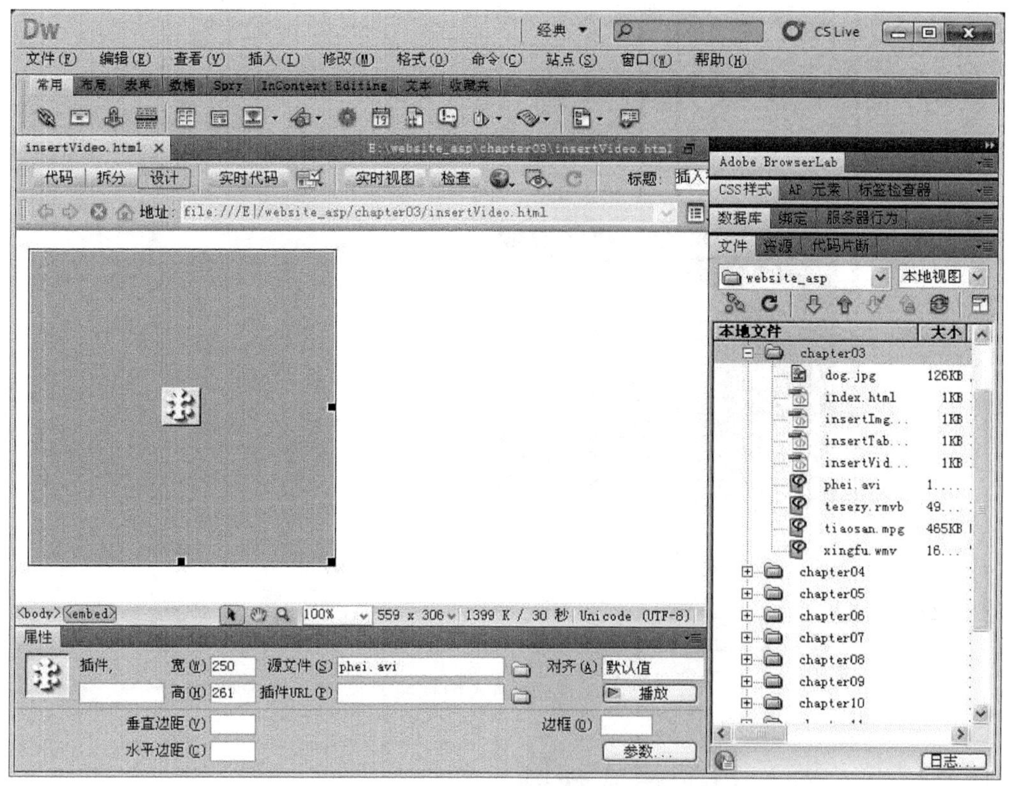

图 3-13　插入音视频插件

Windows Media Player 的控制面板。不同的浏览器根据访问者安装的播放器插件不同，可能显示的播放器的界面有所不同。

插件插入之后，如果需要对音视频文件的播放进行更多的控制，还需要修改相应的参数。方法是单击“属性”面板的“参数”按钮，弹出“参数”对话框，常用的参数如下：

- autostart——是否在页面加载时自动开始播放，取值为 true 或者 false。
- loop——重复播放，值为 true 则自动重复播放，false 不重复播放，取值为 n 则重复播放 n 次。
- controls——播放器控制面板设置，取值为一串英文逗号间隔的字符串，用于指定播放器控制的可见性。

参数设置如图 3-14 所示。

参数

参数	值
autostart	true
loop	true

确定　取消　帮助(H)

图 3-14　音视频播放参数设置

(5) 在浏览器中播放插入的视频,效果如图 3-15 所示。

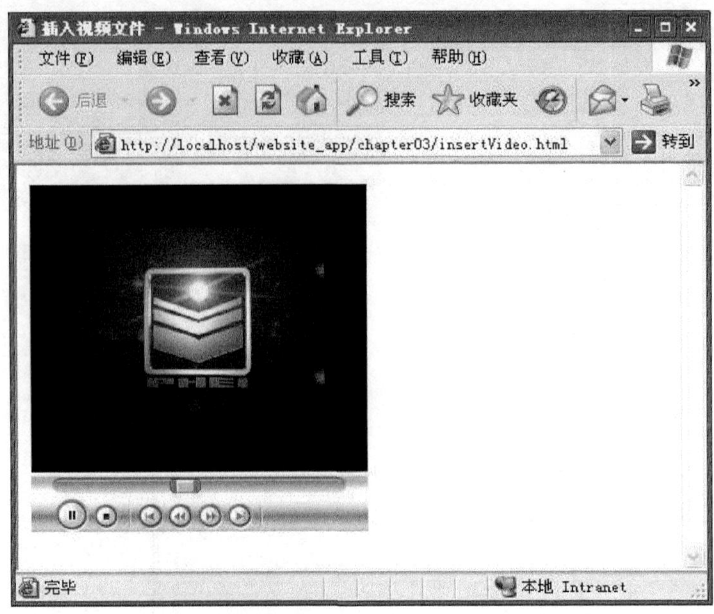

图 3-15 播放插入的视频效果

任务 3-5 插入 FLV 格式视频

在文档窗口中插入 FLV[2] 格式视频的步骤如下。

(1) 将插入点定位到要嵌入音视频文件的位置,然后在"插入工具栏"的"常用"选项卡中单击"媒体"图标,选择 FLV 命令。或者选择"插入"|"媒体"|FLV 命令。在弹出的"插入 FLV"对话框中选择要插入的 FLV 视频文件,在对话框中为要插入的视频设置相应的参数,如图 3-16 所示。

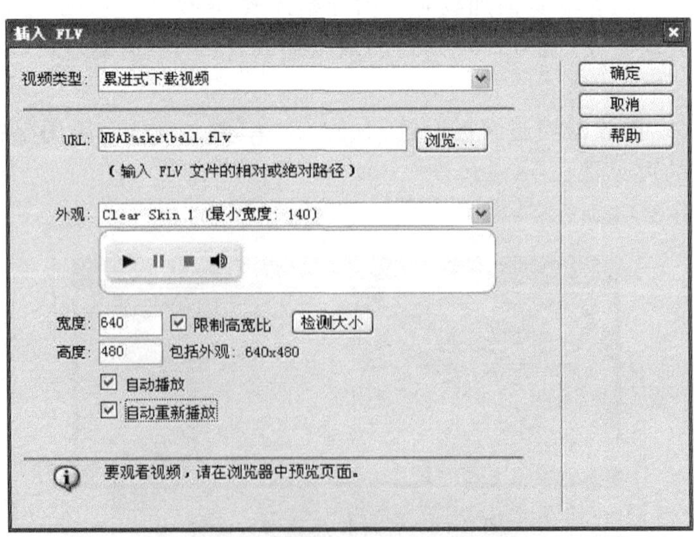

图 3-16 插入 FLV 视频文件对话框

(2) 单击“确定”按钮即可插入 FLV 视频，当保存网页时会弹出如图 3-17 所示的对话框。提示网站开发人员在发布网站时应该把 FLV 视频播放的支持文件一起发布。

(3) 在浏览器中预览，FLV 视频的播放效果如图 3-18 所示

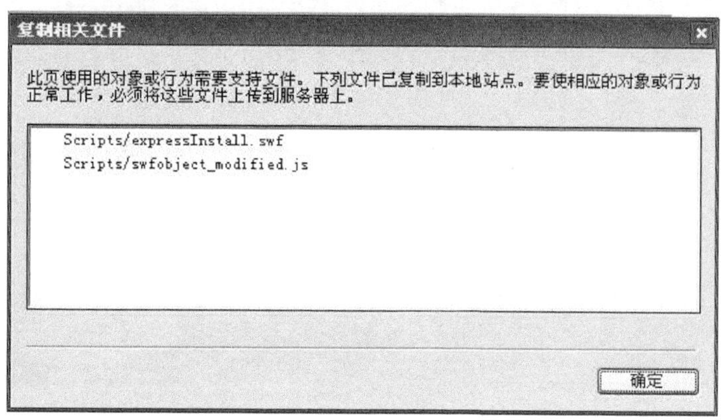

图 3-17　复制 FLV 视频支持文件

图 3-18　FLV 视频格式播放效果

任务 3-6　插入 Fash 动画

在文档窗口中插入 Flash 文件的步骤如下。

(1) 将插入点定位到要插入 Flash 动画的位置，然后在“插入工具栏”的“常用”选项卡中单击“媒体”图标，选择 SWF 命令。或者选择“插入”|“媒体”|SWF 命令。在弹出的“选择文件”对话框中选择要插入的 SWF 文件，单击“确定”按钮即可将 Flash 动画插入到网页中。Flash 动画不会在 Dreamweaver 文档窗口中显示具体动画内容，而是以一个带有字母 F 的灰色框来表示，如图 3-19 所示。

图 3-19 设计状态下插入网页中的 Flash 动画

(2) 在图 3-19 下方的“属性”面板中可以设置当前选中的 Flash 动画的参数，其中需要特别注意 Wmode 参数的运用，有时为了显示网页的背景颜色和背景图像，需要设置 Flash 动画的 Wmode 参数值为“透明”。如图 3-20 和图 3-21 所示即为设置 Wmode 参数值为“透明”前后的效果区别。

图 3-20 背景透明前的 Flash 动画

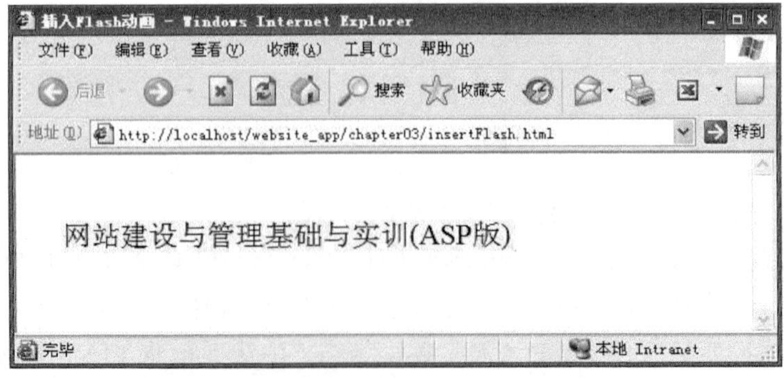

图 3-21 背景透明后的 Flash 动画

任务 3-7　制作超链接

在 Dreamweaver 中创建文字超链接的方法很简单，就是先选中要创建链接的文字或图像，然后为其指定被链接文档的访问路径，即 URL。被链接文档可以是网址、网页、各类文档和压缩文档等。

选中文字后，给链接文字指定被链接文档访问路径的方法有 4 种：

(1) 在“属性”面板上的“链接”文本框中手工输入被链接文档的路径。

(2) 先用鼠标左键按住“属性”面板上“链接”文本框后的“指向文件”按钮不放，然后移动鼠标到“文件”面板中要链接的对象上即可。

(3) 单击“属性”面板上“链接”文本框后面的“浏览文件”按钮，在弹出的“打开文件”对话框中选择要链接的对象。

(4) 单击“插入”菜单下的“超级链接”命令，弹出如图 3-22 所示的“超级链接”对话框。按要求设置好后，单击“确定”按钮即可在网页中插入超链接。

图 3-22　“超级链接”对话框

提示：创建超链接时，“属性”面板和“超级链接”对话框中的“目标”文本框用来设置超链接的打开方式。其下拉列表中包含 4 个选项，其含义如下：

- _blank：将被链接对象载入到新的浏览器窗口中；
- _parent：将被链接对象载入到父框架集或包含该链接的框架窗口中；
- _self：将被链接对象载入到与该链接相同的框架或窗口中(本选项也是默认打开方式)；
- _top：将被链接对象载入到整个浏览器窗口并取消所有框架。

任务 3-8　制作表单

表单是网站中收集信息的主要途径，只要是动态网站，基本上都会用到表单。下面以一个用户注册表单为例简单讲述表单的制作，制作表单的大致步骤如下：

(1) 切换“插入工具栏”到“表单”选项，该选项下列出了制作表单的所有表单元素。如图 3-23 所示，当把鼠标放到表单工具栏上具体的表单元素时，会提示相应的表单元素名称。

图 3-23　表单工具栏

(2) 单击“表单”按钮(第1个表单元素)往网页中插入一个表单,表单在设计状态下显示为红色虚线框,如图3-24所示。在浏览器中浏览表单时,表示表单的红色虚线框是不会显示的。

图 3-24 设计状态下的表单

(3) 接下来需要往表单中添加相应的表单元素,通常可以在表单中插入表格来布局表单元素。插入一个10行2列的400像素宽的表格,合并表格的第1行和第10行的2个单元格,并设置这两行居中对齐。插入完表格后的表单如图3-25所示。

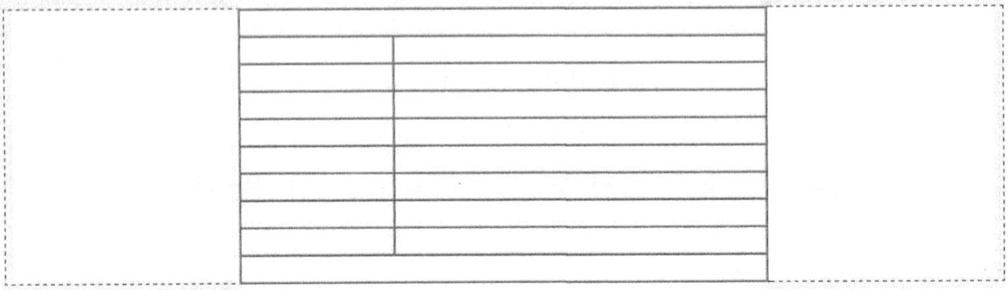

图 3-25 插入表格后的表单

(4) 往表格中添加相应的表单元素后的表单如图3-26所示。

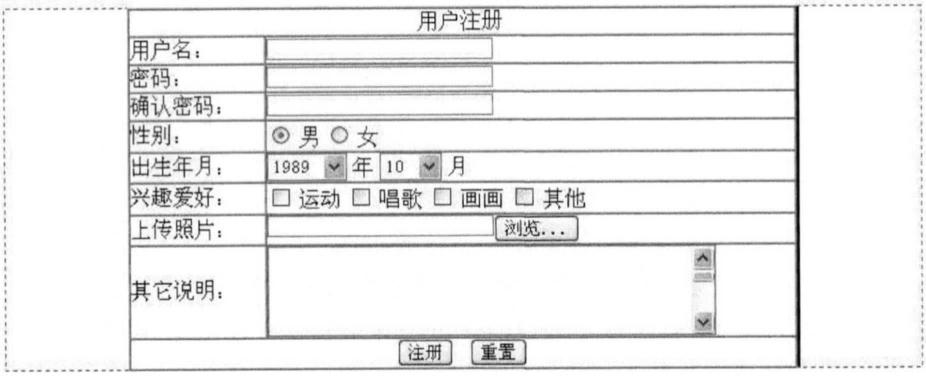

用户注册	
用户名:	
密码:	
确认密码:	
性别:	◉ 男 ○ 女
出生年月:	1989 年 10 月
兴趣爱好:	□ 运动 □ 唱歌 □ 画画 □ 其他
上传照片:	浏览...
其它说明:	
注册 重置	

图 3-26 添加表单元素后的表单

(5) 在“标签选择器”中选择“<form#form1>”标签,然后就可以在属性面板中设置表单属性,如图3-27所示。

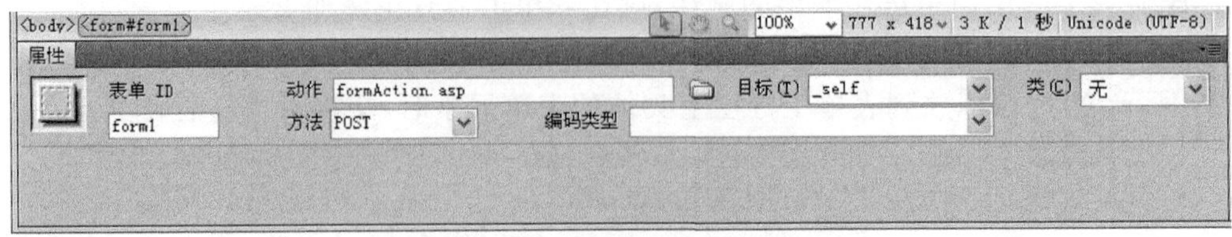

图 3-27 设置表单属性

（6）至此，一个完整的表单设计完成，如果需要对表单数据进行相应处理，只需制作好表单处理页面（如 formAciton.asp）即可。

知识点拓展

［1］ HTML 语言中的常用标签有下面一些。

1．<html>标签

文档标识符，它是成对出现的。首标签<html>和尾标签</html>分别位于文档的最前面和最后面，明确地表示文档是以超文本标识语言（HTML）编写的。

2．<head>标签

习惯上我们把 HTML 文档分为文档头和文档主体两个部分。文档的主体部分就是我们在浏览器用户区中看到的内容了。而文档头部分用来规定该文档的标题（出现在浏览器窗口的标题栏中）和文档的其他一些属性。

3．<title>标签

<title>标签是成对出现的，用来规定 HTML 文档的标题。在<title>和</title>之间的内容将显示在 Web 浏览器窗口的标题栏中。

4．<body>标签

<body>标签也是成对标签。在<body></body>之间的内容将显示在浏览器窗口的用户区内，它是 HTML 文档的主体部分。在<body>标签中可以规定整个文档的一些基本属性，如背景颜色、背景图片、字体和字号等。

5．标题标签

一般文章都有标题、副标题、章和节等结构，HTML 中也提供了相应的标题标签<hn>，其中 n 为标题的等级，HTML 总共提供六个等级的标题，n 越小，标题字号就越大，<h1>定义最大号标题，<h6>定义最小号标题。

6．换行标签

换行符号标签是个单标签，也叫空标签，不包含任何内容，在 html 文件中的任何位置只要使用了
标签，当文件显示在浏览器中时，该标签之后的内容将在下一行显示。
标签符用于定义文本从新的一行显示，它不产生一个空行，但连续多个的
标签符可以产生多个空行的效果。

7．水平线标签<hr>

用<hr>标签可以在网页上画出一条横跨网页的水平分隔线，以分隔不同的文字段落。<hr>标签有 size、width 和 color 等属性。

8. 字体标签<font>

font 标签是 HTML 里最常用的文字格式控制标签，通过改变 font 标签的属性可以改变文字的大小颜色字体等。font 标签的主要属性如下：

1) Size

font 标签的 size 属性指定文字的大小，它的取值范围是 1～7，当它取值为“1”时文字最小，取值为“7”时文字最大，默认值是“3”。

2) Color

font 标签的 color 属性可以指定文字的颜色，它的取值有用英文关键字、十六进制颜色代码、rgb 函数三种类型。

3) Face

font 标签的 face 属性指定文字的字体。

如代码<font size="5" face="宋体" color="red">登鹳雀楼</font>设置了文字“登鹳雀楼”的字体为“宋体”，字号为 5，颜色为“红色”。

9. 段落标签<p>

<p>标签符用于划分段落，控制文本位置。<p>是成对标签符，用于定义内容从新的一行开始，并与上段之间有一个空行，其 align 属性定义新开始的一行内容在页面中的对齐位置，属性值可以是 left(左对齐)、center(居中对齐)或者 right(右对齐)。

10. 图片标签<img>

img 是图像的标签，用来在网页中显示图像，其常用属性有如下三种：

(1) src 属性告诉浏览器图片的具体位置，就像链接的 href 属性一样告诉浏览器要链接到的文件。

(2) alt 属性代表图片的替代文字。有些浏览者不想看到图片(比如由于网速太慢)，有些早期的浏览器也不支持图片，还有一种可能是你把图片的具体位置写错了，这些情况浏览者是看不到图片的，这时 alt 可以在图片的位置上显示出代替的文字，这是非常有用的，记得一定要加上。

(3) title 属性指示图片的提示文字，当鼠标停留到图片上时，会提示相关文字。

11. 超链接标签<a>

超链接是 WWW 的魅力所在，是超文本的一个重要特征。它可以链接文本、图片、程序、音乐和影像等文件。

链接 a 标签的语法为<a href="URL">显示的文字</a>，其常用属性有：

(1) Href 是链接属性，告诉浏览器链接到的网址(URL)，URL 是我们要链接到的网页或者文件。URL 可以是一个绝对的地址，如：http://www.sina.com.cn/。或者是一个相对网页，如 index.html。URL 除了是网页外，还可以是其他的文件(如文本文件、pdf 文件和 zip 文件等)、锚标签和 Email 地址。

(2) Target 是链接的目标属性，target 属性指定所链接的页面在浏览器窗口中的打开方式，它的参数值主要有_blank、_parent、_self、_top。

如超链接<a href="http://www.sina.com.cn/">新浪</a>可以链接到新浪网站。

12. 表格标签

HTML表格标签用<table>表示。一个表格可以分成很多行(row)，用<tr>表示；每行又可以分成很多单元格(cell)，用<td>表示。

表格常用属性有宽、高、边框、背景颜色、背景图片、对齐方式、填充和间距等。下面分别对这些属性进行介绍。

表格的宽和高分别用width和height属性来表示。宽高默认的单位为像素，可以给表格设置固定像素的宽高值，如代码<table width=400 height=300></table>设置表格的宽度为400px，高度为300px。也可以给表格设置百分比的宽高值，如代码<table width=40%></table>设置表格的宽度为浏览器窗口的40%。

表格的边框用border属性来表示，边框的单位默认为像素(px)，给表格添加边框可通过给表格的<table>标签添加border属性实现。border属性设置的值越大，表格的边框就越粗。

表格的背景颜色是通过bgcolor属性来设置的，而背景图片则是通过background属性来进行设置的。

[2]　FLV格式是FLASH VIDEO格式的简称，随着Flash MX的推出，Macromedia公司开发了属于自己的流媒体视频格式——FLV格式。FLV流媒体格式是一种新的视频格式，由于它形成的文件极小、加载速度也极快，这就使得网络观看视频文件成为可能，FLV视频格式的出现有效地解决了视频文件导入Flash后，使导出的SWF格式文件体积庞大，不能在网络上很好地使用等缺点。目前各在线视频网站均采用此视频格式，如新浪博客、优酷、土豆等无一例外，FLV已经成为当前网络视频文件的主流格式。

提示：本书由于篇幅限制不能展开讲述本章内容，如需详细熟悉Dreamweaver CS5的相关操作，可以参考书籍《网页设计基础与实训》(吴代文，清华大学出版社，2011年6月第一版)。

职业技能知识点考核

1. 填空题

(1) 图片标签<img>的________属性告诉浏览器图片的具体位置，就像链接的href属性告诉浏览器超链接要链接的目标文件一样。

(2) 用于设置网页标题的HTML标签是________。

(3) HTML总共提供________个等级的标题。

2. 简答题

(1) 列举超链接标签<A>的Target属性的四种可选参数值，并说明每种参数值的意义。

(2) 列举组成表格的HTML标签，并简要说明每种标签的意义。

04模块
网站及网页的色彩搭配

网站的色彩搭配非常重要，色彩搭配好的网站能给浏览者留下很好的印象，而色彩搭配不好的网站则很难吸引浏览者。本模块主要介绍的色彩搭配的相关知识。内容包括三原色、常见网页色彩、色彩的冷暖视觉、网页的安全色、网站色彩规划与搭配原理和常见配色方案等。

能力目标

1. 能区分冷暖色调。
2. 能用 Photoshop CS5 拾取图片颜色。
3. 能根据网站内容规划网站色调。

知识目标

1. 三原色。
2. 冷暖色。
3. 常见网页颜色代码。
4. 常见网页配色方案。

知识储备

知识 4-1　色彩的基础知识

在物理学中，颜色由红、绿和蓝三原色[1]（又叫三基色）构成。三种原色的不同的组合，构成现实世界中的所有丰富多彩的颜色。黑色不是有颜色，而是黑色物体不反射任何光线，看上去才表现为黑色。白色不是没有颜色，而是含有全部的颜色。

在设计中，颜色分为彩色与非彩色两种。非彩色是指含有灰、白、黑三系的颜色。彩色是指非彩色以外的所有颜色。

网页 HTML 语言中的色彩表达即是分别用红、绿和蓝三种颜色的值来表示的。分别把红、绿和蓝三种颜色分为 256 个(0～255)等级，用不同的组合形成不同的颜色。经过组合后网页就可以表示 2^{24} 种颜色。通常每种颜色的值用两位十六进制数来表示，并以“#”开头。如红色表示为 #FF0000，绿色表示为 #00FF00，蓝色表示为 #0000FF，白色表示为 #FFFFFF。在进行网页设计时，需要记忆和识别这些常用的颜色代码，表 4-1 是一些需要记忆的常用网页颜色的代码。

表 4-1　常见的网页颜色代码

代　　码	颜　色	代　　码	颜　色
#FFFFFF	白	#0000FF	蓝
#000000	黑	#FFFF00	黄
#FF0000	红	#D9D9D9	灰
#00FF00	绿	#9F79EE	橄榄

当然也可以用颜色的英文名字代表相应的颜色，表 4-2 是一些需要记忆的常用网页颜色的英文名。

表 4-2　常见的网页颜色英文名

英文名	颜　色	英文名	颜　色
White	白	Blue	蓝
Black	黑	Yellow	黄
Red	红	brown	棕
Green	绿	darkred	深红

有时看到自己喜欢的颜色，但不知道颜色的代码或英文名时，可以软件（如 Photoshop CS5）提取颜色值。具体步骤如下：

（1）用 Photoshop CS5 打开已有图片，对于网页可以采用打印屏幕的形式抓取网页作为图片，然后再用 Photoshop CS5 打开图片。

（2）单击 Photoshop CS5 的工具栏下方的"设置前景色"按钮，打开"拾色器"对话框。如图 4-1 所示。然后将鼠标光标移动到图片要拾取颜色的地方，此时鼠标光标会变成吸管状。单击即可获取当前的颜色值。如图 4-1 所示。

（3）从图 4-1 可以看出，拾取的颜色值为 #66cccc。

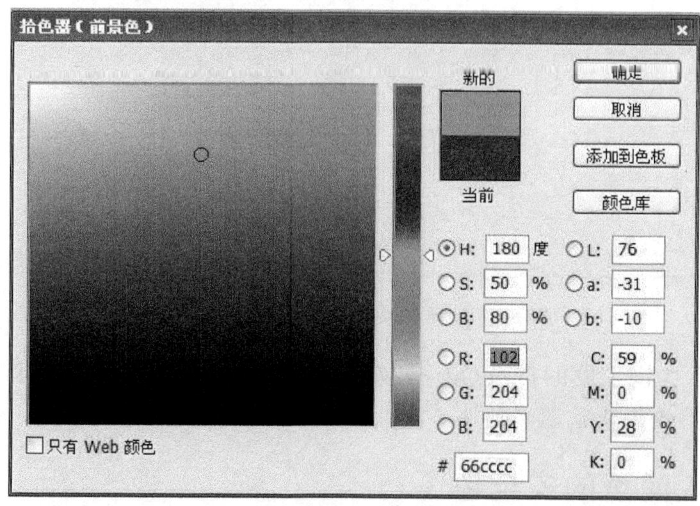

图 4-1　"拾色器"对话框

知识 4-2 网页色彩的冷暖视觉

冷暖本来是指人的皮肤对温度的感觉,但是不同的颜色,可以根据日常生活中对这些颜色的认识,给人的视觉造成一定的冷暖感觉。对于大多数人来说,橘红、黄色以及红色一端的色系总是和温暖、热烈等相联系,因而称之为暖色调;而蓝色系则和平静、安逸、凉快相连,就称之为冷色调。从色彩心理学角度来考虑,橘红的纯色被定为最暖色,在色立体上为暖极;天蓝的纯色被定为最冷色,在色立体上称为冷极,并用冷暖两极的关系来划分色立体其他颜色的冷暖程度与冷暖差别。与暖极近的为暖色,与冷极近的为冷色,与两极距离相等的颜色,称为中间色。由此可知,红、橙和黄等为暖色,蓝绿、蓝和蓝紫是冷色,黑、白以及由黑白调和的各种深浅不同的灰色为中性色。

如图 4-2 所示为百度网址大全的网页(http://site. baidu. com/),网页中使用了白色的主色调,另外搭配了一些浅蓝色。网页的视觉效果非常淡雅清爽。这个网页是一种很好的浅色搭配方案。

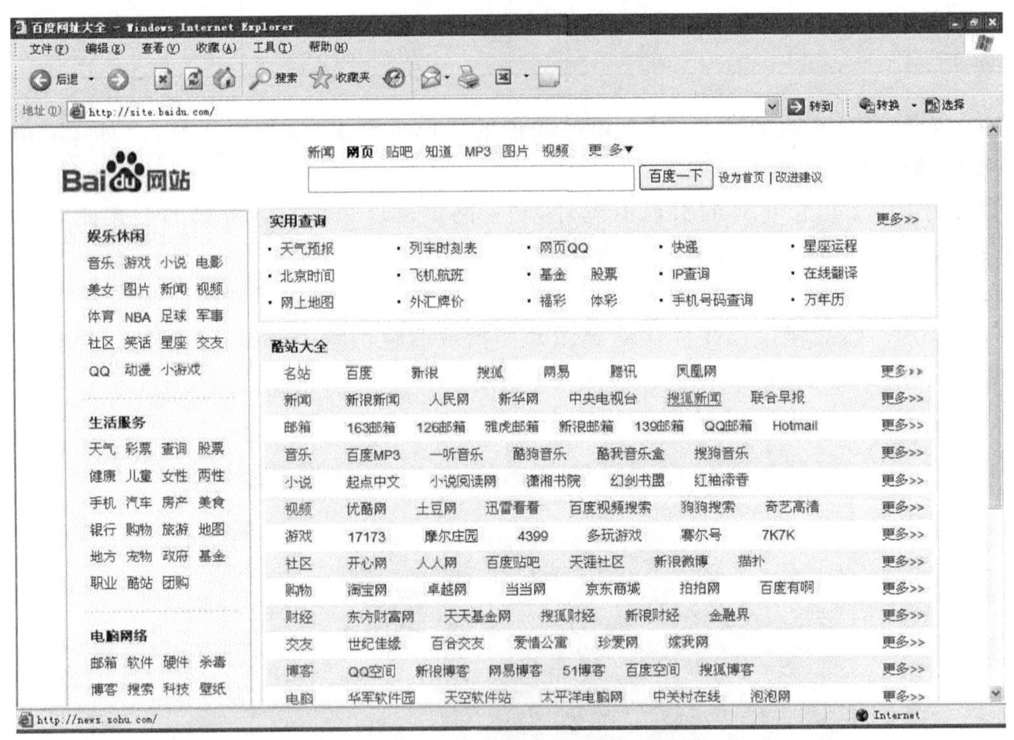

图 4-2 淡雅清爽的百度网址大全首页

如图 4-3 所示为淘宝网的首页(http://www. taobao. com),网页使用了大量的橙色和黄色。网页的视觉效果非常温暖活泼。

知识 4-3 网页的安全色

不同的硬件环境、操作系统、浏览器对各种颜色的表现有所不同。当显示的颜色与设计的颜色不同时,就会产生失真。但所有的这些环境都可以显示 216 种颜色集合(调色板),也

图 4-3　温暖活泼的淘宝网首页

就是说这些颜色在任何计算机上的显示都是相同的。所有网页中如果使用这 216 种颜色，就可以避免失真的问题。

网络安全色是当红色(Red)、绿色(Green)、蓝色(Blue)颜色数字信号值为 0、51、102、153、204、255 时构成的颜色组合，它一共有 6×6×6=216 种颜色(其中彩色为 210 种，非彩色为 6 种)。

当网页中的有些颜色显示设备无法正确还原时，显示设备就会使用与需要相似的颜色，使显示的颜色尽量达到需要的效果。因此用这 216 种颜色表现高清晰度的图片时可能会有所欠缺，但表现网页的文字、背景的颜色还是完全可以的。

使用 216 种安全色是网页设计中积累经验的结果，在进行网页的页面设计时，要尽量使用网页安全色，这样就可以更准确、真实地表现网页的颜色效果。

知识 4-4　常见网页色彩搭配分析

不同的色彩会使人产生不同的联想与感觉，不同类型的网站一般有不同的风格与色调。这些不同的色调与风格可以体现出网站不同的行业与内容。

1. 商务与时尚

在电子商务日益发展的今天，各种电子商务网站、团购网站大量涌现。这些网站在网页配色时，一般大多使用橙色和黄色等暖色调表现商务与时尚的主题。通过这些暖色调吸引浏览者，让浏览者在浏览网站的过程中有一种温馨舒适的感觉，同时激发浏览者的购买欲望。如图 4-3 所示为淘宝网的首页(http://www.taobao.com),网页使用了大量的橙色和黄色。网页的视觉效果非常温暖活泼。

又如团购网站糯米网的首页采用了大量的深红色、橙色和黄色等暖色调作为网站的主色调,给浏览者一种温暖活泼的感觉,体现了商务和时尚的主题,如图 4-4 所示。

图 4-4 团购网站糯米网首页

2. 简约与高贵

对于某些网站,可以使用简约的色彩搭配。但是版面的简约与简单并不是一个概念。网页在简约的色彩搭配中,体现出网站的档次与内容。

例如谷歌网站的首页(http://www.google.com.hk/),如图 4-5 所示。网站使用简约的布局与颜色。

谷歌网站首页主要以白色和蓝色两种简单的颜色进行搭配与布局。整个网站的颜色清晰淡雅,简约而不简单。同时,简单的颜色风格又不失设计的专业性。

而结合谷歌的搜索功能,人们更关注的是网站的功能,所以就更愿意接受这种简单的颜色搭配与页面布局。

3. 神秘与优雅

对于宣传某些具有一定感情色彩的产品或表现某些特定内容的网站,网站的不同色彩也可以表现出不同的情感。例如,红色和明亮的黄色调成的橙色给人活泼、愉快、兴奋的感受。青色、青绿色、青紫色让人感到安静、沉稳、踏实。蓝色很容易让人联想到大海与天空,白色很容易让人联想到冰天与雪地。人们在浏览网站时,会对网站的不同色彩搭配产生类似的情感联想。

图 4-5　谷歌网站首页

对于有一定感情倾向的网站，需要根据所要表达的情感采用正确的配色。在使用颜色表达情感倾向的色彩搭配中，可以使用多种色彩对比强烈的颜色以增强这种表达效果。

例如，紫色与黑色可以表现出一种神秘的气氛，休闲类的网站可以使用这种效果。紫色与粉红色的搭配，可以表现出优雅的气氛，购物类的网站可以使用这种颜色搭配。

如图 4-6 所示为中国宋庆龄基金会网站的首页。网页主要使用了土黄和黑色搭配的色调，网站的颜色搭配非常具有怀旧感，让人们油然而生出了对革命前辈的敬仰之情。

图 4-6　中国宋庆龄基金会网站首页

4. 激情与梦幻

网站使用明快的颜色与强烈的颜色对比,可以体现出一种热情躁动的情感气氛。如果网站需要体现出这种热情的气氛,可以使用强烈的暖色进行搭配。

例如网易体育 NBA 频道(http://sports.163.com/nba/)就采用了具有强烈色彩的大红色调,如图 4-7 所示。网页使用许多链接、图片和广告采用大红颜色,整个网页色彩搭配体现了 NBA 的激情与活力。

图 4-7 网易体育 NBA 频道

5. 科技与教育

科技与教育类网站通常比较正式和庄重,这类网站一般都使用冷色调的颜色风格来体现。目的是给浏览者一种清新、淡雅和高贵的感觉。

例如金融界网站科技频道(http://tech.jrj.com.cn/)主要采用了蓝色和白色等冷色调,如图 4-8 所示。网页使用许多链接、图片和广告采用淡蓝颜色,整个网页色彩搭配给浏览者一种清新、淡雅和高贵的感觉。

又如清华大学网站(http://www.tsinghua.edu.cn/)采用白色作为网页底色,图片主要以紫色和淡蓝等颜色为主。如图 4-9 所示。整个网页色彩搭配也给浏览者一种清新、淡雅和高贵的感觉。

图 4-8 金融界网站科技频道

图 4-9 清华大学首页

知识 4-5 网站总体色彩规划

网站在设计效果图时,需要对网站的色彩进行整体的规划,对网页的颜色有一个整体的定位。所有网页效果的设计需要在这个整体颜色定位下进行,其他颜色的使用需要与网页内容的风格相一致。

1. 定义网站的色彩基调

定义网站的色彩基调就是选择一个颜色作为网站最主要的风格色调。需要注意以下几个方面。

(1) 网站的色彩要鲜明。人们在浏览网站时,更愿意接受鲜明的颜色。黯淡的颜色会给人一种压抑的感觉。

(2) 网站的色彩要独特。一个优秀的网站,往往与别的网站有着不同的色彩风格。用户可能根据网站的独特风格而接受这个网站。

(3) 色彩需要与网站的内容谐调。网站色彩应该依据网站内容给消费者营造相应的气氛。例如科技和教育类网站可以使用浅蓝色,婚庆类网站可以使用粉红色,庆典类网站可以使用大红色。

(4) 要注意色彩和颜色的联想性。例如,黑色让人联想到夜晚,蓝色让人联想到天空或海洋,大红色可以让人联想到喜庆等。

一个网站或新闻的主题,通常使用与这一主题相关的颜色色调。例如,喜庆的网站或新闻通常使用大红色,如每逢重大节日(建党、建军和国庆等),各主要大型网站一般都采用鲜艳欢快的色调,相应的新闻一般也用大红色显示;而当国家出现一些令人悲痛的灾害事件(地震等)时,各主要大型网站一般都采用灰暗的色调,相应的新闻一般也用黑色显示。

2. 站点内各栏目色彩搭配原则

在对网站进行颜色搭配时,需要遵循一些颜色搭配的原理和方法。这些配色原理是根据长期设计的经验和人们对颜色的感知形成的。网站的各个栏目,因为需要体现出不同的内容和浏览方式,需要针对不同的网站栏目进行不同的配色。

一般来说,需要吸引用户注意力的栏目应该使用鲜明的颜色。不同的栏目之间应该有一些颜色的对比,增强网页色彩的层次感。

知识 4-6 网页色彩搭配原理

据研究,彩色效果给人留下的印象是非彩色效果的 3 倍以上。也就是说,在一般情况下,彩色效果比非彩色效果更能给人留下深刻的记忆。

在网页中的一般处理方法是主要内容文字用非彩色(黑色),边框、背景、图片等次要内容用彩色。这样,页面的整体感觉很清爽但不单调,也不会给人眼花缭乱的感觉。

在非彩色的搭配中,黑白是最基本和最简单的搭配,白底黑字或白字黑底页面的内容都非常自然。灰色是万能色,可以和很多种颜色搭配,可以实现不同颜色的和谐过度。在网页中,当有两种对比很强烈的颜色组合在一起,而不好搭配其他颜色时,可以考虑使用灰色作为中间色。

色彩搭配是一个比较复杂的内容。网页进行配色时，需要先确定网页的主色调。然后根据主色调再确定搭配的颜色。网站中不要使用过多的颜色，一个网页的颜色应尽量控制在 3 种颜色以内。使用太多种颜色可能使网站颜色混杂，视觉效果混乱。

背景与文本的颜色对比要强烈，不要将背景与文本使用相近的颜色。不要使用鲜明的花纹作为背景，这样无法突显出网页的内容，浏览网页时也会很吃力。

知识 4-7 常见的几种网页配色方案

人们在进行网页效果设计时，一般采用已经认可的某些颜色的使用方法和颜色的搭配方案。不同的颜色可以对应于不同的内容、不同风格的网页。下面是人们在进行网页设计时总结的网页配色方案。

1. 红色色调的使用与搭配

红色的色感温暖、性格刚烈而外向，可以对人形成强烈的刺激。红色比其他颜色更能吸引人的注意，也可以引起人的兴奋、激动、紧张和冲动的感觉。过多的红色也会引起人的视觉疲劳，使人眼的视觉感减弱。在红色中可以搭配一些其他颜色丰富网页的效果。

(1) 在红色中加入一些黄色，会增强红色的色感，可使红色更加趋向于躁动和不安。

(2) 在红色中加入一些蓝色，会减弱红色的色感，可使红色更加趋向于文雅和柔和。

(3) 在红色中加入一些黑色，会使红色的性格变得沉稳，给人以厚重和朴实的感觉。

(4) 在红色中加入一些白色，会使色感温柔，趋于含蓄、羞涩和娇嫩。

2. 绿色色调的使用与搭配

绿色是大自然中生命的颜色，给人们以生命、成长、希望的气息。绿色是人们最愿意接受的纯自然感觉。绿色的性格平和、安稳，是一种温顺、恬静、自然和优美的颜色。

(1) 在绿色中加入一些黄色，会使绿色的性格趋于活泼和友善。

(2) 在绿色中加入一些黑色，会使绿色的性格趋于庄重和成熟。

(3) 在绿色中加入少量的白色，会使绿色的性格趋于洁净、清爽和鲜嫩。

3. 蓝色色调的使用与搭配

蓝色的色感冷清，性格朴实内向，是一种有助于人头脑冷静的颜色。蓝色可以很容易让人感觉到天空、大海的氛围，提供一个深远、广阔和平静的空间，可以衬托其他活跃的颜色。蓝色淡化后仍然能保持较强个性，不同的蓝色给人完全不同的感觉。如果在蓝色中分别加入少量的红、黄、黑、橙和白等色，会对蓝色的色感造成鲜明的影响。

蓝色是最养眼的颜色，蓝色的背景可以使人平静、遐想。网站常常使用蓝色作为网站的背景色。而不同的蓝色往往给人完全不同的感觉。

蓝色是现今网站中最常使用的主色调。蓝色风格的网页最容易被用户接受和认可。很多大中型的科技教育类和网络公司的网站都是使用蓝色风格。

4. 黄色色调的使用与搭配

黄色可以表现出冷漠、高傲、敏感和不安宁的视觉印象。在所有的颜色中,黄色的色感最容易发生变化。只要在纯黄色中搭配少量的其他颜色,其色感和表现出的性格就会发生很大的变化。黄色在搭配其他的颜色时,会因为色彩的对比给黄色带来完全不同的色彩感觉。

(1) 在黄色中加入少量的蓝色,会使其转化为嫩绿色,可使黄色表现出平和潮润的感觉。

(2) 黄色和红色搭配在一起,会使其转化为橙色,色感会从冷漠、高傲转化为有分寸感的热情和温暖。

(3) 在黄色中加入少量的黑色,会使其转化为橄榄绿色,色感表现成熟和随和的感觉。

(4) 在黄色中加入少量的白色,会使色感变得柔和,可以淡化黄色的性格感,使颜色趋近于含蓄和易于接近。

5. 橙色色调的使用与搭配

橙色具有红和黄的成分,其性格趋于甜美、亮丽和芳香,也有红色的效果,性格趋于兴奋和狂躁。

橙色中加入少量的白色,可淡化橙色的效果,使橙色的色感趋于焦躁和无力。

6. 紫色色调的使用与搭配

紫色的明度在彩色的色料中是最低的。紫色的低明度给人一种沉闷和神秘的感觉。

(1) 紫色中红的成分较多时,就会给人以压抑威胁的感觉。

(2) 紫色中加入黑色,其感觉就趋于沉闷、伤感和恐怖。

(3) 紫色中加入白色,就会变得优雅、娇气,并充满女性的魅力。

7. 白色色调的使用与搭配

白色的色感光明,性格朴实、纯洁和快乐。给人以雪山和冰川的感觉。如果在白色中加入其他的颜色,都会影响其纯洁性,使其性格变得含蓄,会减弱白色的色感。

(1) 白色搭配少量的红色,会感受到一种粉红色,鲜嫩而充满诱惑。

(2) 白色搭配少量的绿色,就如刚出土的绿芽,给人一种稚嫩和柔和的感觉。

(3) 白色搭配少量的蓝色,会使气氛变得清冷和洁净。

(4) 白色搭配少量的黄色,会成为一种乳黄色,给人一种温馨的感觉。

(5) 白色搭配少量的橙色,就如同沙漠戈壁,如同干裂的土地,有干燥的气氛。

(6) 白色搭配少量的紫色,就如同紫色兰花,让人联想到淡淡的芬芳。

引例:经典网页设计色彩搭配实例欣赏

网页的色彩搭配,特别是大型网站首页的色彩搭配,可以充分体现一个网站的设计思想和风格。下面以一个实例讲解网页色彩搭配需要注意的问题。如图 4-10 所示为支付宝网站首页,网页的色彩搭配非常温暖和谐,各种颜色搭配合理。

图 4-10　支付宝首页

支付宝网站的颜色搭配，代表电子商务网站的配色趋势，有很多内容值得学习与借鉴。

(1) 网站使用白色背景、橙色色调，合理搭配一些蓝色和绿色，页面美观、和谐、大方。

(2) 网站的 Logo 使用橙色和蓝色，对比强烈。

(3) 网站的导航条使用白底橙字或橙底白字，对比强烈，美观大气。

(4) 网站巧妙地使用了一个橙白色的广告，增强了网页的活力和层次感，使网页的颜色有很大的跳跃性。

(5) 网页主要以暖色调为主，但也有少量冷色调的图片和文字，这很好地丰富了网页的颜色元素。

知识点拓展

原色是指不能透过其他颜色的混合调配而得出的“基本色”。又称为基色，即用以调配其他色彩的基本色。以不同比例将原色混合，可以产生出其他的新颜色。由于人类肉眼有三种不同颜色的感光体，因此所见的色彩空间通常可以由三种基本色所表达，这三种颜色被称为“三原色”。一般来说叠加型的三原色是红色、绿色、蓝色，而消减型的三原色是品红色、黄色、青色。

人的眼睛是根据所看见的光的波长来识别颜色的。可见光谱中的大部分颜色可以由三种基本色光按不同的比例混合而成，这三种基本色光的颜色就是红(Red)、绿(Green)、蓝(Blue)三原色光。原色的色纯度最高，最纯净、最鲜艳，三原色各自对应的波长分别为

700nm、546.1nm 和 435.8nm。这三种光以相同的比例混合、且达到一定的强度，就呈现白色(白光)；若三种光的强度均为零，就是黑色(黑暗)。这就是加色法原理，加色法原理被广泛应用于电视机、监视器等主动发光的产品中。

而在打印、印刷、油漆、绘画等靠介质表面的反射被动发光的场合，物体所呈现的颜色是光源中被颜料吸收后所剩余的部分，所以其成色的原理叫做减色法原理。减色法原理被广泛应用于各种被动发光的场合。在减色法原理中的三原色颜料分别是品红(Magenta)、黄(Yellow)和青(Cyan)。

职业技能知识点考核

1. 填空题

(1) 一般来说叠加型的三原色是________、________和________，而消减型的三原色是________、________和________。

(2) 一般来说，________、________和________等为暖色，________、________和________是冷色。

(3) 网络安全色一共有________种颜色，其中彩色为________种，非彩色为________种。

2. 简答题

(1) 定义网站的色彩基调需要注意哪几个方面？

(2) 简述网页色彩的搭配原理。

05模块

网页的排版布局

在进行网站设计时，需要对网站的版面与布局进行一个整体的规划，这就是网站的排版布局。本模块主要讲解页面的基本构成、常见的页面结构、页面布局设计的基本流程和常用网页布局方法等内容，其中常用网页布局方法是本章的重点。

能力目标

1. 能使用表格布局网页。
2. 能使用框架布局网页。
3. 能熟练使用CSS＋DIV布局网页。

知识目标

1. 页面的基本构成。
2. 常见的页面结构类型。
3. 页面布局设计流程。
4. 常见页面布局方法。

知识储备

知识5-1　页面的基本构成

互联网上的网页多种多样，内容千差万别，组成各异。但是，一般的网页都包含标题、网站标志、页眉、导航栏、内容板块和页脚等部分，参见图5-1。

1. 网页的标题

每个网页都有一个标题，用于指示网页的主要内容。网页的标题显示在浏览器窗口的标题栏中。在设计网页时，网页制作软件一般会给网页指定一个默认标题，如“Untitled Document”或“无标题”等。显然，这样的标题是毫无意义的。在设计网页时，应该给网页指定一个有一定意义的标题，使浏览者在看到网页标题就能了解网页包含的大体内容。

2. 站标

站标就是网站的标志，也叫网站Logo，是一个网站的特色和内涵的集中体现。它是一个站点的象征，一般放在网站首页的左上角或显眼位置，访问者能明显地看到它。一个好的

图 5-1 “北京大学”首页

站标,可以给浏览者留下深刻的印象,在网站的推广和宣传中起到事半功倍的效果。例如新浪用字母 Sina 和大眼睛作为标志。站标设计追求的是以简洁、符号化的视觉艺术形象把网站的形象和理念长留于人们心中。

3. 页眉

页眉指页面的上部,通常位于水平放置的导航栏上面。有些网页的页眉比较明显,有些页面则没有明确的划分,有些甚至没有页眉。通常,页面左边放置站标,右边安排网站的宗旨或广告语,或者放置商业广告。页眉是浏览者打开页面时首先看到的地方,在商业网站中通常将页眉作为广告位出租。

页眉的设计原则包括具有鲜明的色彩、语言具有号召力、文字的字体清晰和图形位置合适这 4 个方面。页眉的风格应该与页面的整体风格协调一致。设计独到的页眉也可以像站标一样,起到标识网站的作用。

4. 导航栏

导航栏是用户在规划好站点结构、开始设计主页时必须考虑的一项内容。导航栏的作用就是让浏览者在浏览站点时,不会因为迷路而中止对站点的访问。事实上,导航栏就是一组超链接,这组超链接的目标就是本站点的主页以及其他重要页面。在设计站点中的诸页面时,可以在站点的每个网页上显示一个导航栏,这样,浏览者就可以既快又容易地转向站点的其他主要网页。

一般情况下,导航栏应放在网页中较引人注目的位置,通常是在网页的顶部或一侧。导航栏的实现方式也很多,可以采用脚本语句,也可以利用动画或图像按钮,甚至可以直接采用文本链接，这要根据网站的具体需求来确定。

5. 内容板块

内容板块是页面的主体，往往根据内容的多少划分为几个栏目。每个栏目中放置内容标题作为连接或内容摘要，具体内容包括文字、图像和动画等。页面的内容才是浏览者关注的根本目标。只有拥有丰富的内容，才能吸引众多的浏览者。因此，对内容板块应该合理安排、精心设计。

6. 页脚

页脚是指页面的底部，通常放置版权信息、联系方法，有时也把导航栏、友情链接安排在这里。

知识 5-2　常见的网页结构类型

1. “同”字型布局

“同”字型布局（又叫“国”字型布局）的结构特点是：页面顶部为水平放置的主导航栏，其下大体上分为左中右三栏，左边一般放置内容导航、二级栏目或热点内容等；右边一般放置站点图片链接、动画广告、搜索引擎、友情链接和注册登录信息等；中间为主要内容板块。如中国人民大学首页就属于这种布局，如图 5-2 所示。

图 5-2　“中国人民大学”首页

这种结构布局是互联网上最常见的布局,其优点是:页面结构清晰、直观、平衡均衡和主次分明。缺点是版次过于呆板、僵化,往往给人一种"单调乏味"的感觉。因此,采用这种布局结构时,必须在设计过程中更加注重色彩的搭配和细节的处理,调节页面的整体韵律,弥补它的不足。

2. "匡"字型布局

"匡"字型布局(又叫"拐角型"布局)是把"同"字型布局右边的内容移到底部而成,它们的结构特点和优缺点也大体相同。如北京交通大学首页就属于这种布局,如图 5-3 所示。

图 5-3 "北京交通大学"首页

3. "吕"字型布局

"吕"字型布局的特点是把页面分为上下两大块,其中每一块都具有同字型结构的特点。这种结构在设计技术上采用上下两个表格进行页面元素的定位,两个表格之间往往插入条幅广告。这种布局能够容纳大量信息,目前各大型门户网站的二级模块通常都是采用"吕"字型的布局。如"新浪体育"、"网易新闻"和"搜狐财经"等网页。如图 5-4 所示。

4. 自由式布局

自由式布局打破上述结构的"规规矩矩",尽情挥洒。页面布局就像一张宣传海报,极具创意。这种页面常常以一幅精美的图片作为设计中心,导航栏则作为次要的设计元素,自由摆放,起到点缀、修饰和均衡的作用。一些时尚网站常常采用这种布局,如艺术设计、时装服

图 5-4　“新浪体育”网页

饰和化妆品等站点。这种布局的优点是漂亮、现代、轻松和明快，极具美感，给人以美的享受。如中国地质大学和中央音乐学院网站首页就属于这种布局，如图 5-5 和图 5-6 所示。

图 5-5　“中国地质大学”首页

图 5-6 “中央音乐学院”首页

知识 5-3 页面布局设计

了解了网页的基本组成和常见的页面布局类型之后，就可以考虑自己的页面布局设计了。一般来说，页面布局设计需要经过下面几个基本步骤。

1. 构思构图

在真正开始页面布局设计之前，都要对页面的整体布局进行认真的构思。在这个阶段，可以借鉴他人的布局经验，参考他人的布局结构，吸取别人的精华，融入到自己的整体构思中。要充分发挥艺术想象力，锐意创新、大胆突破，结合现有的网页素材考虑，进行整合创作。构思结果一定要有自己的独特创意，并要考虑技术实现的可行性。有时候，尽管构思巧妙，见解独到，但用现在的计算机技术和网络技术却不能实现，创意也就变成了空想。

2. 绘制草图

网页布局设计就像写文章一样，要事先打草稿——绘制草图。新建页面就像一张白纸，没有任何表格和框架，没有约定俗成的条条框框的约束，可以尽可能地发挥你的想象力，将想到的“景象”画出来。绘制草图就是把头脑中构思的页面布局轮廓具体化的过程，可以在纸上绘画，也可以用软件在计算机上绘制。在头脑中构思时，没有受到空间和技术因素的限制，思维的“翅膀”可能飞得很远，但当在纸上或计算机上实现时却可能发现，有些想法是无法实现的，或者发现有些地方不太合理。因此，在绘制过程中必须对头脑中的“蓝图”做必要的修正。绘制草图属于创造阶段，不讲究细腻工整，不必考虑细节功能，只要以粗陋的线条勾画出创意的轮廓即可。可以尽可能多画几张，最后选定一个满意的方案作为继续创作的脚本。如图 5-7 所示就是一幅页面布局手绘草图。

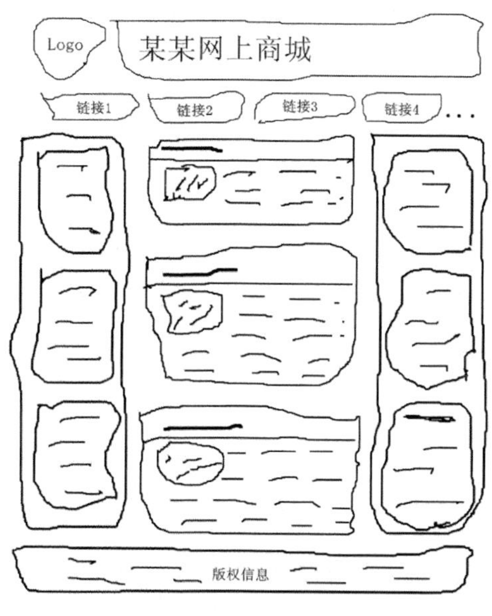

图 5-7　网页布局手绘草图(一)

3. 草图细化和方案确定

草图细化和方案确定就是在绘制出来的轮廓草图上，具体摆布页面元素，包括网站的站标、导航栏、栏目标题、广告、图片和搜索引擎等。按照平面设计的规律做出平面的基本样式。这一步可以用一些图像处理软件(如 Photoshop、PageMaker 和 Illustrator 等)在计算机上完成。在具体布局页面元素时，可以借鉴平面构图的一些基本原则，如平衡、呼应、对比和疏密等。这个阶段的设计结果仍然是草图，但是已经是一个布局完善的设计方案了，除了文字内容之外，其他所有内容应该基本接近将来网页的实际效果。这个方案供客户和技术开发人员讨论确定最后方案时参考。如图 5-8 所示就是一幅页面布局手绘草图。

4. 量化描述

量化描述就是确定各种页面元素的具体尺寸。主要包括下面几个方面。

(1) 网页的外形尺寸。网页的宽度受计算机显示器的大小和分辨率制约。在浏览网页时，人们能够看到页面宽度只是显示屏的一部分，因为浏览器的菜单栏、工具栏、边框和滚动条要占去一部分的屏幕空间。现阶段，用户的显示器一般都在 19 英寸及以上，分辨率至少设置为 1024×768。这样，显示屏的最小宽度就是 1024 像素。但是，当使用浏览器浏览网页时，浏览器窗口右边的滚动条一般占据 20 像素，所以，网页的安全宽度至少应为 1000 像素。而且随着以后显示器屏幕的尺寸不断加大，这个宽度还可以再增加。

页面的高度可以不受 768 像素的限制，根据网页内容确定，但一般不要超过 3 屏(约 2300 像素)。太长了，拖动垂直滚动条观看也是不方便的。

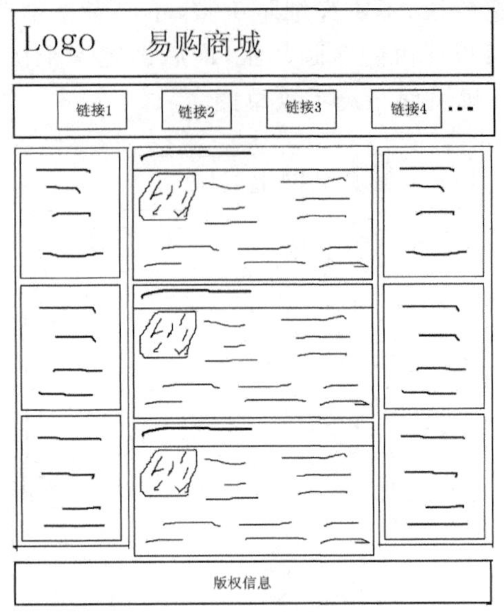

图 5-8 网页布局细化草图(二)

(2) 图形图像的尺寸。图形图像的尺寸应该根据具体的布局要求确定,也是以像素为单位。在确定大小的同时,也应该确定它们在页面中的相对位置。

(3) 字体大小。指定网页文本,如标题文字、段落文字的大小。图像化的标题文字应该作为图像处理。

(4) 色彩代码。一页网页往往采用多种颜色搭配,包括标准色、背景色、文字颜色等。这些元素的颜色应该用 RGB 颜色值或 HTML 颜色代码(十六进制颜色代码)标明。

(5) 网页的文件大小。初步估算网页文件的大小,一般应该控制在 50KB 左右,网页文件过大会影响下载速度。

5. 方案实施

根据上述步骤确定的最终方案用网页编辑软件(如 Dreamweaver 或 Frontpage)和图像处理软件(如 Photoshop 和 Fireworks)进行布局设计。

知识 5-4 网页布局方法

1. 使用表格布局网页

表格布局具有简单高效,易学易用的特点。很多版面非常复杂的页面往往都是用表格来控制的。采用表格进行页面布局,可以简洁明了和高效便捷地将文本、图片和多媒体对象等页面元素有序地显示在页面上,从而设计出版式美观的页面效果。

表格可以把页面的某个空间划分为若干行和列,其中的每一"格"称为一个表格单元。在网页设计中,表格既可存放表格化的数据,也是重要的页面布局工具,可用来定位页面元素,如设计页面分栏,定位页面上的文本和图像等。表格和表格单元格都拥有多种属性,如边框、大小、颜色、背景图像和背景颜色等，通过设置表格和单元格的属性，可以获得更好的页面排版效果。

下面以一个简单的例子来讲述表格布局，详细步骤如下。

(1) 新建一个网页，往网页中插入一个 4 行 2 列宽度为 900 的表格。将表格的边框粗细、单元格边距和间距都设置为 0。如图 5-9 所示。

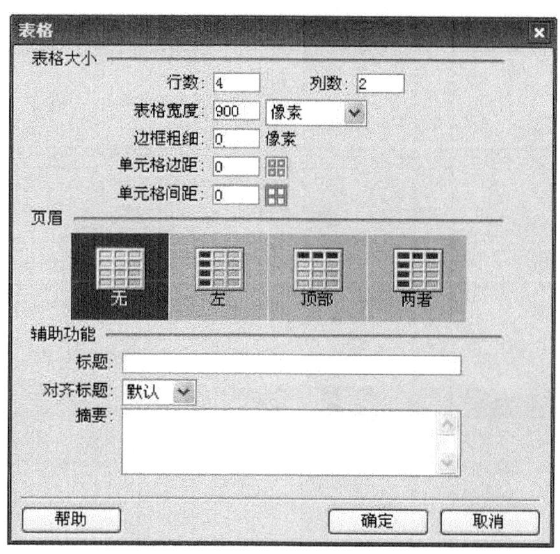

图 5-9　插入表格对话框

(2) 设置表格居中对齐，将表格左边一列的宽度设置为 190 个像素。同时合并表格的第 1 行、第 2 行和第 4 行。此时的表格如图 5-10 所示。

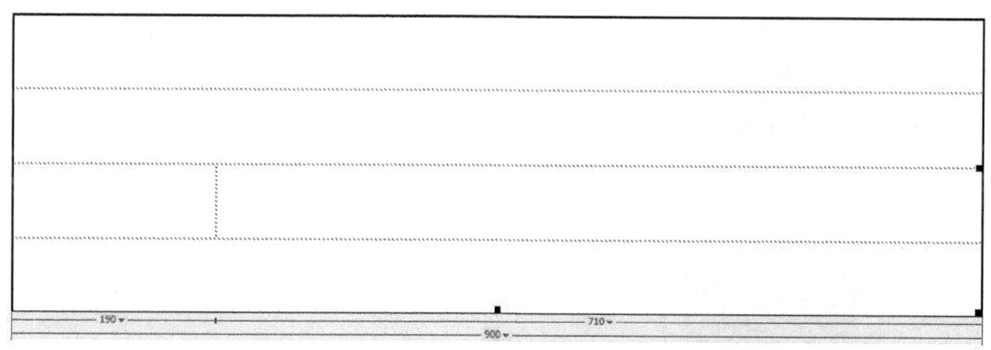

图 5-10　设置属性后的表格

(3) 在表格的第一行中插入事先准备好的站标和页眉，如图 5-11 所示。

(4) 在表格的第 2 行可以插入一个 1 行多列居中的嵌入表格来放置导航链接。设置导航栏后的表格如图 5-12 所示。

(5) 在表格的第 3 行的第 1 列可以插入一个多行一列的嵌入表格，放置部分内容导航，注册和搜索等模块。如图 5-13 所示。

(6) 同样在表格的第 3 行第 2 列和第 4 中插入相应的内容。插入完所有内容后在浏览器中预览,效果如图 5-14 所示。

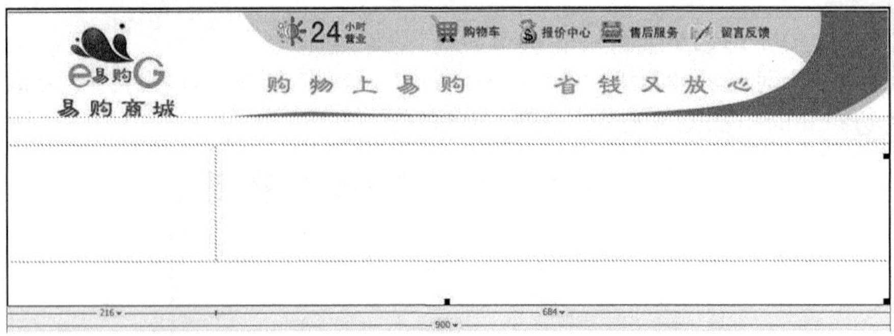

图 5-11 插入“页眉”后的表格

图 5-12 插入“导航栏”后的表格

图 5-13 插入左侧模块后的表格

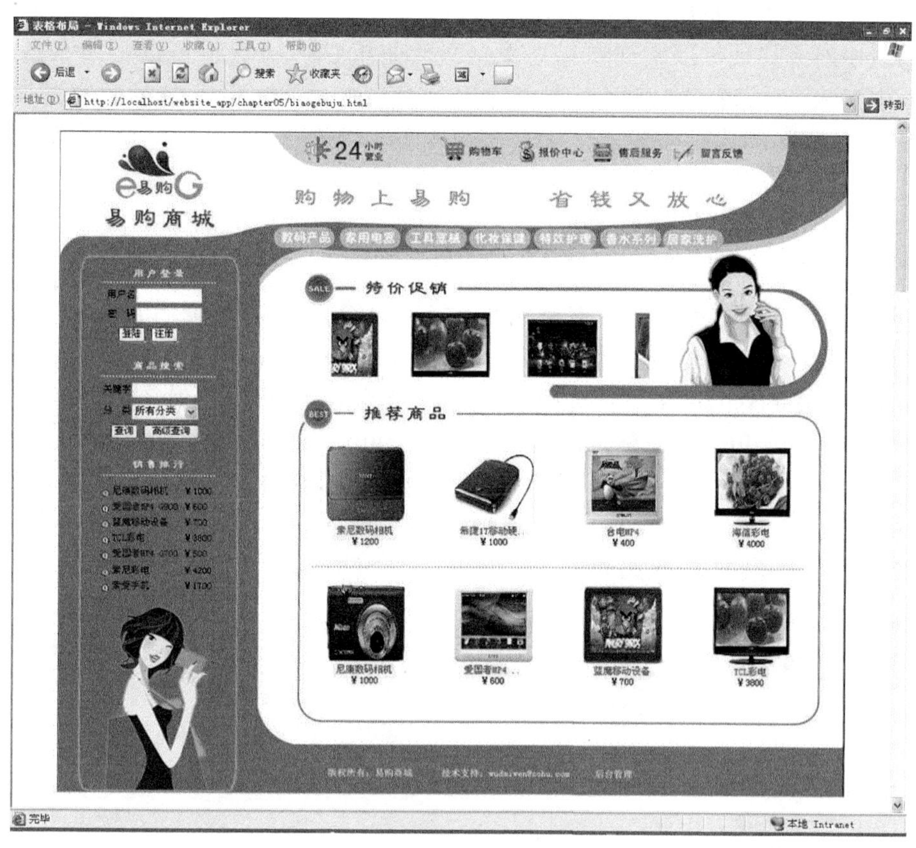

图 5-14　完整表格预览效果

提示：这里为了简单起见，都用事先准备好的图片代替单元格内容插入第 2～4 行中相应的单元格。

2. 使用层布局网页

在设计网页时，除了使用表格对页面元素进行定位之外，还可以使用层进行页面元素的定位。使用层可以以像素为单位精确定位页面元素。可以把层放置在页面的任意位置。把页面元素放入层中，除了可以对页面元素进行定位外，还可以控制元素的显示和隐藏以及显示顺序。

层可以包含文本、图像、表单、动画等页面元素。层内甚至还可以包含其他层，即层可以嵌套。在 HTML 文档的正文部分可以放置的元素都可以放入层中。这样通过移动层就可以确定元素在页面中的位置。

通常要实现比较精确和自适应的层布局需要设置层的样式，即用 CSS 控制层的位置。CSS+DIV 布局与传统表格布局最大的区别在于，传统表格布局的定位都是基于表格，通过表格的间距或者使用透明的.gif 图片来填充布局板块间的间距，这样布局的网页中表格会生成大量难以阅读和维护的代码；而现在 CSS+DIV 布局采用 DIV 来定位，通过 DIV 的 border(边框)、padding(填充)、margin(边界)和 Float(浮动)等属性来控制板块的间距，具体实施是通过创建 DIV 标签并对其应用 CSS 定位及浮动属性来实现。

宽度固定且居中的布局是网络中最常用的布局方式之一,在传统的表格布局方式中,使用表格的居中对齐属性可以实现布局居中。当然使用CSS方法也可以实现布局居中。首先在页面中插入div标签,将网页所有内容用一对<div></div>标签包裹起来,指定该div的id为container,代码如下。

```
<body>
  <div id="container"></div>
</body>
```

div在默认状态下,宽度将占据整行的空间,也可以直接设置布局对象的宽度属性width来设置固定宽度。先设置<body>标签的属性text-align:center来控制页面所有元素都居中对齐,块#container属于页面body的一部分,自然也居中对齐。在#container属性中设置margin:0 auto,其完整写法为margin:0 auto 0 auto,作用是使#container块与页面的上下边距为0,左右自动调整。但#container内的所有内容应该恢复左对齐设置,所以需要通过设置#container块的text-align:left来覆盖<body>中设置的对齐方式。整个过程的思路就是这样,其CSS代码如下:

```
body{
    text-align:center;
}
#container{
    position:relative;
    background-color:#FF0000;
    margin-top:0px;
    margin-right:auto;
    margin-bottom:0px;
    margin-left:auto;
    height:796px;
    width:900px;
    text-align:left;
}
```

通过上面的CSS就可将id为container的层居中,如图5-15所示。

Float浮动属性是Div布局中经常要设置的一个属性。<div>是一个块级元素,在水平方向上会自动伸展,直到包含它的元素的边界;而在垂直方向和其他元素依次排列且能并排。但当使用了float浮动属性后,块级元素的表现就会有所不同。float浮动属性可以设置的值为left,right,inherit及默认值none。如果将float属性的值设置为left或right,元素就会向其父元素的左侧或右侧靠紧,同时元素的宽度会根据其内容伸展或收缩。本章后续内容中会在模拟制作任务中详细讲解如何用层布局一个网页,此处不再详述。

3. 使用框架布局网页

框架在网页设计中的应用是比较广泛的。在浏览网页的时候,常常会遇到这样的一种导航结构,单击页面上侧链接,链接的目标出现在下侧;或者单击页面左侧的超级链接,链接的目标出现在右侧。这就是框架技术中的最常用的导航窗口。

框架页面是把浏览器窗口划分为若干个子窗口,这些子窗口称为框架。一个框架显示

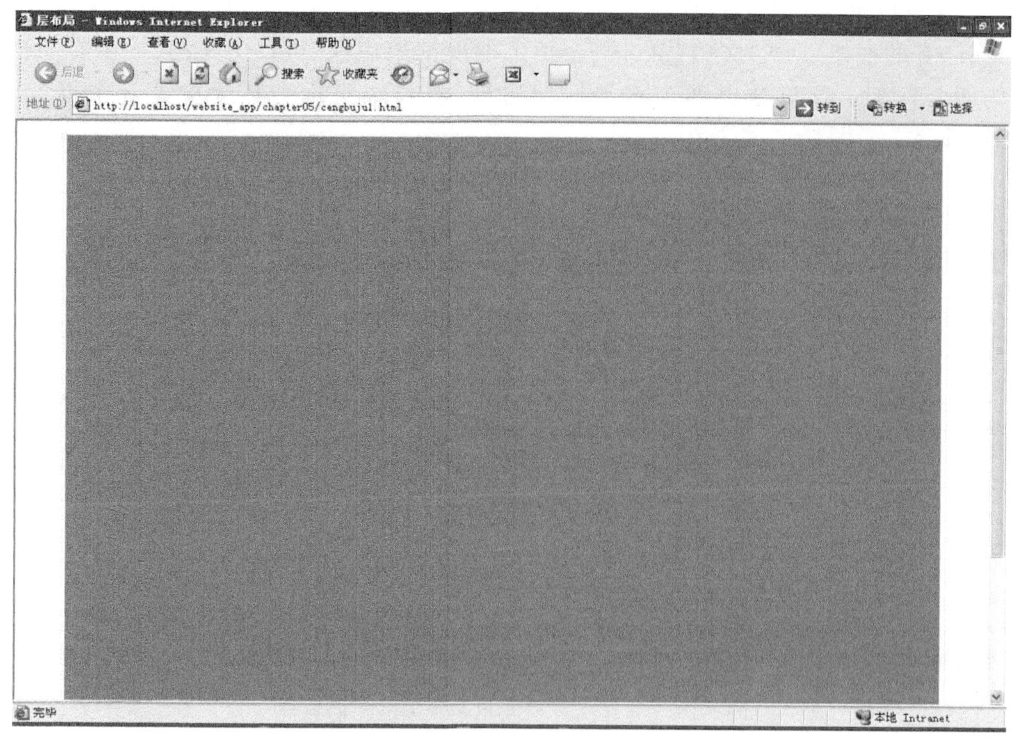

图 5-15　通过 CSS 实现层居中

一个网页文件，但整个框架集却存在于同一个浏览器窗口中。框架页面可以把不同类别的信息显示在不同的框架中，有利于分类管理和控制。

下面讲述如何用框架布局一个简单的首页，详细步骤如下。

(1) 创建一个普通的静态网页，在创建框架集前选择“查看”|“可视化助理”|“框架边框”命令，使框架边框在“文档”窗口中可见，如图 5-16 所示。

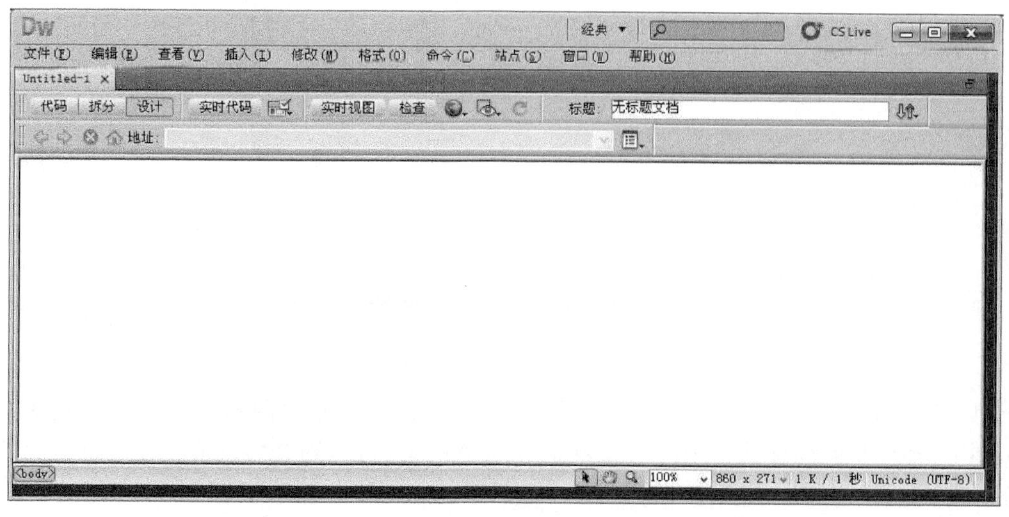

图 5-16　显示框架边框

(2) 从窗口垂直或水平边框往页面中间拖曳一条框架边框,可以垂直或水平分割文档窗口(或已有的框架);从"文档"窗口一个角上拖曳框架边框,可以把文档(或已有的框架)划分为四个框架。这里拖曳两个水平框架边框,将整个页面分成上中下三个框架。如图 5-17 所示。

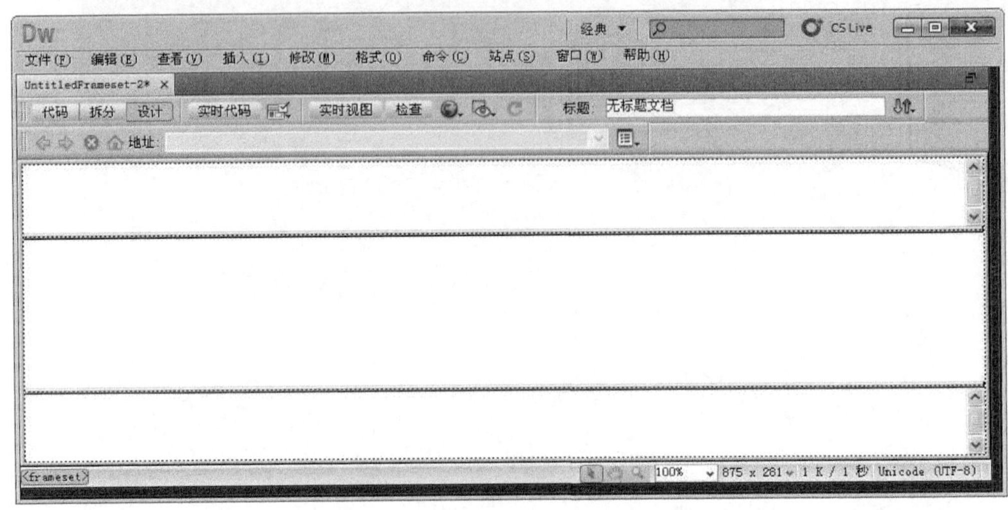

图 5-17 将整个页面分为上中下三个框架页

(3) 选择菜单"窗口"|"框架"命令,快捷键为 Shift+F12。打开"框架"面板,在"框架"面板中选择中间的框架,如图 5-18 所示。

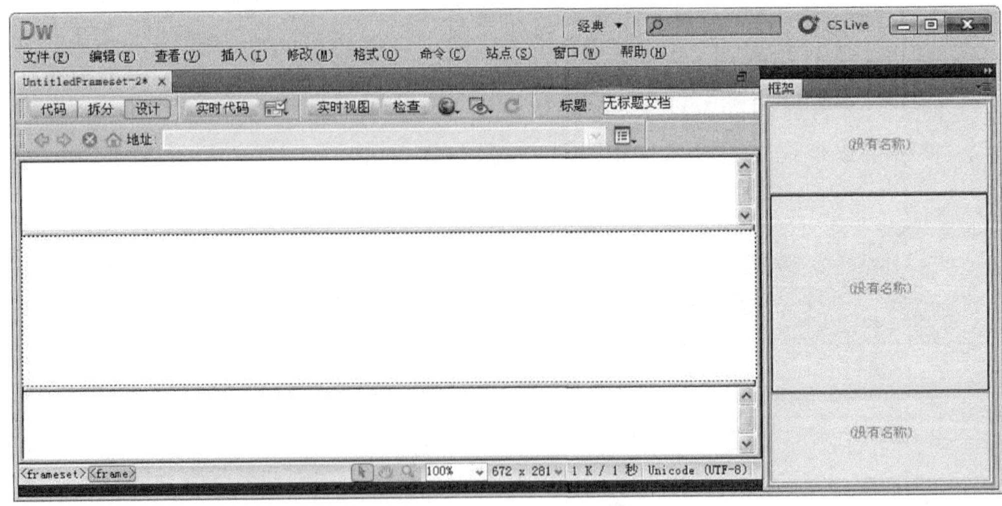

图 5-18 选择中间的框架

(4) 此时从左侧拖曳一个框架边框即可将中间的框架分为两列(即两个子框架)。如图 5-19 所示。如果没有选择中间框架就拖曳左侧框架边框,则会将现有的上中下三个框架都分为两列。如图 5-20 所示。

(5) 本例选择图 5-19 的分法,将中间框架分为两列。选择菜单"文件"|"保存全部"命令保存整个框架集。用鼠标在各个框架中单击,选择"文件"|"保存框架"或"框架另存为"命

令保存框架。本例共保存五个文件，其中包括一个框架集文件和四个框架文件。

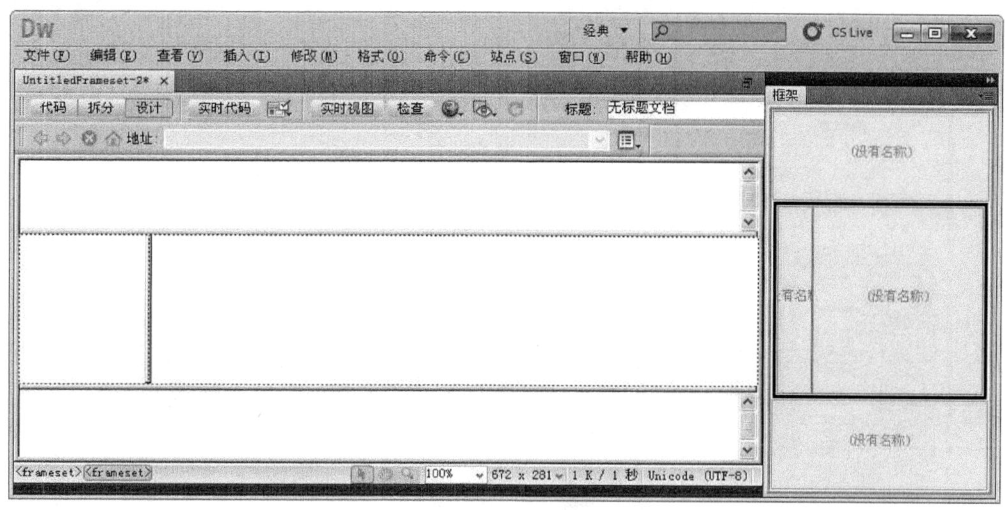

图 5-19　将中间的框架分为两列

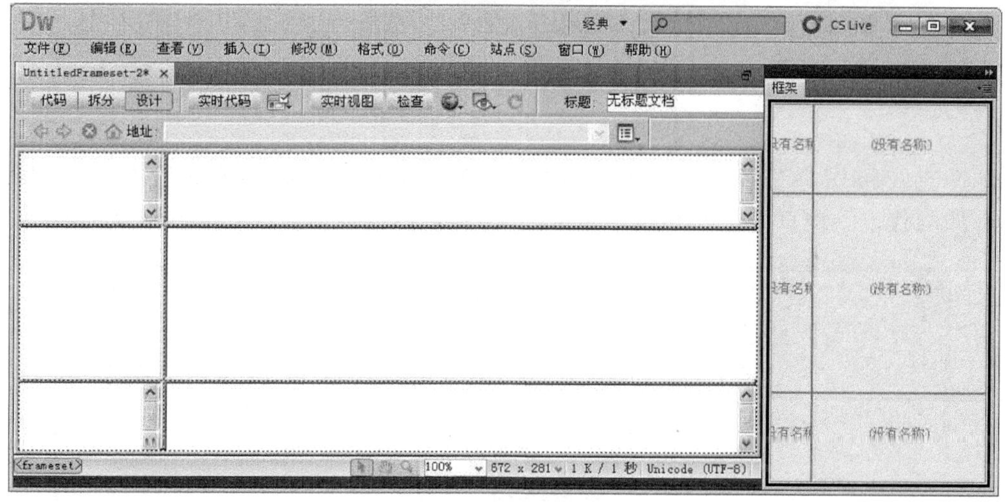

图 5-20　将上中下三个框架分为两列

(6) 将相应的页面元素加入各个框架中，在浏览器中预览的效果如图 5-21 所示。

知识 5-5　页面排版布局趋势(Web 2.0)

Web 2.0 是一个新兴的网站设计技术概念。Web 2.0 的网页一般使用 CSS+DIV 实现网页的布局。使用 Ajax 和 XML 与服务器进行数据交互。

Web 2.0 网页的布局更加强调网站的专业性与网站的交互性。例如，“谷歌”和“百度”就是 Web 2.0 网站优秀布局方式的代表。在一个简单的网页输入框中可以查询到所需要的知识。同时，在查询结果的网页中，高效地布局出用户所需要的内容。

图 5-21 用框架布局网页

如图 5-22 和图 5-23 所示是百度网站的首页和搜索结果页面，这种页面布局是 Web 2.0 网页布局的代表。网页的色彩和布局非常简洁，但可以体现出强大功能和丰富的网站内容。

图 5-22 百度简约的布局

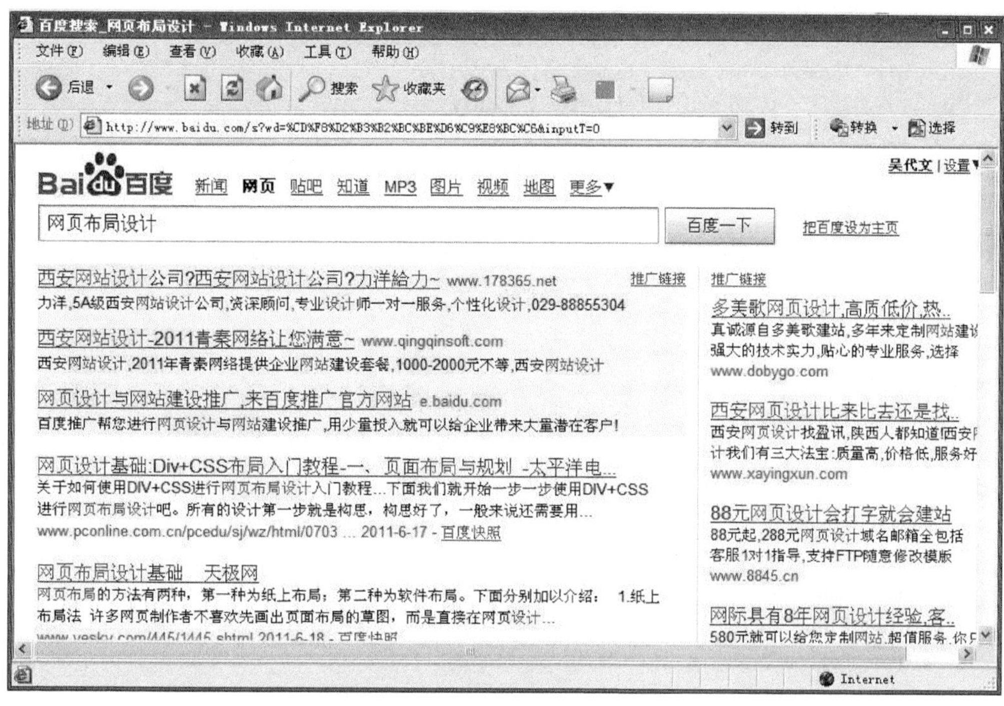

图 5-23　百度强大的搜索功能

模拟制作任务

任务 5-1　使用 CSS＋DIV 布局一个网页

任务背景

有时需要在网页布局之后还能灵活调整各模块的相对位置，使用 CSS＋DIV 布局网页可轻松达到这一要求。

任务要求

使用 CSS＋DIV 布局一个网页，要求网页布局后各模块的相对位置可以灵活调整。

【技术要领】如何用 CSS 控制层的位置。

【解决问题】CSS＋DIV 布局网页。

【应用领域】网页布局。

任务分析

本任务需要设计者对 CSS 相关属性较为熟悉，能通过设置层（DIV）的样式来达到灵活布局网页。

重点和难点

CSS 相关属性的用法。

操作步骤

(1) 新建一个网页，切换到代码视图，在＜body＞＜/body＞标签中加入如下代码：

```
<div id = "container">
  <div id = "header">< img src = "header.jpg" /></div>
  <div id = "links">< img src = "links.jpg" /></div>
  <div id = "left">< img src = "left.jpg" /></div>
  <div id = "main">< img src = "main.jpg" /></div>
  <div id = "footer">< img src = "footer.jpg" /></div>
</div>
```

(2) 在<head></head>标签中加入如下 CSS 代码用来控制各 DIV 的显示：

```
<style type = "text/css">
<! --
body{
    text - align:center;
}
#container{
    position:relative;
    background - color: #00FF00;
    margin - top:0px;
    margin - right:auto;
    margin - bottom:0px;
    margin - left:auto;
    height:776px;
    width:900px;
    text - align:left;
}
#header{
    position:relative;
    background - color: #FF0000;
    height:113px;
    width:900px;
    text - align:left;
}
#links{
    position:relative;
    background - color: #FF9900;
    height:29px;
    width:900px;
    text - align:left;
}
#left{
    position:relative;
    background - color: #FFFF66;
    height:587px;
    width:216px;
    text - align:left;
    float:right;
}
```

```
#main{
    position:relative;
    background-color:#00FFFF;
    height:587px;
    width:684px;
    text-align:left;
    float:left;
}
#footer{
    position:relative;
    background-color:#FF00FF;
    height:47px;
    width:900px;
    text-align:left;
    float:left;
}
-->
</style>
```

(3）在网页中预览如图 5-24 所示。

图 5-24　CSS+DIV 布局效果

代码说明：

(1) 代码中共包含 6 个 DIV 标签，分别代表 6 个层。其中最外层的 id 为 container 的 DIV 起到一个容器的作用，用于容纳其他 5 个层。

(2) 选择器 body 和 #container 的样式用于将最外层 id 为 container 的 DIV(容器层)水平居中显示。

(3) 其他几个选择器样式如 #header、#links、#left、#main 和 #footer 分别用来控制容器内 5 个层的显示。

(4) 选择器 #left 和 #main 中有一个重要 CSS 属性 float。其中在选择器 #left 中设置为 float:left；而选择器 #main 中设置为 float:right。该属性设定了 id 为 left 的层居左显示，id 为 main 的层则居右显示。在网页中预览如图 5-24 所示。

(5) 如果想将 id 为 left 和 main 的层交换位置，只需要在选择器 #left 中设置 float:right；同时在选择器 #main 中设置 float:left 即可。在网页中的预览效果如图 5-25 所示。从图 5-25 可以看出，使用 CSS+DIV 布局的网页，要调整各模块之间的相对位置是很简单的。

图 5-25　调整后的 CSS+DIV 布局效果

职业技能知识点考核

1. 填空题

（1）一般的网页都包含________、________、________、________、________和________等部分。

（2）常见的网页结构类型有________、________、________和________。

（3）常见的网页布局方法有________、________和________。

2. 简答题

简述页面布局设计需要经过的几个基本步骤。

06模块

CSS 和 ASP 脚本语言

CSS 是 Cascading Style Sheet 的缩写，它通常用于定义网页样式，是网页制作中的一个重要知识点。脚本语言（VBScript 和 JavaScript）是介于 HTML 语言和 Visual Basic、Java 等高级语言之间的一种语言。它更接近于高级语言，但比高级语言简单易学，也没有高级语言的功能那么强大。ASP 本身并不是一种脚本，但它为嵌入 HTML 页面中的脚本语言提供了运行的环境。本模块主要讲解 CSS、VBScript 和 JavaScript。

能力目标

1. 能使用 CSS 定义网页样式。
2. 能使用简单的 ASP 内部函数。
3. 能编写简单的自定义函数及过程。

知识目标

1. CSS 的基本语法。
2. CSS 选择器的种类。
3. CSS 的使用方式。
4. VBScript 的数据类型。
5. VBScript 常量。
6. VBScript 变量的命名规则。
7. VBScript 的作用域和存活期。
8. VBScript 的运算符。
9. VBScript 的函数和过程。
10. VBScript 的条件及循环语句。
11. JavaScript 的基本语法。

知识储备

知识 6-1　样式表的优点

样式设计是指应用 HTML 语言和 CSS（层叠样式表）设计网页的外观样式。CSS 是 Cascading Style Sheet 的缩写，译为“层叠样式表”或“级联样式表”。虽然 CSS 在网页里与 HTML 编写在一起，但是它不属于 HTML。它可以扩展 HTML 的功能，调整字间距、行间距，取消链接的下划线、多种链接效果和固定背景图像等。CSS 可以实现原来 HTML 标签无法实现的效果。一个样式表又称为 CSS，由样式规则组成，具有以下特点。

1. 同时更新站点的多个页面，更快、更容易

在对多个网页文件设置同一种属性时，无须对所有的文件进行反复操作，只需给多个页面都应用相同的样式表就可以了。利用外部样式表，可以将站点上所有网页都指向同一个外部 CSS 文件，只要更改外部 CSS 文件的某一规则，整个站点的外观就会随之发生改变。

2. 格式和结构分离

CSS 通过将定义结构的部分和定义格式的部分相分离，使用户对页面的布局可以施加更多的控制。

3. 制作体积小，下载页面快

样式表只包含简单的文字，不需要图像、执行程序及插件。使用 CSS 可以减少表格标签及其他加大 HTML 体积的代码，从而减小文件的大小。浏览页面时，外部样式表文件会被加载到浏览者的计算机缓存中，这样就大大提高了页面的下载速度。

知识 6-2 CSS 的基本语法

CSS 的样式规则由三个部分构成：Selector（选择器）、Property（属性）和 Value（属性的取值）。基本的格式如下。

（1）selector：CSS 选择器，用来定义样式类型并将其运用到特定的部分，有类选择器、标签选择器、ID 选择器和关联选择器四种。

（2）property：就是指将要被设置的性质，例如 color。

（3）value：赋给 property 的值，例如赋给 color 的值可以为 red 或者 #FF0000。下面是一个典型的例子。

```
body{backgroundcolor:#FFFFFF;color:#FF0000;}
a{color:red;}
```

该样式定义实现将页面背景颜色设置为白色、文字颜色设置为红色；所有的链接都设置为红色。为了方便阅读，可以采用以下分行书写的格式。

```
body{
  background-color:#FFFFFF;
  color:#FF0000;
}
a{
  color:red;
}
```

通常把所有的样式定义放在<style></style>标签里，然后再放到<head></head>标签里面。如下面样式将设置网页背景色为白色，文字颜色为黑色，超链接的颜色为红色带下划线。

```
<style type="text/css">
<!--
body{
  background-color:#FFFFFF;
  color:#000000;
}
a{
  color:#FF0000;
  text-decoration:underline;
}
-->
</style>
```

用<!--和-->注释标签来包裹样式表是因为样式表只有在 Explorer 和 Netscape 4.0 以上的浏览器中才被支持,因此使用该注释标签后可以使样式表在不支持样式表的浏览器中被忽略。

知识 6-3 常用 CSS 选择器

CSS 通过定义规则并将其应用到文档中同一元素,这样就可以减少网页设计者的工作。每个样式都是由一系列规则组成,每条规则有两部分:选择器和声明。每条声明又是属性和值的组合。通常规则左边是选择器,右边是 CSS 属性和值。CSS 选择器指明文档中要应用此样式的元素,可以有多种形式。

1. 类选择器

类选择器能够把相同的元素分类定义成不同的样式,对 HTML 标签均可以使用 class="类名"的形式对类属性进行名称指派,且允许重复使用。类选择器的名称可以由用户自己定义,需要注意的是,在定义选择器时,名称前面要加一个点号(.)。例如定义了一个类样式.text,用于给段落文本添加样式。在使用时只需设置应用样式的段落标签 class 属性为 text 即可(class="text"),设置完成的 HTML 代码如下。

```
<p class="text">网站建设与管理基础与实训</p>
```

2. ID 选择器

ID 选择器的使用方法和类选择器基本相同,不同之处主要在于 ID 选择器只能在 HTML 页面中使用一次,因此针对性更强,只用来对单一元素定义单独的样式。ID 选择器使用时需要设置标签的 ID 属性,对一个网页而言,每一个标签均可以使用 ID="ID 名"的形式对 ID 属性进行名称的指派。

在定义 ID 选择器时,要在 ID 名称前面加一个"#"号。例如,以下为网页中的层定义了样式:

```
#apDiv1 {
    position:absolute;
    left:37px;
```

```
    top:12px;
    width:137px;
    height:135px;
    z-index:1;
}
```

然后只需要在层(div)标签中设置ID属性为apDiv1,该层就具有了以上样式。设置完的层HTML代码如下:

```
<div id="apDiv1"></div>
```

3. 标签选择器

标签选择器也称标记选择器,一个HTML页面由很多不同的标签组成,标签选择器的CSS样式能让页面中的同一标签保持相同样式。HTML中的每个标签都有默认的样式,标签选择器的主要作用是提供重新定义HTML元素样式的方法。例如<p>选择器可以声明文档中的所有<p>标签的样式风格。HTML中的所有标签都可以作为标签选择器,通过标签选择器可以快速改变网页的外观样式。

例如,以下为给<p>标签定义的样式:

```
p{
    font-family: "宋体";
    font-size: 24px;
    color: #FF0000;
}
```

以上样式定义文档中的p标签的样式为"字体为宋体,字号为24px,颜色为红色"。应用该样式的页面中的所有p标签都将具有"字体为宋体,字号为24px,颜色为红色"的样式。

4. 关联选择器

该选择器可定义以上三种选择器样式和链接的四种样式a:link、a:visited、a:hover和a:active。此外,还可对选择器进行集体和嵌套声明。

知识6-4 CSS的使用方式

CSS按其使用位置的不同,主要分为以下三种类型:行内样式(inline Style Sheet)、内嵌样式(Internal Style Sheet)和外部样式表(External Style Sheet)。

1. 行内样式表

行内样式表也叫内联样式表(Inline Style),行内样式直接定义在HTML标签内,只对所在标签有效,行内样式定义在HTML标签的style属性中。使用行内样式失去了样式表的优势,这样就将内容和外观形式混淆在一起了,一般这种方法在个别元素需要改变样式时使用。

例如,给一个段落添加样式,代码如下。

```
<p style="background-color: #0000FF; color: #FF0000; font-size:24px; ">这是行内样式</p>
```

行内样式是最为简单的CSS使用方法,但由于需要为每一个标签设置style属性,后期维护成本很高,而且网页代码容易过于臃肿,因此不推荐使用。

2. 内嵌样式表

内嵌样式表也叫内部样式表(Internal Style Sheet),内嵌样式表使用<style></style>标签在head区域内定义样式,内部样式表只对所在的网页有效,可针对具体页面进行具体调整,以下为内嵌样式表:

```
<style type="text/css">
<!--
#apDiv1 {
    position:absolute;
    left:37px;
    top:12px;
    width:137px;
    height:135px;
    z-index:1;
}
-->
</style>
```

3. 外部样式表

外部样式表(External Style Sheet)可以集中控制和管理多个网页的格式和布局,省去了对这些网页的每个标签都要进行格式化的麻烦。外部样式表将CSS写成一个后缀为.css的外部CSS文件,在HTML文档头中通过链接或导入的方式引用该文件进行样式控制。

第一种是通过链接的方式导入。

这种导入方式会在<head></head>标签内使用<link>标签将样式表文件链接到HTML文件内,如<link href="global.css" rel="stylesheet" type="text/css" />。

第二种是通过导入方式导入外部样式表。

这种导入方式会在<head></head>标签内添加一对<style></style>标签,然后通过@import方式导入外部样式表,完整代码如下所示:

```
<style type="text/css">
<!--
@import URL("global.css");
-->
</style>
```

通过@import方式导入外部样式表时,在HTML文件初始化时,会被导入到HTML文件内,作为文件的一部分,类似内嵌式样式表效果。推荐使用链接的方式添加外部样式表。

知识6-5 CSS选择器的嵌套与继承

在CSS选择器中,还可以通过嵌套的方式进行组合使用,页面中标签嵌套定义的代码如下所示,其规则为标签名、ID名或类名后空格再加下一级标签名。

```
p a {
    font - family: "宋体";
    font - size: 24px;
    color: #F00;
    text - decoration: none;
}
#bot a {
    font - family: "隶书";
    font - size: 18px;
    color: #0F0;
    text - decoration: underline;
}
.bot a {
    font - family: "黑体";
    font - size: 16px;
    color: #00F;
    text - decoration: overline;
}
```

以上样式分别在 p、#bot 和.bot 三个标签下定义了超链接(标签 a)的样式,这样就可以实现网页样式的分块控制。

知识 6-6 脚本语言简介

脚本语言实际上就是一种介于高级语言和原型语言之间的一种编程语言,它本身并不能直接执行,但是它可以嵌入在 HTML 语言中执行。现在流行的脚本语言有 JavaScript 和 VBScript。

JavaScript 和 VBScript 作为两种不同的脚本语言,它们各有各的特点。JavaScript 是一种由 Netscape 的 LiveScript 发展而来的客户端脚本语言,JavaScript 最初是受 Java 启发而开始设计的,因此它在语法上与 Java 有类似之处,一些名称和命名规范也借自 Java,继承了 Java 语言许多方面的内容,在风格上和 C++ 等也很相似。VBScript 脚本语言则是在 Microsoft 的 Visual Basic(VB)语言的基础上建立起来的,它的基本语法和 VB 兼容,远没有 JavaScript 那样灵活。

VBScript 脚本语言所支持的对象没有 JavaScript 丰富,特别是 Netscape Navigator 4.0 和 Internet Explorer 4.0 都对 JavaScript 对象做了补充,使得用户可以很容易创建一个动态的页面。VBScript 在这方面明显要落后于 JavaScript。现在只有 Internet Explorer 支持 VBScript,另一著名的浏览器 Netscape Navigator 并不支持 VBScript,这也增加了 VBScript 的局限性。当然 Microsoft 公司对 VBScript 做了非常好的支持,无论从客户端和浏览器 IE 还是服务器端的 IIS(微软自己开发的 Web 服务器)。在 VBScript 中可以使用 ActiveX 控件,在服务器端的 Active Server Pages(ASP)中大量地使用了 VBScript,这些都是 JavaScript 所不能做到的。

知识 6-7 VBScript 数据类型

与 C/C++ 中有整型、浮点型和字符型等数据类型不同,VBScript 只有一种数据类型,称为 Variant。Variant 是一种特殊的数据类型,根据使用的方式,它可以包含不同类别的信息。因为Variant是VBScript中唯一的数据类型,所以它也是VBScript中所有函数的返回值的数据类型。

最简单的Variant可以包含数字或字符串信息。Variant用于数字上下文时作为数字处理,用于字符串上下文时作为字符串处理。这就是说,如果使用看起来像是数字的数据,则VBScript会假定其为数字并以适用于数字的方式处理。与此类似,如果使用的数据只可能是字符串,则VBScript将按字符串处理。当然,也可以将数字包含在引号“" "”中使其成为字符串。

除简单数字或字符串以外,Variant可以进一步区分数值信息的特定含义。例如使用数值信息表示日期或时间,此类数据在与其他日期或时间数据一起使用时,结果也总是表示为日期或时间。当然,从Boolean值到浮点数,数值信息是多种多样的,Variant包含的数值信息类型称为子类型。大多数情况下,可将所需的数据放进Variant中,而Variant也会按照最适用于其包含的数据的方式进行操作。

表6-1显示了Variant所包含的数据子类型。

表6-1 Variant包含的数据子类型

子　类　型	描　　述
Empty	未初始化的Variant。对于数值变量,值为0;对于字符串变量,值为零长度字符串("")
Null	不包含任何有效数据的Variant
Boolean	包含True或False
Byte	包含0～255之间的整数
Integer	包含－32 768～32 767之间的整数
Currency	－922 337 203 685 477.580 8～922 337 203 685 477.580 7
Long	包含－2 147 483 648～2 147 483 647之间的整数
Single	包含单精度浮点数,负数范围从－3.402 823E38～－1.401 298E-45,正数范围从1.401 298E－45～3.402 823E38
Double	包含双精度浮点数,负数范围从－1.79 769 313 486 232E308～－4.94 065 645 841 247E－324,正数范围从4.94 065 645 841 247E－324～1.79 769 313 486 232E308
Date (Time)	包含表示日期的数字,日期范围从公元100年1月1日到公元9999年12月31日
String	包含变长字符串,最大长度可为20亿个字符
Object	包含对象
Error	包含错误号

知识6-8 VBScript运算符

VBScript有一套完整的运算符,包括算术运算符、连接运算符、比较运算符、逻辑运算符和赋值运算符,它们的优先级由高到低。根据运算操作数的个数,可以分为单目运算符和双目运算符。

由常量、变量、函数和运算符组合起来可以形成表达式。一个表达式有一个值,它们等于计算表达式所得结果的值。

当表达式包含多个运算符时,将按预定顺序计算每一部分,这个顺序被称为运算符优先级。可以使用括号越过这种优先级顺序,强制首先计算表达式的某些部分。运算时,总是先执行括号中的运算符，然后再执行括号外的运算符。但是，在括号中仍要遵循标准运算符的优先级规则。

当表达式包含多种运算符时，首先计算算术运算符，然后计算比较运算符，最后计算逻辑运算符。所有的比较运算符的优先级相同，即按照从左到右的顺序计算比较运算符。

1. 算术运算符

VBScript 中有如下算术运算符。

加法运算符＋：双目运算，如 a＋b、5＋4.3 等。

减法运算符－：双目运算，如 a－b、5－4.3 等。

乘法运算符 *：双目运算，如 a * b、5 * 4.3 等。

除法和整除运算符/和\：双目运算，两者的区别为浮点除法运算符“/”用于两个数值相除并返回浮点数表示的结果，如 1/4＝0.25。整除运算符“\”用于两个数相除并返回以整数形式表示的结果，在整数除法操作前，数值表达式四舍五入为整型或长整型，然后再进行运算，如 1\4＝0、20\3＝6。

求余运算符 Mod：双目运算，用于两个数值相除并返回其余数，如 20 Mod 3＝2,5 Mod 2.6＝2 等。该运算符在操作时采用整除除法求余策略，即浮点数四舍五入为整数后再进行运算。

求幂运算符^：求幂运算符为双目运算符，如 a ^3，表示 a 的 3 次方。

负数运算符－：负数运算符为单目运算符，如－a，－5。

算术运算符的优先级为：求幂运算符^＞负数运算符－＞乘法运算符 * 和浮点数除法/ ＞整除运算符\ ＞求余运算符 Mod ＞加法运算符＋和减法运算符－。

2. 连接运算符

连接运算符 & 用于强制两个表达式进行字符串连接，为双目运算符。例如：

```
"ASP"&"运算符"                    结果为："ASP 运算符"
"ASP"&"is easy to"&"learn"        结果为："ASP is easy to learn"
```

虽然也可以使用“＋”运算符连接两个字符串，但是建议使用“&”运算符进行字符串的连接，因为“＋”也可表示算术运算的加法，容易引起混淆。

3. 比较运算符

VBScript 中有 7 个比较运算符。

＝：等于。

＜＞：不等于。

＜：小于。

＞：大于。

＜＝：小于等于。

＞＝：大于等于。

Is：对象引用比较。

例如:

```
a+b>c
```

7个比较运算符都为双目运算符,它们的优先级相同。前6个比较运算符与其他语言中的作用相同,其结果为True或False。Is运算符是对象引用比较运算符,它并不比较对象或对象的值,而只是进行检查、判断两个对象引用是否引用同一个对象。

4. 逻辑运算符

VBScript中提供了6个逻辑运算符。

Not:非运算,单目运算符,作用是取反,结果由真变成假或由假变成真。

And:逻辑与运算,双目运算符,当且仅当两个表达式的值均为真时,结果为真,否则为假。

Or:逻辑或运算,双目运算符,两个表达式的逻辑值只要有一个为真则结果为真,当且仅当两个表达式都为假时,结果为假。

Xor:逻辑异或运算,双目运算符,两个表达式的逻辑值相同(均为真或均为假时),结果为假,否则结果为真。

Eqv:逻辑等价运算,双目运算符,两个表达式的逻辑值相同(均为真或均为假时),结果为真,否则结果为假。其结果刚好与Xor相反。

Imp:逻辑隐含运算,双目运算符,当且仅当第一个表达式为真,同时第二个表达式为假时,结果为假,否则为真。

它们的优先级顺序为:Not>And>Or>Xor>Eqv>Imp。

例如,a=3、b=4、c=5,根据运算符的规则和优先级顺序,有如下运算结果。

Not(a>b):结果为真。

a>b And b>c:结果为假。

a+b<7 Or b>c:结果为假。

a>b Xor b>c:结果为假。

a+b>c Eqv b>1:结果为真。

a>b Imp c>0:结果为真。

5. 赋值运算符

赋值运算符为"=",使用该运算符可以将指定的某个表达式的值赋给某个变量。创建如下形式的表达式给变量赋值:变量在"="左边,要赋的值在"="右边。例如:

```
a = 20
```

赋值表达式的优先级最低,赋值表达式的功能是计算表达式的值再赋予左边的变量。

知识6-9 VBScript选择与循环语句

1. 控制程序执行

使用条件语句和循环语句可以控制脚本的流程。使用条件语句可以编写进行判断和重复操作的 VBScript 代码。在 VBScript 中可使用以下条件语句：

```
If … Then … Else 语句
Select Case 语句
```

2. If…Then 结构

要在条件为真时运行单行语句，可使用 If 的单行语法。例如：

```
If  Time>#6:00:00pm#  then  document.write("晚上好!")
```

3. If…Then…Else 结构

If…Then…Else 是 If…Then 语句的扩展，用在条件为真时执行某一代码块，条件为假时执行另一代码块。例如：

```
mon = Month(Date)
document.write("现在是"&mon&"月<br>")
If mon<=6 then
  document.write("现在是上半年<br>")
Else
  document.write("现在是下半年<br>")
End If
```

4. If…Then…ElseIf 结构

If…Then…ElseIf 语句的一种变形允许从多个条件中选择，即添加 ElseIf 子句以扩充 If…Then…Else 语句的功能，可以用于控制基于多种可能的程序流程。

```
mon = Month(Date)
document.write("现在是"&mon&"月<br>")
If mon<=3 then
  document.write("现在是第 1 季度<br>")
ElseIf mon<=6 then
  document.write("现在是第 2 季度<br>")
ElseIf mon<=9 then
  document.write("现在是第 3 季度<br>")
ElseIf mon<=12 then
  document.write("现在是第 4 季度<br>")
End If
```

可以添加任意多个 ElseIf 子句以提供多种选择，但使用多个 ElseIf 子句经常会变得很累赘。在多个条件中进行选择的更好方法是使用 Select Case 语句。

5. 使用 Select Case 进行判断

Select Case 结构提供了 If…Then…ElseIf 结构的一个变通形式，可以从多个语句块中选择执行其中的一个。Select Case 语句提供的功能与 If…Then…ElseIf 语句类似，但是可以使代码更加简练易读。

Select Case 结构在其开始处使用一个只计算一次的简单测试表达式,表达式的结果将与结构中每个 Case 的测试条件值比较。如果匹配,则执行与该 Case 关联的语句块,然后转而执行 End Select 之后的其他语句。如果测试条件的值与所有的 Case 后的表达式值均不相同时,则执行 Case Else 后面的语句块。当然 Case Else 的语句块也可以省略。当某一测试条件的值有多个时,可以用逗号隔开这些值。

```
mon = Month(Date)
document.write("现在是"&mon&"月<br>")
Select Case mon
    Case 1,2,3
        document.write("现在是第 1 季度<br>")
    Case 4,5,6
        document.write("现在是第 2 季度<br>")
    Case 7,8,9
        document.write("现在是第 3 季度<br>")
    Case 10,11,12
        document.write("现在是第 4 季度<br>")
    Case Else
        document.write("其他<br>")
End Select
```

请注意,Select Case 结构只计算开始处的一个表达式(只计算一次),而 If…Then…ElseIf 结构计算每个 ElseIf 语句的表达式,这些表达式可以各不相同。仅当每个 ElseIf 语句计算的表达式都相同时,才可以使用 Select Case 结构代替 If…Then…ElseIf 结构。

6. 使用循环重复执行代码

循环用于重复执行一组语句。循环可分为 3 类:一类在条件变为 False 之前重复执行语句,一类在条件变为 True 之前重复执行语句,另一类按照指定的次数重复执行语句。

在 VBScript 中可使用下列循环语句。

Do…Loop:当(或直到)条件为 True 时循环。

While…WEnd:当条件为 True 时循环。

For…Next:指定循环次数,使用计数器重复运行语句。

For Each…Next:对于集合中的每项或数组中的每个元素,重复执行一组语句。

7. 使用 Do 循环

可以使用 Do…Loop 语句多次(次数不定)运行语句块,当条件为 True 时或条件变为 True 之前,重复执行语句块。

8. 当条件为 True 时重复执行语句

While 关键字用于检查 Do…Loop 语句中的条件。有两种检查条件的方式:在进入循环之前检查条件,或者在循环至少运行完一次之后检查条件。如下面两段代码都实现了计算 1~10 之间的 10 个数的累加运算。

Do While…Loop 结构代码：

```
dim i,sum
i = 1
sum = 0
Do While i <= 10
  document.write(i&"<br>")
  sum = sum + i
  i = i + 1
loop
document.write("1 到 10 累加之和为"&sum&"<br>")
```

Do…Loop While 结构代码：

```
dim i,sum
i = 1
sum = 0
Do
  document.write(i&"<br>")
  sum = sum + i
  i = i + 1
loop While i <= 10
document.write("1 到 10 累加之和为"&sum&"<br>")
```

9. 重复执行语句直到条件变为 True

Until 关键字用于检查 Do…Loop 语句中的条件。有两种检查条件的方式：在进入循环之前检查条件，或者在循环至少运行完一次之后检查条件。只要条件为 False，就会进行循环。如下面两段代码同样都实现了计算 1～10 之间的 10 个数的累加运算。

Do Until…Loop 结构代码：

```
dim i,sum
i = 1
sum = 0
Do Until i > 10
  document.write(i&"<br>")
  sum = sum + i
  i = i + 1
loop
document.write("1 到 10 累加之和为"&sum&"<br>")
```

Do…Loop Until 结构代码：

```
dim i,sum
i = 1
sum = 0
Do
  document.write(i&"<br>")
  sum = sum + i
  i = i + 1
loop Until i > 10
```

```
document.write("1 到 10 累加之和为"&sum&"<br>")
```

10. 使用 While…WEnd

While…WEnd 语句是为那些熟悉其用法的用户提供的，如果 While 条件为真，则执行循环体中的语句。例如用 While…Wend 循环求 1～10 之间的 10 个数累加之和的代码如下所示：

```
dim i,sum
i=1
sum=0
While i<=10
  document.write(i&"<br>")
  sum=sum+i
  i=i+1
Wend
document.write("1 到 10 累加之和为"&sum&"<br>")
```

但由于 While…Wend 语句缺少灵活性，所以建议最好使用 Do…Loop 语句。

11. 使用 For…Next

For…Next 语句用于将语句块运行指定的次数。在循环中使用计数器变量，该变量的值随每一次循环增加或减少。例如，下面的示例代码重复执行 10 次，For 语句指定计数器变量 i 及其起始值与终止值，Next 语句使计数器变量每次加 1。

```
dim i,sum
sum=0
For i=1 to 10
  document.write(i&"<br>")
  sum=sum+i
Next
document.write("1 到 10 累加之和为"&sum&"<br>")
```

关键字 Step 用于指定计数器变量每次增加或减少的值。在下面的示例中，计数器变量 i 每次加 2。循环结束后，sum 的值为 2、4、6、8 和 10 的总和。

```
dim i,sum
sum=0
For i=2 to 10 Step 2
  document.write(i&"<br>")
  sum=sum+i
Next
document.write("总和为"&sum&"<br>")
```

要使计数器变量递减，可将 Step 设为负值。此时计数器变量的终止值必须小于起始值。在下面的示例中，计数器变量 i 每次减 2。循环结束后，sum 的值为 10、8、6、4 和 2 的总和。

```
dim i,sum
```

```
sum = 0
For i = 10 to 2 Step -2
  document.write(i&"<br>")
  sum = sum + i
Next
document.write("总和为"&sum&"<br>")
```

12. 使用 For Each…Next

For Each…Next 循环与 For…Next 循环类似。For Each…Next 不是将语句运行指定的次数,而是对于数组中的每个元素或对象集合中的每一项重复一组语句。这在不知道集合中元素的数目时非常有用。例如,下面的代码将输出数组 subjects 中的所有元素。

```
Dim subjects(6)
subjects(0) = "语文"
subjects(1) = "数学"
subjects(2) = "英语"
subjects(3) = "物理"
subjects(4) = "化学"
subjects(5) = "生物"
For Each subject in subjects
  document.write(subject&"<br>")
Next
```

13. 循环的嵌套

一个循环体内又包含另一个完整的循环结构,称为循环的嵌套或多重循环。单循环可以解决一些简单的问题,但有时许多复杂问题则必须用两层,甚至多层循环来解决。多重循环的使用与单一循环完全相同,但应注意内、外层循环条件的变化。同时要注意多重循环中各循环必须完整包含,相互之间绝对不允许有交叉现象。

例如,下面的代码可以实现在网页中输出九九乘法表。

```
For i = 1 to 9
  For j = 1 to i
    document.write(i&" * "&j&" = "&i * j&" ")
  Next
  document.write("<br>")
Next
```

14. 退出循环

Exit Do 语句用于退出 Do…Loop 循环。因为通常只是在某些特殊情况下要退出循环(例如要避免死循环),所以可在 If…Then…Else 语句的 True 语句块中使用 Exit Do 语句。如果条件为 False,则循环将照常运行。

Exit For 语句用于退出 For…Next 循环。例如下面代码分别用来退出 Do…Loop 和 For…Next 循环。

(1) 用 Exit Do 语句退出 Do…Loop 循环。

```
dim i,sum
i = 1
sum = 0
Do
  document.write(i&"<br>")
  sum = sum + i
  i = i + 1
  if i > 5 then Exit Do
loop Until i > 10
document.write("1 到 10 累加之和为"&sum&"<br>")
```

(2) 用 Exit For 语句退出 For…Next 循环。

```
dim i,sum
sum = 0
For i = 1 to 10
  document.write(i&"<br>")
  if i > 5 then Exit For
  sum = sum + i
Next
document.write("1 到 10 累加之和为"&sum&"<br>")
```

知识 6-10 VBScript 过程与函数

在 VBScript 中,过程被分为两类:Sub 过程和 Function 过程。两者的区别是 Sub 过程无返回值,而 Function 过程通过函数名返回特定的值。

1. Sub 过程

Sub 过程是包含在 Sub 和 End Sub 语句之间的一组 VBScript 语句,执行操作但不返回值。Sub 过程可以使用参数(由调用过程传递的常数、变量或表达式)。即使 Sub 过程无任何参数,Sub 语句也必须包含空括号( )。Sub 过程声明的方法如下。

```
Sub 过程名[(形参 1, 形参 2, …)]
  过程代码
END Sub
```

调用 Sub 过程的语法格式如下。

```
[Call]过程名[(实参 1,实参 2,…)]
```

Call 为可选项关键字。如果指定此关键字,则必须用括号把实参括起来。若省略了 Call 关键字,必须也同时省略两边的括号。

例如,下面的代码定义了一个求两个数之积的过程并调用该过程。

```
Sub Multi(var1,var2)
  document.write(var1&" * "&var2&" = "&var1 * var2)
End Sub
Call Multi(5,6)                    //调用方法 1
```

```
Multi 5,6                   //调用方法 2
```

2. Function 过程

Function 过程是包含在 Function 和 End Function 语句之间的一组 VBScript 语句。

Function 过程与 Sub 过程类似，但是 Function 过程可以返回值，可以使用参数（由调用过程传递的常数、变量或表达式）。即使 Function 过程无任何参数，Function 语句也必须包含空括号( )。Function 过程通过函数名返回一个值，这个值是在过程的语句中赋给函数名的，返回值的数据类型总是 Variant。

Function 过程声明的语法格式如下：

```
Function 函数名[(形参 1,形参 2,…)]
  函数代码
  函数名 = 返回值
End Function
```

调用 Function 函数的一般格式如下：

```
变量名 = 函数名[(实参 1,实参 2,…)]
```

例如，上面定义的求两个数之积的过程也可以用下面的函数实现。

```
Function Multi(var1,var2)
  Multi = var1 * var2
End Function
myMul = Multi(5,8)
document.write myMul
```

知识 6-11　VBScript 常用系统函数

1. 日期时间函数

利用日期和时间函数可以方便地得到各种格式的日期和时间，可以对日期和时间进行各种操作。常见的日期和时间函数如表 6-2 所示。

表 6-2　VBScript 常用的日期和时间函数

函　数　名	参 数 说 明	功 能 描 述
Date()	无	返回系统当前的日期
Time()	无	返回系统当前的时间
Now()	无	返回系统当前的日期和时间值
Hour(date)	date 表示任意有效的日期值	返回 date 中的小时
Minute(date)	date 表示任意有效的日期值	返回 date 中的分钟
Second(date)	date 表示任意有效的日期值	返回 date 中的秒
WeekDay(date)	date 表示任意有效的日期值	返回 date 指定的日期的星期
Year(date)	date 表示任意有效的日期值	返回 date 中的年
Month(date)	date 表示任意有效的日期值	返回 date 中的月
Day(date)	date 表示任意有效的日期值	返回 date 中的日

续表

函　数　名	参数说明	功能描述
DateAdd (interval, number,date)	interval 为必选项,表示要添加的时间间隔类型,如 yyyy 表示年,m 表示月,d 表示日等。number,必选项,表示要添加的时间间隔的个数。数值表达式可以是正数(得到未来的日期)或负数(得到过去的日期)。date 为必选项,表示要计算的参考日期或时间	返回已添加指定时间间隔的日期
DateDiff (interval, d1,d2)	interval 参数同上。d1 和 d2 均为必选项。日期表达式。用于计算的两个日期	返回两个日期之间的时间间隔

例如,利用表 6-2 中的相关时间和日期函数计算下个月的今天是星期几,实现代码如下:

```
returnWeek = WeekDay(DateAdd("m",1,now()))
Select Case returnWeek
  Case "1"
    nextWeek = "星期天"
  Case "2"
    nextWeek = "星期一"
  Case "3"
    nextWeek = "星期二"
  Case "4"
    nextWeek = "星期三"
  Case "5"
    nextWeek = "星期四"
  Case "6"
    nextWeek = "星期五"
  Case "7"
    nextWeek = "星期六"
End Select
document.write nextWeek
```

2. 字符串处理函数

字符串处理函数可以实现对字符串的各种处理,简化程序设计,提高编程效率。常用的字符串处理函数如表 6-3 所示。

表 6-3　VBScript 中的常用字符串处理函数

函　数　名	参数说明	功能描述
Len(string|varname)	string 任意有效的字符串表达式 varname 任意有效的变量名 如果参数 string 或 varname 包含 Null,则返回 Null	返回字符串内字符的数目,或是存储一个变量所需的字节数
LTrim(string) RTrim(string) Trim(string)	string 任意有效的字符串表达式	去掉字符串左边、右边或左右两边的空格

续表

函 数 名	参 数 说 明	功 能 描 述
Left(string,length) Right(string,length)	string 任意有效的字符串表达式 length 指明要返回的字符数目。如果是 0,返回零长度字符串("");如果大于或等于 string 参数中的字符总数,则返回整个字符串	从字符串左边或右边返回指定数目的字符
Mid(string,start[,length])	string 任意有效的字符串表达式 start string 中被提取的字符部分的开始位置 length 可选项,要返回的字符数	从字符串中返回指定数目的字符
Split(string[,delimiter])	string 任意有效的字符串表达式 delimiter 可选项,用于标识子字符串界限的字符。如果省略,使用空格(" ")作为分隔符	根据 delimiter 把字符串 string 拆分为一维数组
Replace(string,str1,str2)	string 任意有效的字符串表达式 Str1 任意有效的字符串表达式 Str2 任意有效的字符串表达式	将字符串 string 中的 str1 全部替换为 str2

例如,如果从其他页面中传来了以下参数字符串:

```
"username = zhansan&password = 123456&age = 31&salary = 3000&level = 3"
```

为了拆分参数字符串中的参数,可以使用下面的代码:

```
str = "username = zhansan&password = 123456&age = 31&salary = 3000&level = 3"
arr = split(str,"&")
For each para in arr
  document.write para&"<br>"
  arr2 = split(para," = ")
  for each para2 in arr2
    document.write "  "&para2&"<br>"
  next
Next
```

3. 类型转换函数

利用类型转换函数,在必要时可以实现强制的数据类型转换。常用的类型转换函数如表 6-4 所示。

表 6-4 VBScript 常用的类型转换函数

函 数 名	参 数 说 明	功 能 描 述
CInt(expression)	expression 参数是任意有效的表达式	转换为 Integer 类型
CDate(expression)	expression 参数是任意有效的日期表达式	转换为 Date 类型
CStr(expression)	expression 参数是任意有效的表达式	转换为 String 类型
CBool(expression)	expression 参数是任意有效的表达式	将表达式转换为 Boolean 类型
CByte(expression)	expression 参数是任意有效的表达式	将表达式转换为 Byte 类型
CCur(expression)	expression 参数是任意有效的表达式	将表达式转换为 Currency 类型
CDbl(expression)	expression 参数是任意有效的表达式	将表达式转换为 Double 类型

续表

函 数 名	参 数 说 明	功 能 描 述
CLng(expression)	expression参数是任意有效的表达式	将表达式转换为Long类型
CSng(expression)	expression参数是任意有效的表达式	将表达式转换为Single类型
Oct(expression)	expression参数是任意有效的表达式	将表达式转换为String类型,返回表示八进制的字符串
Hex(expression)	expression参数是任意有效的表达式	将表达式转换为String类型返回表示十六进制的字符串
Chr(expression)	expression参数是任意有效的表达式	返回与指定ANSI字符代码相对应的字符
Asc(expression)	expression参数是任意有效的表达式	转换为Integer类型,返回与字符串的第一个字母对应的ANSI字符代码

当我们通过表单传递数据时,通常在处理表单所得到的数据为String类型,如果要进行一些相关运算,一般需要进行类型转换。例如,需要将两个表单变量的值进行算术运算,则在运算前需要利用Cint函数将该表单变量的值转换为Integer类型。下面的代码可实现两个数字字符串的算术运算。

```
str1 = "22"
str2 = "33"
str3 = CInt(str1) * Cint(str2)
```

知识6-12 VBScript与ASP文件的结合

在ASP文件中嵌入VBScript的脚本有两种方法。

1. 使用<Script></Script>标签

VBScript使用<Script>标签在某个HTML文档中插入脚本,使用type属性或者language属性来选择脚本语言。VBScript代码写在成对出现的<Script></Script>标签之间。

<Script>标签的常用属性如下:

- type——设定脚本语言的类别,如text/VBScript。
- language——设定脚本语言的名称,如VBScript。
- src——引入脚本语言定义文件的URL地址。
- runat——指定脚本文件运行的位置,可选server(服务器端)或者默认为客户端。

runat属性确定了脚本是在客户端还是在服务器端运行。如果用户仅仅操作不涉及服务器的部分,可以设定在客户端执行,则不需要这个属性;如果用户需要脚本在服务器运行,一定要加上runat="server"的属性。

例如,下面的VBScript代码即可在网页中输出相应的字符串(如"这里是VBScript语言代码!")。

```
<Script language = "VBScript" type = "text/VBScript">
  document.write("这里是 VBScript 语言代码!")
```

```
</Script>
```

<Script></Script>块可以出现在 HTML 页面的任何地方(body 或 head 部分之中)。然而最好将所有的一般目标 Script 代码放在 head 部分中,以使所有 Script 代码集中放置。这样可以确保在 body 部分调用代码之前所有的 Script 代码都被读取并解释。

VBScript 也可以用在窗体中提供内部代码,以响应窗体对象的相关事件。例如,以下网页代码在窗体中嵌入 Script 代码以响应窗体中的按钮的单击事件。

```
<html>
<head>
<meta http-equiv="Content-Type" content="text/html; charset=gb2312" />
<title>VBScript 单击事件</title>
<Script language="VBScript" for="bt1" event="onClick" type="text/VBScript">
<!--
    Msgbox("你单击了按钮!")
-->
</Script>
</head>
<body>
<input type="button" name="bt1" value="按钮" />
</body>
</html>
```

当单击"按钮"按钮后,脚本语言弹出一个信息框程序。运行结果如图 6-1 所示。

图 6-1 VBScript 代码运行结果

虽然可以将 VBScript 代码放在过程之外、Script 块之中,但这类代码仅在 HTML 页面加载时执行一次。这样的代码通常用来在加载 Web 页面时初始化数据或动态地改变页面的外观。大多数时候 Script 代码放置在 Sub 或 Function 过程中,仅在其他代码或事件调用时执行。例如,要得到如图 6-1 所示的运行结果,同样可以用下面的代码实现。

```
<html>
<head>
<meta http-equiv="Content-Type" content="text/html; charset=gb2312" />
<title>VBScript 单击事件</title>
<Script language="VBScript" type="text/VBScript">
<!--
function showMessage
    Msgbox("你单击了按钮!")
end function
-->
```

```
</Script>
</head>
<body>
<input type="button" name="bt1" value="按钮" onclick="showMessage" />
</body>
</html>
```

上面的代码定义了过程 showMessage,并在按钮<input>标签的 onClick 事件中调用,脚本被嵌入在注释标记(<! --和-->)中。这样当不能识别<Script>标记的浏览器运行该脚本代码时,会将代码当做注释而不会将它显示在浏览器中。

上面两个例子的代码都是将 VBScript 脚本运行在客户端,如果要将脚本运行在服务器端,则需要设置 runat 属性为 server。如下面的代码就运行在服务器端。

```
<%@LANGUAGE="VBSCRIPT" CODEPAGE="936"%>
<html>
<head>
<meta http-equiv="Content-Type" content="text/html; charset=gb2312" />
<title>VBScript 运行于服务器端</title>
</head>
<body>
<Script language="VBScript" runat="server">
  response.write("这是运行在服务器端的代码!")
</Script>
</body>
</html>
```

代码运行后会在网页中输出一个字符串"这是运行在服务器端的代码!"。这里需要注意的是,用在服务器的输出语句为 response.write,而客户机的输出语句为 document.write。

2. 使用<%和%>

当创建 ASP 网页时,默认是将 VBScript 作为服务器端编程语言,把 VBScript 的脚本集成到 ASP 的最容易的方法是使用两个特殊字符<%和%>。使用<Script>标签与使用<%和%>来限定 Script 脚本语言有明显的区别。使用<Script>标签包含的直接脚本会被立即执行,无论脚本放置在 ASP 的任何位置。而<%和%>是标准的 ASP 定界符,用于将包含在其中的表达式的结果输出到浏览器。

<%和%>最常用的使用方式是<%=脚本表达式%>。如下面的 ASP 文件用于在网页中输出当前时间。

```
<%@LANGUAGE="VBSCRIPT" CODEPAGE="936"%>
<html>
<head>
<meta http-equiv="Content-Type" content="text/html; charset=gb2312" />
<title>输出当前时间</title>
</head>
<body>
当前时间是:<% =now %>
```

```
</body>
</html>
```

程序的运行结果如图 6-2 所示。

图 6-2　用 ASP 代码输出服务器当前时间

知识 6-13　JavaScript 标识符和变量

1. JavaScript 标识符

标识符就是用户编程时使用的名字。JavaScript 中的标识符包括关键字标识符和用户标识符。其中关键字是事先定义的，是有特别意义的标识符，有时又叫保留字。用户关键字是用户在程序中为变量、函数等取的名字。一般情况下用户标识符不允取关键字标识符。

JavaScript 中的一些常用关键字有 break、delete、function、return、typeof、case、do、if、switch、var、catch、else、in、this、void、continue、false、instanceof、throw、while、debugger、finally、new、true、with、default、for、null 和 try。在编写程序的时候不要使变量名、函数名等与这些关键字重名。

2. 常量和变量

JavaScript 中的量分为常量和变量，常量有时也叫做字面量。JavaScript 中的常量为四种基本数据类型。分别为数值型(分为整型和实型)、字符串型、布尔型和 null 型。

1) 常量

整型常量：整型常量可以使用十六进制、八进制和十进制表示。

实型常量：实型常量是由整数部分加小数部分表示，如 123.11。也可以用科学记数法表示为 2.3E4(表示 2.3×10^4)。

字符串型常量：使用单引号(')或双引号(")引起来的一个或几个字符。如"I love JavaScript"、"256"、"abcd1234"、"<h1>abcd</h1>"等。

布尔型常量：布尔常量只有两种状态 True 或 False。它主要用来说明或代表一种状态或标志，以说明操作流程。

空值：JavaScript 中有一个空值 null，表示什么也没有。

2) 变量

变量的主要作用是存取数据、提供存放信息的容器。对于变量必须明确变量的命名、变量的类型、变量的声明及其变量的作用域。声明一个变量就意味着向系统申请了一块内存空间,将来可以将程序中的数据存储到这块内存空间中。

在为变量取名的时候要注意以下两点:

(1) 变量名只能以字母、下划线(_)或$开头,不能以数字开头。变量名中不能有空格除下划线、$等符号之外的其他符号。如a、_a、a1、$abc123、_123等都是合法的变量名。123、1a、a+b、a b等都是不合法的变量名。

(2) 不能使用JavaScript中的关键字作为变量。在JavaScript中定义了40多个关键字,这些关键是在其内部使用的,不能作为变量的名称。

在JavaScript中的变量用关键字var来进行声明。例如var x和var y分别定义了两个变量x和y。也可以在声明变量时给变量赋上初值。例如var x=2和var name="张三"。下面的程序给大家示例了变量的含义及使用。

```
<Script language = "javaScript" type = "text/javaScript">
  var x,y,z;
  x = prompt("请输入乘数");
  y = prompt("请输入被乘数");
  z = x * y;
  document.write(x + " * " + y + "结果为:");
  document.write(z);
</Script>
```

该程序运行中定义了两个变量x和y。调用两次prompt函数接收用户输入的数赋值给x和y。然后将x乘以y的值存储在变量z中。最后将z的值输出到浏览器中。

对于变量还有一个重要特性——那就是变量的作用域。在JavaScript中同样有全局变量和局部变量。全局变量是定义在所有函数体之外,其作用范围是整个函数;而局部变量是定义在函数体之内,只对其该函数是可见的,而对其他函数则是不可见的。

3. 数组

数组是若干个数据的集合,这若干个数据共享一个变量名称,对数组元素的访问是通过下标来进行的。

数组的定义采用基于对象的方法。通常使用在new运算符后加JavaScript中的基本对象Array的方式定义数组。例如代码var a=new Array(10)定义了一个数组,该数组有10个元素,这10个元素在编程时相当于10个普通变量,它们依次是a[0]、a[1]、……、a[9]。其中括号中的数字叫做数组的下标,可以是变量或表达式,数组的下标是从0开始的。

对数组元素个数的访问可以通过length属性进行访问。对数组的操作往往都是配合循环结构进行的。

定义数组时也可以不指定数组元素个数。如var b=new Array()。这时定义了一个0个元素的数组。以后可以通过下标来对组进行扩容。例如定义b后再加b[100]=123,则数组b的length属性将变成101(注意数组下标是从0开始的)。

知识 6-14　JavaScript 运算符和表达式

1. 运算符

在 JavaScript 中定义了一系列的符号来表示特定的运算，这些符号就称为运算符。按类型来分，JavaScript 中的常用运算符分为赋值运算符、算术运算符、字符串运算符、关系运算符和逻辑运算符。

1）赋值运算符

JavaScript 中的"＝"运算符称为赋值运算符，它的作用是将一个变量、常量或表达式的值赋给一个变量。例如 a＝1＊2＊3＊4＊5 的作用是将"1 乘 2 乘 3 乘 4 乘 5"（即 120）的值赋给变量 a。以后变量 a 参与其他运算时其值就为 120。

2）算术运算符

JavaScript 中的算术运算符如表 6-5 所示。

表 6-5　算术运算符

算术运算符	说明	举例	运算结果
－	负值	－2	－2
＊	乘法	5＊4	20
/	除法	3/2	1.5
%	取余	5%2	1
＋	加法	10＋3	13
－	减法	5－3	2
＋＋	自加	a＝2；a＋＋	a＝6
－－	自减	a＝3；a－－	a＝2

这些运算符中－（负值运算符）、＋＋、－－运算符只需要一个数参与运算，称为单目运算符。其余的均需要两个操作数参与，称为双目运算符。

3）字符串运算符

JavaScript 中的运算符"＋"也可以作用到两个字符串上，其运算的结果为两个字符串的连接。如下程序所示：

```
< Script language = "javaScript" type = "text/javaScript">
  var s1 = "< h1 >";
  var s2 = "标题内容";
  var s3 = "</h1 >"
  var s = s1 + s2 + s3;
  document.write(s);
</Script>
```

4）关系运算符

JavaScript 中的算术运算符如表 6-6 所示。

表 6-6 算术运算符

运 算 符	含 义	例 子	运算结果
==	等于	6==2	false
! =	不等于	6! =2	true
<	小于	6<2	false
>	大于	6>2	true
<=	小于等于	6<=2	false
>=	大于等于	6>=2	true

可见关系运算就是在比较两个运算量的大小关系。如果满足，比较的结果为常量 True，如果不满足，比较的结果为常量 False。

5）逻辑运算符

JavaScript 中共提供了三个逻辑运算符：&&(逻辑与)、‖(逻辑或)和逻辑非(!)。参与逻辑运算的量通常为运算结果为布尔型的表达式(例如关系表达式或逻辑表达式)。这三个逻辑运算符运算的真值表如表 6-7 所示。

表 6-7 逻辑运算真值表

a	b	! a	! b	a&&b	a‖b
true	true	false	false	true	true
true	false	false	true	false	true
false	true	true	false	false	true
false	false	true	true	false	false

可见逻辑与运算当且仅当两个量都为 true 时运算结果才为 true，其余全部为 false。逻辑或运算当且仅当两个运算量都为 false 时结果才为 false，其余全部为 true。逻较非为单目运算符。当运算量为 true 时非运算结果为 false，当运算量为 false 时非运算结果为 true。

2. 表达式

JavaScript 中由运算符构成的符合 JavaScript 语法的式子称为表达式。如 a+b、"学号"+"姓名"、a+b>=a-c、year%4==0&&year%100! =0||year%400==0 等都是合法的 JavaScript 表达式。

当由多个运算符构成一个表达式时，按照运算符的优先级，先计算优先级高的，后计算优先级低的。

JavaScript 中的常用运算符的优先级按图 6-3 的顺序由高到低。

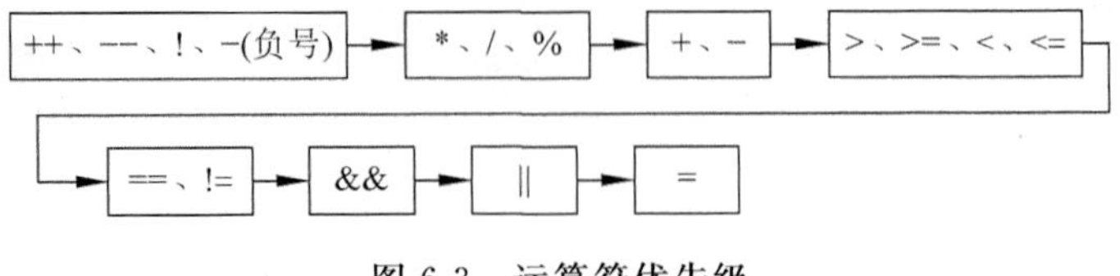

图 6-3 运算符优先级

JavaScript 中运算符的结合性分为左结合和右结合两种。从图 6-3 可以看出相同优先级的运算符有多个，当优先级相同的运算符在一起运算时，就要看结合性。如果结合性为左结合，按照从左到右的顺序，如果为右结合，按照从右向左的顺序进行。所有单目运算符（++、--、!、-等）都是右结合的。而所有的双目运算符中除了赋值运算符（=）为右结合之外其余的全为左结合。

知识 6-15　JavaScript 程序控制结构

无论多么复杂的逻辑结构，最终都可以简化为三种逻辑的组合。这三种逻辑就是顺序逻辑、选择逻辑和循环逻辑。所以在面向过程的结构化程序设计语言中，都有专门的程序语法来构成这三种结构。

1. 顺序结构

顺序结构是最简单的程序结构，就是按照程序书写的顺序逐条语句的执行。例如下面的代码。

```
<Script language = "javaScript" type = "text/javaScript">
  var r = prompt("请输入圆的半径");
  var area = 3.1415926 * r * r;
  document.write("半径为" + r + "的圆的面积为:" + area);
</Script>
```

该代码中几条语句就构成了顺序结构，也就是程序会按照书写代码时的顺序逐步执行。

2. 选择结构

选择程序结构用于判断给定的条件，根据判断的结果判断某些条件，根据判断的结果来控制程序的流程。使用选择结构语句时，要用条件表达式来描述条件。JavaScript 中共有四种控制语句来构成选择结构，分别为 if else 结构、if else if 结构、switch 结构。

if else 结构的语法如下：

```
if (表达式)
    语句 1
else
    语句 2
```

如下程序会根据用户上网时间显示不同的问候语。

```
<Script language = "javaScript" type = "text/javaScript">
  var d = new Date();                       //创建一个日期对象,默认为当前时间
  var h = d.getHours();                     //取得日期的时数
  if(h<=12)
    document.write("<h1>早上好</h1>");
  else
    document.write("<h1>下午好</h1>");
</Script>
```

if else if 结构的语法如下所示：

```
if(表达式 1)
   语句 1;
else if(表达式 2)
   语句 2;
   ……
else if(表达式 n)
   语句 n
else
   语句 n+1;
```

下面的程序采用 if else if 结构改进了上面的程序,使得页面问候按当前时间分得更细致。

```
<Script language="javaScript" type="text/javaScript">
  var d=new Date();                        //创建一个日期对象,默认为当前时间
  var h=d.getHours();                      //取得日期的时数
  if(h<=8)                                 //0 到 8 点
    document.write("<h1>清晨好</h1>");
  else if(h<=12)                           //8 到 12 点
    document.write("<h1>早上好</h1>");
  else if(h<=14)                           //12 到 14 点
    document.write("<h1>中午好</h1>");
  else if(h<=20)                           //14 到 20 点
    document.write("<h1>下午好</h1>");
  else                                     //20 点到 0 点
    document.write("<h1>晚上好</h1>");
</Script>
```

switch 结构的语法如下:

```
switch(表达式)
{
   case 表达式 1: 语句 1;
   case 表达式 2: 语句 2;
   ……
   case 表达式 n: 语句 n;
   default: 语句 n+1;
}
```

Switch 语句的执行流程是:首先计算 switch 后面圆括号中表达式的值,然后用此值依次与各个 case 的常量表达式比较若圆括号中表达式的值与某个 case 后面的常量表达式的值相等,就执行此 case 后面的语句,执行后遇 break 语句就退出 switch 语句;若圆括号中表达式的值与所有 case 后面的常量表达式都不等,则执行 default 后面的语句 n+1,然后退出 switch 语句,程序流程转向 switch 语句的下一个语句。

如下代码能根据用户的输入选择网页的背景颜色:

```
<Script language="javaScript" type="text/JavaScript">
  var color=prompt("请选择页面背景颜色代码(红 绿 蓝 灰 黑)");
  switch(color)
  {
```

```
    case "红":document.body.style.backgroundColor = "#ff0000"; break;
    case "绿":document.body.style.backgroundColor = "#00ff00"; break;
    case "蓝":document.body.style.backgroundColor = "#0000ff"; break;
    case "灰":document.body.style.backgroundColor = "#555555"; break;
    case "黑":document.body.style.backgroundColor = "#000000"; break;
    default:document.body.style.backgroundColor = "#ffffff";
  }
</Script>
```

代码中的 document.body.style.backgroundColor 使用文档对象模型的方法取得<body>标签的 style 属性的 backgroundColor 项。

注意：这段代码应该放置到<body></body>标签中或<body>标签之后。因为 JavaScript 代码是解释型脚本代码。必须等<body>部分载入后才能访问它。

3. 循环结构

循环结构用于在给定的条件成立的时候，执行若干语句(称为循环体语句)。JavaScript 中的循环结构语句有三个，分别为 while 语句、do while 语句和 for 语句。

while 语句的语法为：

```
while(表达式)
    循环体语句
```

如下程序使用 while 循环向页面输出一个 10 行 2 列的表格。

```
<Script language = "javaScript" type = "text/javaScript">
  var t = "<table border = '1' cellpadding = '0' cellspacing = '0'>";
  var i = 0;
  while(i < 10)
  {
    t = t + "<tr><td width = '100'>" + i + "</td>";
    t = t + "<td width = '100'>" + (i + 1) + "</td>" + "</tr>";
    i++;
  }
  t = t + "</table>";
  document.write(t);
</Script>
```

do while 语句的语法为：

```
do
    循环体语句
while(表达式)
```

如下程序用 do while 循环来实现对表格中的相邻行设置不同的背景色。

```
<Script language = "javaScript">
  var tb = document.getElementById("score");
  var rs = tb.rows;
  var i = 1;
  do
```

```
    {
      if(i % 2 == 0)
      {
          rs[i].style.backgroundColor = "#69F";
      }
      else
      {
          rs[i].style.backgroundColor = "#F96";
      }
      i++;
    }while(i < rs.length);
</Script>
```

程序中的第一行 document.getElementById("score")通过文档对象模型取得待设置的表格对象。第二行 tb.rows 属性为表格对象的所有行构成的数组。

注意:该程序必须放置到 html 代码中表格元素的后面,因为页面必须先加载表格对象后才能取得该对象对其进行设置。而且应该给表格标签<table>设置 ID 属性为"Score",即<table ID="score">。

for 结构的语法如下:

```
for(表达式 1;表达式 2;表达式 3)
循环体语句;
```

知识 6-16 JavaScript 语句与函数

语句和函数是构成 JavaScript 程序的最基本的元素。JavaScript 中的语句可以不放置在任何函数中,前面给大家的举例中都采用的是这样的形式。不放置在任何函数中的语句当页面加载的过程中就会自动执行这些语句。也可以定义一个函数,将一些语句放置在函数中。这样程序加载的过程中并不会去执行函数中的代码。而是当将来需要执行这些代码的时候再调用这个函数。

1. 语句

前面讨论了表达式的概念后我们知道,表达式的作用是生成并返回一个值。JavaScript 中除了可以由表达式构成语句之外还有许多其他的语句。通过这些语句可以控制程序代码的执行次序。从而完成比较复杂的程序操作。

JavaScript 中的语句主要分为以下几种类型的语句。

(1) 变量定义语句:变量定义语句通过 var 关键字定义一个或多个变量。以便后面的程序处理中存储和读取数据。

(2) 表达式语句:由前面介绍过的表达式构成的语句。

(3) 复合句:将多条语句使用一对大括号({})括起来构成一条复合语句。在前面介绍的选择结构和循环结构中如果 if else、while、do while 和 for 语句中要包含的语句只要多于一条时都要将它们用大括号括起来构成一条复合语句。

(4) 控制语句:JavaScript 中的控制语句主要用来控制程序的流程,包括 if 语句、if else

语句、switch 语句、while 语句、do while 语句、for 语句、break 语句、continue 语句等。

（5）函数定义语句：通过 function 关键字可以定义一个函数。以便将来需要的时候执行函数中的语句代码。

（6）return 语句：用在函数定义语句中，表示函数调用结束，并且返回一个值。

（7）异常处理语句：异常处理语句用来处理在 JavaScript 中抛出、接收、处理异常，包括 throw 语句、try catch 语句等。

2. 函数

函数为程序设计人员提供了一个非常方便的功能。通常在进行一个复杂的程序设计时，总是根据所要完成的功能，将程序划分为一些相对独立的部分，每部分编写一个函数。从而使各部分充分独立，任务单一，程序清晰、易读、易维护。JavaScript 函数可以封装那些在程序中可能要多次用到的模块。并可作为事件驱动的结果而调用的程序。

JavaScript 中的函数定义的语法如下：

```
function  函数名(形参列表)
{
  函数体语句;
}
```

其中函数的形参表示将来在调用函数的时候传递给函数的数据，函数体语句对这些传入的参数进行加工处理。函数也可以没有形参列表。

如下代码中定义了一个带形参列表的函数，其功能是根据输入的年份数来判断其是不是闰年。

```
<html>
  <head>
    <Script language = "javaScript">
      function isLeapYear( year)
      {
        if(year % 4 == 0&&year % 100!= 0||year % 400 == 0)
          return true;
        else
        return false;
      }
    </Script>
  </head>
<body>
  <Script language = "javaScript">
  var y = prompt("请输入一个年份数");
  var iy = parseInt(y);
  if(isLeapYear(iy))
    document.write(y + "年是闰年</br>");
  else
    document.write(y + "年不是闰年</br>");
  </Script>
</body>
</html>
```

上面的程序中定义了一个函数 isLeapYear，该函数带有一个形参。<body>标签中的另一段 JavaScript 代码通过语句调用了这个函数。调用时将变量 iy 的值传递给了函数的形参 year。函数中对 year 的值进行了判断(也就是变量 iy 的值)，如果是闰年则函数通过 reaturn true 返回 true，否则返回 false。代码 if(isLeapYear(iy))对函数 isLeapYear 进行了调用。调用后将得到函数的返回值给 if 语句进行判断。

知识 6-17 JavaScript 核心内置对象

JavaScript 是一个基于对象的脚本程序语言。支持面向对象编程的大部分功能。对象是属性的集合体。一个对象可以包含若干属性和方法。属性描述了对象的特征，方法是与对象有关的某种操作。

JavaScript 内置了若干对象用来完成一些常见的功能，这些对象称为 JavaScript 核心对象。这些核心对象有 String、Math、Array、Boolean、Date、Function、Number 和 Object。下面介绍其中的几个常用的。其他的可以参阅相关书籍。

1. String 对象

String 是专门用来处理文本的对象，它是一个动态对象。使用时必须创建其实例才能调用 String 对象的属性和方法。JavaScript 中的变量如果存储的是字符串。则被变量自动被转化为一个 String 对象的实例。所以在用 String 对象时即可以通过 new 运算符来创建，也可以通过创建字符串变量来创建。例如“var s＝new String(“abcd”);”和“var s”＝“abcd”的作用都是创建了一个 String 对象的实例 s。

2. Math 对象

Math 对象拥有可以表示复杂数学运算的属性和方法。Math 对象是静态对象，所以使用的时候直接由 Math 对象来调用属性和方法，而不用使用 new 运算符来创建 Math 对象的实例。例如 Math. PI 将得到圆周率的值，Math. sin(Math. PI/2)将调用 sin 函数来求 PI/2 的正弦。

下面的程序借助 Math 类来实现一个产生十位随机数字的抽奖程序。

```
<Script language = "javaScript">
  var randomstr = "";
  for(var i = 0;i < 10;i++)
  {
    var r = Math.random() * 10;
    var ir = Math.floor(r);
    randomstr += ir;
  }
  document.write(randomstr);
</Script>
```

3. Date 对象

JavaScript 中的 Date 对象用于处理日期和时间，它是一个动态对象，使用时必须用 new

运算符来创建其实例。构造一个 Date 对象的方法是使用 new 运算符，如 var d=new Date()，则 d 即为一个 Date 对象的实例，它所存储的日期为运行该程序的机器的当前时间。还可以在构造 Date 实例的时候给构造函数 Date 传入参数，

如 var d=new Date(1982,11,8,10,20,40,20)，代表 d 所对应的日期为 1982 年 11 月 8 日 10 时 20 分 40 秒 20 毫秒。

如下程序能够在页面中动态的显示当前的系统时间。

```
<div id="time">
</div>
<Script language="javaScript">
var divTime=document.getElementById("time");   //获得 id 为 time 的 div 标签对象
var strTime="";                                 //存储当前时间，初始化为空字符串
function fun()                                  //定义函数获取当前系统时间
{
   var d=new Date();                            //构造一个代表当前时间的对象
   var year=d.getYear();                        //获取年
   var month=d.getMonth()+1;
   var day=d.getDate();
   var hours=d.getHours();
   var minutes=d.getMinutes();
   var seconds=d.getSeconds();
   //将年、月、日、时、分、秒组合成中文表示的字符串
   strTime=year+"年"+month+"月"+day+"日"+hours+"时"+minutes+"分"+seconds+
"秒";
   //设置 id 为 time 的 div 标签中的内容为 strTime 变量的内容
   divTime.innerHTML="<h1>"+strTime+"</h1>";
}
window.setInterval("fun()",1000);               //每隔 1000 毫秒调用一次 fun()函数更新时间
</Script>
```

该程序中用到了函数调用 setInterval()，该函数为文档对象 window 对象的方法函数。其作用是每隔一定时间调用一段 JavaScript 代码。

模拟制作任务

任务 6-1　超链接的四种状态的样式设计

任务背景

通常在设计网页超链接时需要有样式变化，这样可以起到提示浏览者的作用。通过设置超链接的四种链接状态（a:link、a:visited、a:hover 和 a:active）可以实现链接样式的变化。

任务要求

超链接的四种链接状态应该要有一定的变化，并且每种状态的文字颜色应该与背景颜色要有一定的反差。

【技术要领】四种链接状态的样式设计。

【解决问题】链接样式设计。

【应用领域】链接显示。

任务分析

本任务较为烦琐,需要设置链接的四种样式的CSS规则,同时还应该让各种样式之间有一定的区别。

重点和难点

a:link、a:visited、a:hover和a:active的样式设计。

操作步骤

(1) 编写如下代码设置网页超链接的四种状态的样式[1]。

```
<style type="text/css">
<!--
a:link {
     font-family: "宋体";
     font-size: 16px;
     color: #0000FF;
     text-decoration: none;
}
a:visited {
     font-family: "宋体";
     font-size: 16px;
     color: #FF0000;
     text-decoration: line-through;
}
a:hover {
     font-family: "宋体";
     font-size: 24px;
     color: #00FF00;
     text-decoration: underline;
}
a:active {
     font-size: 24px;
     color: #FFFF00;
     text-decoration: none;
     font-family: "宋体";
}
-->
</style>
```

注意:在定义链接样式时,一定要按照a:link、a:visited、a:hover和a:active的顺序书写,否则有些状态的样式不能正常显示。

(2) 也可以通过选择器的嵌套实现样式的分块控制,如下面的样式代码为网页中的两个层分别定义了样式的四种状态。

```
<html>
<head>
<meta http-equiv="Content-Type" content="text/html; charset=gb2312" />
<title>超链接样式的分块控制</title>
```

```
<style type="text/css">
<!--
#Layer1 a:link {
    font-family: "宋体";
    font-size: 16px;
    color: #0000FF;
    text-decoration: none;
}
#Layer1 a:visited {
    font-family: "宋体";
    font-size: 16px;
    color: #FF0000;
    text-decoration: line-through;
}
#Layer1 a:hover {
    font-family: "宋体";
    font-size: 24px;
    color: #000000;
    text-decoration: underline;
}
#Layer1 a:active {
    font-size: 24px;
    color: #FFFF00;
    text-decoration: none;
    font-family: "宋体";
}
#Layer2 a:link {
    font-family: "宋体";
    font-size: 16px;
    color: #FFFF00;
    text-decoration: none;
}
#Layer2 a:visited {
    font-family: "宋体";
    font-size: 16px;
    color: #FF0000;
    text-decoration: line-through;
}
#Layer2 a:hover {
    font-family: "宋体";
    font-size: 24px;
    color: #00FF00;
    text-decoration: underline;
}
#Layer2 a:active {
    font-size: 24px;
    color: #FFFF00;
    text-decoration: none;
    font-family: "宋体";
}
#Layer1 {
```

```
    position:absolute;
    left:68px;
    top:59px;
    width:197px;
    height:203px;
    z-index:1;
    background-color: #00FF00;
}
#Layer2 {
    position:absolute;
    left:289px;
    top:60px;
    width:186px;
    height:204px;
    z-index:2;
    background-color: #0000FF;
}
-->
</style>
</head>
<body>
<div id="Layer1"><a href="http://www.w3cschool.cn/">链接的四种状态</a></div>
<div id="Layer2"><a href="http://www.w3cschool.cn/">链接的四种状态</a></div>
</body>
</html>
```

任务 6-2 网页换肤效果的实现

任务背景

有时为了满足用户更换网页风格的需要,网页可以为用户提供网页换肤功能。换肤功能的实现相对简单,通常的做法是提供多个外部样式表文件,用户选择不同的网页样式时通过程序修改网页依赖的样式文件,从而达到为网页换肤的效果。

任务要求

(1) 需要制作多个外部样式表文件。

(2) 提供功能按钮让用户选择不同的网页样式,实现换肤效果。

【技术要领】如何使用脚本语言实现网页样式文件的切换。

【解决问题】网页外部样式表文件更改。

【应用领域】网页换肤。

任务分析

本任务较为简单,只需制作多个外部样式表文件,然后使用脚本语言实现网页样式文件的切换,最终达到网页换肤的效果。

重点和难点

网页外部样式表文件更改。

操作步骤

换肤效果的实现其实比较简单,其原理是准备几套网页样式,然后根据用户的选择加载相应的样式文件来实现换肤效果。下面通过一个简单任务详细讲述网页换肤效果的实现。

（1）制作样式文件 a. css，输入如下样式代码：

```
body {
  margin:0;
  padding:0;
  background:url(bg1.jpg);
}
#wrap {
  height:600px;
  background:url(dw1.jpg) no-repeat center top;
  margin-top:20px;
}
```

（2）同样制作样式文件 b. css，输入如下样式代码：

```
body {
  margin:0;
  padding:0;
  background:url(bg2.jpg);
}
#wrap {
  height:600px;
  background:url(dw2.jpg) no-repeat center top;
  margin-top:20px;
}
```

（3）制作一个静态网页，代码如下：

```
<html>
<head>
<meta http-equiv="Content-Type" content="text/html; charset=gb2312" />
<title>样式切换</title>
<link id="mycss" rel="stylesheet" type="text/css" href="a.css">
</head>
<body>
<input type=button value="风格一" onclick="document.all.mycss.href='a.css'">
<input type=button value="风格二" onclick="document.all.mycss.href='b.css'">
<div id="wrap">
</div>
</body>
</html>
```

（4）在浏览器中预览的效果如图 6-4 和图 6-5 所示。

从图 6-4 和图 6-5 可以看出，当单击“风格二”按钮时，网页的显示风格发生了明显的变化。样式变化的原因是网页加载了另一个样式文件。从第 3 步的网页代码中可以看出，网页通过 link 标签加载外部 CSS 文件，代码如下所示。

```
<link id="mycss" rel="stylesheet" type="text/css" href="a.css">
```

当用户单击不同的按钮时可以通过代码 document. all. mycss. href＝"cssName. css"来

加载不同的外部CSS文件,从而实现的样式的切换。

图 6-4　样式效果 1

图 6-5　样式效果 2

知识点拓展

在给文字或图像设置链接后,它们就会自动包含了四种链接状态,分别是 a:link、a:visited、a:hover 和 a:active,每种状态代表的含义如下:

- a:link 为链接的默认状态,即没有触发任何鼠标事件时所呈现的状态。
- a:visited 为访问过的链接状态,即当该链接被单击后所呈现的状态。
- a:hover 为鼠标经过时的链接状态,即当鼠标放置在有链接的对象时所呈现的状态。
- a:active 为鼠标单击时的链接状态,即单击链接但未释放鼠标时所呈现的状态。

实训　制作折叠菜单

实训目的

通过制作一个简单的基于 JavaScript 的折叠菜单,让学生理解脚本语言的应用,掌握基本脚本语言的使用。

实训内容

(1) 设计折叠菜单界面元素。

(2) 对折叠菜单相关属性。

（3）编写折叠菜单事件代码。

实训过程

（1）新建一个网页，网页完整代码如下：

```
<html>
<head>
<meta http-equiv="Content-Type" content="text/html; charset=gb2312" />
<title>折叠菜单</title>
<Script language="javaScript1.1" type="text/javaScript">
<!--
NS4 = (document.layers) ? 1 : 0;
IE4 = (document.all) ? 1 : 0;
ver4 = (NS4 || IE4) ? 1 : 0;
function SwichCtrl(el) {
    if (!ver4) return;
    if (IE4) {
        whichEl1 = eval(el);
        if (whichEl1.style.display == "none") {
            whichEl1.style.display = "block";
            document.getElementById(el+"Title").src="ico_up.gif";
            document.getElementById(el+"Title").title="关闭";
        }
        else {
            whichEl1.style.display = "none";
            document.getElementById(el+"Title").src="ico_down.gif";
            document.getElementById(el+"Title").title="展开";
        }
    }
    else {
        whichEl = eval("document." + el);
        if (whichEl.visibility == "hide") {
            whichEl.visibility = "show";
        }
        else {
            whichEl.visibility = "hide";
        }
    }
}
-->
</Script>
</head>
<body>
<table width="120" border="1" cellpadding="0" cellspacing="0" bordercolor="#333333">
  <tr>
    <td>用户管理<img src="ico_down.gif" width="16" height="16" style="cursor:hand"
onClick="SwichCtrl('mk1')" id="mk1title" title="展开" /></td>
  </tr>
  <tr id="mk1" style="display:none;">
```

```
    <td height="100"><table width="100" height="77" border="0" cellpadding="0"
cellspacing="0">
      <tr>
        <td><a href="#">浏览用户</a></td>
      </tr>
      <tr>
        <td><a href="#">添加用户</a></td>
      </tr>
      <tr>
        <td><a href="#">删除用户</a></td>
      </tr>
    </table></td>
  </tr>
  <tr>
    <td>商品管理<img src="ico_down.gif" width="16" height="16" style="cursor:hand"
onClick="SwichCtrl('mk2')" id="mk2title" title="展开"/></td>
  </tr>
    <tr id="mk2" style="display:none;">
    <td><table width="100" height="77" border="0" cellpadding="0" cellspacing="0">
      <tr>
        <td><a href="#">浏览商品</a></td>
      </tr>
      <tr>
        <td><a href="#">添加商品</a></td>
      </tr>
      <tr>
        <td><a href="#">删除商品</a></td>
      </tr>
    </table></td>
  </tr>
  <tr>
    <td>实用工具<img src="ico_down.gif" width="16" height="16" style="cursor:hand"
onClick="SwichCtrl('mk3')" id="mk3title" title="展开"/></td>
  </tr>
  <tr id="mk3" style="display:none;">
    <td><table width="100" height="77" border="0" cellpadding="0" cellspacing="0">
      <tr>
        <td><a href="#">备份数据库</a></td>
      </tr>
      <tr>
        <td><a href="#">恢复数据库</a></td>
      </tr>
      <tr>
        <td><a href="#">压缩数据库</a></td>
      </tr>
    </table></td>
  </tr>
</table>
</body>
</html>
```

(2) 在浏览器中预览效果如图 6-6 所示。

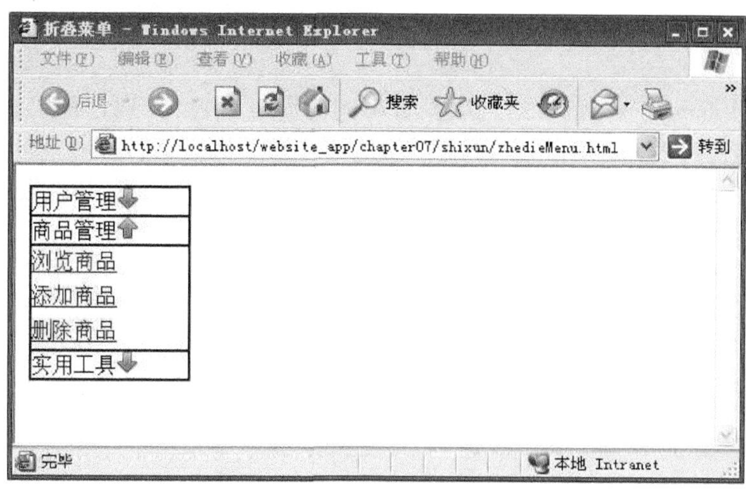

图 6-6　折叠菜单运行效果

从网页代码可以看出,网页体中放置了一个 6 行 1 列的表格。本例通过 JavaScript 代码实现奇数行对偶数行显示控制来制作折叠菜单。下面代码为表格第一行(奇数行)和第二行(偶数行)的 HTML 代码。

```
<tr>
    <td>用户管理<img src="ico_down.gif" width="16" height="16" style="cursor:hand"
onClick="SwichCtrl('mk1')" id="mk1title" title="展开" />
    </td>
  </tr>
  <tr id="mk1" style="display:none;">
    <td height="100">
    <table width="100" height="77" border="0" cellpadding="0" cellspacing="0">
      …嵌入表格内容省略
    </table>
    </td></tr>
```

这里设置表格第 2 行的 id 为"mk1"(意为模块 1),style 属性中的 display 项值为 none,即默认隐藏这一行不让其显示。在第 1 行中设置 img 标签的 id 属性为"mk1title",并在其 onClick 事件中添加函数 SwichCtrl('mk1')。函数传入的参数为第 2 行的 id 值"mk1",然后在 javaScript 代码中通过改变第 2 行 style 属性中的 display 项值为 block 来显示该行,并同时改变第 1 行中 img 标签所显示的图片。其他 4 行的控制方式和第 1、2 行类似,只需给每行对应标签设置不同的 id 值即可。

实训总结

通过本章的 JavaScript 折叠菜单设计,学生应该能够掌握常用脚本语句的使用,可以使用脚本语言实现一些基本的程序功能模块。

综合任务

1. 用多个层布局一个网页,给各层设置不同的背景颜色,分别在各层制作测试超链接并设置各层中超链接的四种样式。

2. 给第 1 题网页设置 3 套不同的样式,并在网页上制作相应的按钮或链接,单击不同的按钮或链接时显示不同的网页样式。

3. 结合 JavaScript 和 CSS 制作一个折叠菜单。

07模块

ASP 动态扩展

ASP 本身并不是一种脚本，但它为嵌入 HTML 页面中的脚本语言（VBScript 和 Javascript）提供了运行的环境。ASP 就是通过脚本语言及 ASP 内建对象来实现各种网站动态功能的。本模块主要讲解 ASP 技术的特点及其工作原理，ASP 的基本语法和 ASP 内建对象的使用方法。

能力目标

1. 能使用 Request 获得表单数据。
2. 能使用 Request 获得 URL 参数。
3. 能使用 Request 获得用户 IP 地址。

知识目标

1. Request 对象。
2. Response 对象。
3. Session 对象。
4. Cookie 对象。
5. Application 对象。

知识储备

知识 7-1　ASP 的特点和功能

从软件的技术层面看，ASP 有如下的特点。

(1) 无须编译。ASP 脚本集成于 HTML 当中，容易生成，无须编译或链接即可直接解释执行。

(2) 易于生成。使用常规文本编辑器（如 Windows 下的记事本），即可进行“*.asp”页面的设计。若从工作效率来考虑，不妨选用具有可视化编辑能力的 Visual InterDev、Dreamweaver 等。

(3) 独立于浏览器。用户端只要使用可解释常规 HTML 代码的浏览器，即可浏览 ASP 所设计的主页。ASP 脚本是在站点服务器端执行的，用户端的浏览器不需要支持它。因此，若不通过从服务器下载来观察“*.asp”主页，在浏览器端见不到正确的页面内容。

(4) 面向对象。在 ASP 脚本中可以方便地引用系统组件和 ASP 的内置组件，还能通过定制 ActiveX Server Component(ActiveX 服务器组件)来扩充功能。

(5) 与任何 ActiveX、Scripting 语言兼容。除了可使用 VBScript 和 JScript 语言进行设计外,还可通过 Plug-in 的方式,使用由第三方所提供的其他 Scripting 语言。

(6) 源程序不会外漏。ASP 脚本在服务器上执行,传到用户浏览器的只是 ASP 执行结果所生成的常规 HTML 码,这样可保证辛辛苦苦编写出来的程序代码不会被他人盗取。

从应用的层面看,ASP 有如下的功能:

(1) 处理由浏览器传送到站点服务器的表单输入。

(2) 访问和编辑服务器端的数据库表。使用浏览器即可输入、更新和删除站点服务器的数据库中的数据。

(3) 读写站点服务器的文件,实现访客计数器、座右铭等功能。

(4) 提供广告轮播器、取得浏览器信息、URL 表管理等内置功能。

(5) 由 Cookies 读写用户端的硬盘文件,以记录用户的数据。

(6) 可以实现在多个主页间共享信息,以开发复杂的商务站点应用程序。

(7) 使用 VBScript 或 JScript 等简易的脚本语言,结合 HTML 代码,快速完成站点的应用程序。通过站点服务器执行脚本语言,产生或更改在客户端执行的脚本语言。

(8) 扩充功能的能力强,可通过使用 Visual Basic、Java、Visual C++ 等多种程序语言制作 ActiveX Server Component 以满足自己的特殊需要。

知识 7-2 ASP 的运行环境

ASP 网页需要相应的 Web 服务器的支持,才能正常运行,其 Web 服务器主要是 PWS[1] 和 IIS。在最终运行 ASP 页面时,一般选择 IIS 6.0 作为 ASP 的 Web 服务器,以实现对 ASP 页面的解析。操作系统应选择 Windows 2003 Server 或 Advanced Server。建议运行环境为 Windows 2003 Server/Advanced Server+IIS 6.0。

简单地说,ASP 文件就是在标准的 HTML 文件中嵌入 JavaScript 或 VBScript 脚本语言。在前面章节中已经使用过脚本语言,只是以前的脚本语言在客户端运行,客户端浏览器必须支持它才行;而 ASP 所使用的脚本语言是在服务器端运行的,这是它的主要特点。

服务器先把 ASP 文件编译成标准 HTML 文件,然后再传送到客户端,因此不管客户端的浏览器是否支持 JavaScript 和 VBScript 脚本语言,由 ASP 开发出来的网页均可以正常显示。

知识 7-3 ASP 文件的基本组成

如下为一段简单的 ASP 程序代码:

```
<%@LANGUAGE="VBSCRIPT" CODEPAGE="936"%>
<html>
<head>
<meta http-equiv="Content-Type" content="text/html; charset=gb2312" />
<title>一个简单的 ASP 程序</title>
</head>
<body>
<%
 Response.Write("欢迎学习 ASP 程序!<br>")
```

```
 Response.Write("今天日期为: "&date()&"<br>")
 Response.Write(request.ServerVariables("HTTP_HOST"))
 %>
</body>
</html>
```

在浏览器中预览,效果如图 7-1 所示。

图 7-1 简单 ASP 程序运行结果

一个简单的 ASP 程序可以包括以下 3 部分。

(1) 普通的 HTML 文件。

(2) 服务器端的 Script 程序代码,位于<%…%>之内的程序代码。

(3) 客户端的 Script 程序代码,位于<Script>…</Script>之内的程序代码。

注意:

(1) ASP 约定,所有服务器端的 Script 程序代码均须放在<%…%>之间,即把以前的脚本语言写在<%…%>之间。

(2) 在 ASP 中,VBScript 是默认的脚本语言,如果要在 ASP 网页中使用其他的脚本语言。可以用以下的方法:

```
<% @ Language = "VBScript" %>          脚本语言为 VBScript
<% @ Language = "JavaScript" %>        脚本语言为 JavaScript
```

知识 7-4 ASP 内置对象概述

ASP 之所以简单实用,主要是因为它提供了功能强大的内部对象和内部组件。其中 5 大内部对象包括 Request、Response、Session、Application 和 Server,其简要说明如表 7-1 所示。

表 7-1 ASP 的内部对象

对 象	功 能
Request	从客户端获取数据
Response	向客户端输出数据
Session	记载特定客户的会话信息
Application	记载同一个应用程序中的所有用户之间的共享信息
Server	创建 COM 对象和 Scripting 组件等

知识 7-5 利用 Request 对象从客户端获取信息

1. Request 对象简介

当浏览器向服务器请求页面时,这个行为就被称为一个 Request(请求)。可以使用 Request 对象访问任何基于 HTTP 请求传递的所有信息,包括从 HTML Form 表单用 Post 方法或 Get 方法传递的参数、Cookie 和 ServerVariable 等。Request 对象使用户能够访问客户端发送给服务器的二进制数据。

Request 对象成员包括该对象的集合、方法和属性。

Request 的语法:

```
Request.collection | property | method
```

Request 对象提供了 5 个集合:Form、QueryString、ServerVariables、Cookies 和 ClientCertificate。这里主要讲述前 4 个常用集合。

1) Form

Form 集合主要通过 Post 方法来提取发送到 HTTP 请求正文中的数据。

语法:

```
Request.Form(element)[(index)|.Count]
```

参数说明:

element 指定 HTML 表单中某一元素的名称。

index 为可选参数,使用该参数可以访问某参数中多个值中的一个。它可以是 1 到 Request. Form (parameter). Count 之间的任意整数。

Count 为集合中元素的个数。如果参数未关联多个值,则计数为 1;如果找不到参数,计数为 0。

2) QueryString

QueryString 和 Form 一样,都可以取得前一页所发送的值。不同的是 Form 是利用 Post 方法通过表单取得数据,而 QueryString 是利用 Get 方法通过参数取得数据。QueryString 集合检索 HTTP 查询字符串中变量的值,HTTP 查询字符串由问号"?"后的值指定。

3) ServerVariables

ServerVariables 是用来存储环境变量及 HTTP 标题的。大家都知道,在浏览器中浏览网页的时候使用的传输协议是 HTTP,在 HTTP 的标题文件中会记录一些客户端的信息,如客户的 IP 地址等,有时服务器端需要根据不同的客户端信息做出不同的反应,这时候就需要用 ServerVariables 集合获取所需信息。

语法:

```
Request.ServerVariables (服务器环境变量)
```

4）Cookies

Cookie 其实是一个标签，当你访问一个有唯一标识的 Web 站点时，它会在你的硬盘上留下一个标记，下一次访问同一个站点时，站点的页面会查找这个标记。每个 Web 站点都有自己的标记，标记的内容可以随时读取，但只能由该站点的页面完成。每个站点的 Cookie 与其他所有站点的 Cookie 存在同一文件夹中的不同文件内(可以在 Windows 目录下的 Cookie 文件夹中找到它们)。一个 Cookie 就是一个唯一标识客户的标记，Cookie 可以包含在一个对话期或几个对话期之间某个 Web 站点的所有页面共享的信息，使用 Cookie 还可以在页面之间交换信息。

Request 提供的 Cookies 集合允许用户检索在 HTTP 请求中发送的 Cookie 的值。这项功能经常被使用在要求认证客户密码以及电子公告板、Web 聊天室等 ASP 程序中。

Cookie 集合的语法如下。

设置 Cookie 的值：

```
Reponse.Cookies(cookie)[(key)|.attribute] = value
```

读取 Cookie 的值：

```
variableName = Request.Cookies(cookie)[(key)|.attribute]
```

参数说明：

Cookie 指定要检索其值的 Cookie 名，必选参数。

key 可选参数，用于从 Cookie 字典中检索子关键字的值。当某个 Cookie 有多个组成的元素，即该 Cookie 是一个集合，则 Key 可以作为该集合中的元素的序号来访问其中的某个元素。

attribute 指定 Cookie 自身的有关信息。如 Expires 只写属性，指定 Cookie 的过期时间，如果没有指定过期的时间，那么当 Session 结束时则 Cookie 过期。

2. 使用 Form 获取方法

下面以一个简单的例子讲述如何使用 Form 集合获取表单数据。

(1) 创建一个表单页面 RW7-2.html，代码如下：

```
<html>
 <head>
  <title>表单页面</title>
 </head>
<body>
  <form id = "form1" name = "form1" method = "post" action = "RW7 - 2.asp">
  请输入你的姓名:
  <label>
  <input name = "username" type = "text" id = " username" />
  </label>
  <p>请输入你的密码:
    <label>
    <input name = "password" type = "password" id = "password" />
    </label>
```

```
    </p>
    <p>你最喜欢的球类运动是:
      <label>
      <input type="radio" name="sport" value="basketball" />
      </label>
  篮球
  <label>
  <input type="radio" name="sport" value="football" />
  </label>
  足球
  <label>
  <input type="radio" name="sport" value="badminton" />
  </label>
  羽毛球 </p>
    <p>你上网通常是:
      <label>
      <input name="like" type="checkbox" id="like" value="talking" />
  聊天</label>
      <label>
      <input name="like" type="checkbox" id="like" value="news" />
  看新闻</label>
      <label>
      <input name="like" type="checkbox" id="like" value="videos" />
  看电影</label>
      <label>
      <input name="like" type="checkbox" id="like" value="games" />
  玩游戏</label>
  </p>
    <p>你喜欢的科目是:<label>
      <select name="subject" id="subject">
        <option value="chinese">语文</option>
        <option value="math">数学</option>
        <option value="english">外语</option>
        <option value="physical">物理</option>
        <option value="chymistry">化学</option>
      </select>
      </label>
    </p>
    <p>
      <label>
      <input type="submit" name="Submit" value="提交" />
      </label>
      <label>
      <input type="reset" name="Submit2" value="重置" />
      </label>
    </p>
  </form>
  </body>
  </html>
```

(2) 创建一个表单处理页面 RW7-2.asp,代码如下:

```
<%@LANGUAGE="VBSCRIPT" CODEPAGE="936"%>
<%
dim i
response.Write("你填写的用户名称是:<br>")
response.Write request.Form("username")
response.Write "<br>"
response.Write("你填写的密码是:<br>")
response.Write request.Form("password")
response.Write "<br>"
response.Write("你选择的喜欢球类运动选项对应的 value 是:<br>")
response.Write request.Form("sport")
response.Write "<br>"
response.Write("你选择的上网选项对应的 value 是:<br>")
for i=1 to request.Form("like").count
  response.Write request.Form("like")(i)
  response.Write "<br>"
next
response.Write("你选择的科目选项对应的 value 是:<br>")
response.Write request.Form("subject")
response.Write "<br>"
%>
```

(3) 表单运行结果如图 7-2 和图 7-3 所示。

图 7-2 以 post 方式提交表单

代码说明:

通过上面的例子可以看出,对于表单中单个值的取法可以用 Request.Form(元素名称),例如 Request.form("username")、Request.form("password")等。而对于多选框等有多个值的元素,则必须利用循环语句,例如上例获取多选框的代码如下:

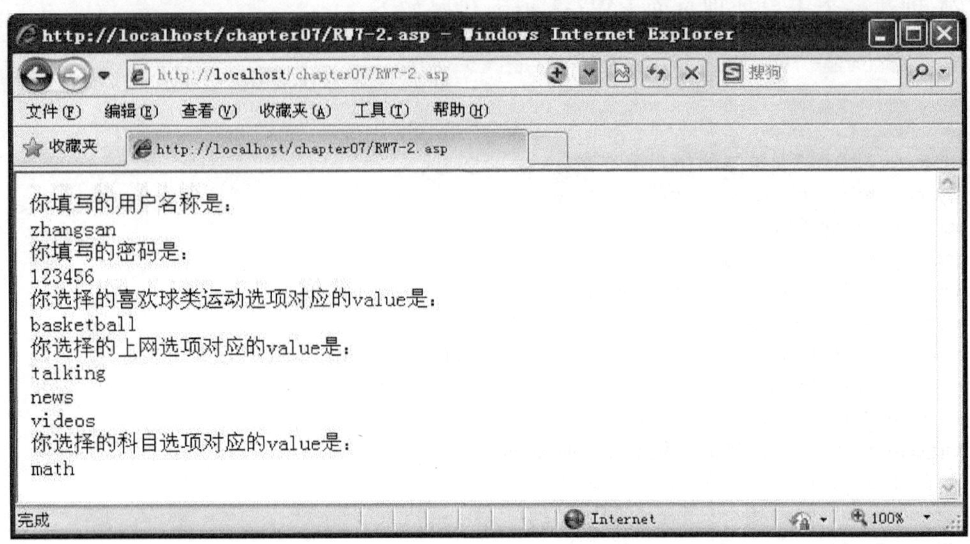

图 7-3　以 Form 集合获得表单数据

```
<%
for i = 1 to request.Form("like").count
  response.Write request.Form("like")(i)
  response.Write "<br>"
next
%>
```

当不指定要显示的表单元素名称,例如运行语句 response.Write request.Form 时,则输出结果为通过符号"&"连接起来的表单项及其值(中间用=号连接)的组合。输出结果如下所示:

```
username = zhangsan&password = 123456&sport = basketball&like = talking&like = news&like =
videos&subject = math。
```

3. 使用 QueryString 获取方法

下面创建表单和 asp 程序,用 Request 对象的 QueryString 集合获取表单提交的数据并显示。详细步骤如下:

(1) 修改表单页面 RW7-2.html,将其表单 method 属性改为 get。页面跳转的 action 指定为 RW7-3.asp。

(2) 修改表单处理页面 RW7-2.asp 中的代码并另存为 RW7-3.asp,代码如下:

```
<% @LANGUAGE = "VBSCRIPT" CODEPAGE = "936" %>
<%
dim i
response.Write("你填写的用户名称是:<br>")
response.Write request.QueryString("username")
response.Write "<br>"
response.Write("你填写的密码是:<br>")
response.Write request.QueryString("password")
```

```
response.Write "<br>"
response.Write("你选择的喜欢球类运动选项对应的 value 是:<br>")
response.Write request.QueryString("sport")
response.Write "<br>"
response.Write("你选择的上网选项对应的 value 是:<br>")
for i = 1 to request.QueryString("like").count
  response.Write request.QueryString("like")(i)
  response.Write "<br>"
next
response.Write("你选择的科目选项对应的 value 是:<br>")
response.Write request.QueryString("subject")
%>
```

(3) 运行结果如图 7-4 和图 7-5 所示。

图 7-4　以 get 方式提交表单

http://localhost/chapter07/RW7-3.asp?username=zhangsan&password=123456&sport=basketball&li...

你填写的用户名称是：
zhangsan
你填写的密码是：
123456
你选择的喜欢球类运动选项对应的value是：
basketball
你选择的上网选项对应的value是：
talking
news
videos
你选择的科目选项对应的value是：
math

图 7-5　以 QueryString 集合获取表单数据

通过比较图 7-3 和图 7-5 可以看出,图 7-5 的地址栏内附加了提交表单中各参数名称及其值。地址栏 asp 程序后附加了如下多对参数和参数值:

```
?username = zhangsan&password = 123456&sport = basketball&like = talking&like = news&like = videos&subject = math&Submit = %CC%E1%BD%BB
```

也就是说,在目标页面的地址栏中会显示表单总共传递了多少数据,各参数的名字和值都一目了然。这样安全性就降低了,而且 get 方式传递的数据量也比 post 方式少,因此传输敏感信息如密码和账号等信息时不能用 get 方式。

在定义超链接时也可以在其后面带参数,一般就是在跳转的目标地址后面用"?"连接参数名及参数值,如"username=zhangsan",若有多个参数则用"&"隔开。例如以下超链接:

```
<a href = "RW7 - 3.asp
?username = zhangsan&password = 123456&sport = basketball&
like = talking&like = news&like = videos&subject = math">
跳转到 RW7 - 3.asp 并显示数据</a>
```

运行含有该超链接的网页并单击超链接后,运行结果和图 7-5 一致。

超链接带参数的使用方式在动态网站制作中应用非常广泛,例如以下超链接:

```
<a href = "editnews.asp?newsID = 100" target = "_blank">编辑<a>
```

该超链接带有新闻的唯一编号,这样在新闻编辑页面 editnews.asp 就可以通过这个编号提取该条新闻供用户编辑。当然新闻的编号也可以从数据库中提取。如下面的超链接:

```
<a href = "editnews.asp?newsID = <% = rs("newsID") %>">编辑</a>
```

该超链接可以放到新闻的浏览页面为任何一条新闻提供编辑功能。当需要给新闻提供删除功能时,可通过如下超链接实现:

```
<a href = "deletenews.asp?newsID = <% = rs("newsID") %>">删除</a>
```

4. 使用 ServerVariables 获取方法

创建 asp 程序,用来查明访问者浏览器的类型、IP 地址和服务器软件等,详细步骤如下所示。

(1) 新建一个 asp 网页 RW7-4.asp,输入如下代码:

```
<% @LANGUAGE = "VBSCRIPT" CODEPAGE = "936" %>
<html>
<body>
<table width = "402" height = "265" border = "2" align = "center" cellpadding = "0" cellspacing
 = "0" bordercolor = "#666666">
  <tr>
    <td width = "179"><b>你的浏览器版本:</b></td>
    <td
width = "223"><% Response.Write(Request.ServerVariables("http_user_agent")) %></td>
  </tr>
  <tr>
    <td><b>你的 IP 地址:</b></td>
```

```
    <td><%Response.Write(Request.ServerVariables("remote_addr"))%></td>
  </tr>
  <tr>
    <td><b>你的 DNS:</b></td>
    <td><%Response.Write(Request.ServerVariables("remote_host"))%></td>
  </tr>
  <tr>
    <td><b>请求方式:</b></td>
    <td><%Response.Write(Request.ServerVariables("request_method"))%></td>
  </tr>
  <tr>
    <td><b>服务器名称:</b></td>
    <td><%Response.Write(Request.ServerVariables("server_name"))%></td>
  </tr>
  <tr>
    <td><b>服务器端口:</b></td>
    <td><%Response.Write(Request.ServerVariables("server_port"))%></td>
  </tr>
  <tr>
    <td><b>服务器软件的名称和版本:</b></td>
    <td><%Response.Write(Request.ServerVariables("server_software"))%></td>
  </tr>
</table>
</body>
</html>
```

(2) 程序运行结果如图 7-6 所示。

图 7-6 ServerVariables 集合获取服务器参数

注意:ServerVariables 集合中还有许多其他服务器环境变量,要了解更多其他服务器环境变量,请参考 W3CSchool 在线教程(http://www.w3cschool.cn/)。

5. 使用 Cookies 记录用户信息

下面通过一个例子来展示一下如何读取 Cookie。设计一个登录程序，利用 Cookie 保存用户登录信息。详细步骤如下所示。

(1) 准备数据库连接文件 conn. asp 和 ACCESS 数据库文件 data. mdb。数据库连接文件的代码如下所示：

```
<%
db = "data/data.mdb"
Set conn = Server.CreateObject("ADODB.Connection")
url = "Provider = Microsoft.Jet.OLEDB.4.0;Data Source = "& Server.MapPath(db)
conn.Open(url)
%>
```

(2) 创建 index. asp 网页文件，代码如下：

```
<% @LANGUAGE = "VBSCRIPT" CODEPAGE = "936" %>
<html>
<head>
<meta http-equiv = "Content-Type" content = "text/html; charset = gb2312" />
<title>网站首页</title>
</head>
<body>
这里是网站首页!
<%
if Request.Cookies("user")("UserName") = "" then
   response.Write "<a href = login.asp>登录</a>"
else
   Response.Write Request.Cookies("user")("UserName") &" "
   response.Write("欢迎回来! ")
   response.Write "<a href = loginout.asp>退出</a>"
end if
%>
</body>
</html>
```

(3) 创建 login. asp 网页文件，代码如下：

```
<% @LANGUAGE = "VBSCRIPT" CODEPAGE = "936" %>
<html>
<head>
<meta http-equiv = "Content-Type" content = "text/html; charset = gb2312" />
<title>登录页面</title>
</head>
<! -- #include file = "conn.asp" -->
<%
session.timeout = 30
username = trim(Request.Form("username"))
pwd = trim(Request.Form("pwd"))
savetime = request.Form("savetime")
```

```
if username = " "or  pwd = " " then
  Response.Redirect("login.asp")
end if
sql = "Select * from user1  where name1 = '"&username&"' and password = '"&pwd&"'"
Set rs = conn.Execute(sql)
if not rs.eof then
  Session("name") = username
  Response.Cookies("user")("UserName")  =  username
  Response.Cookies("user")("Password")  =  pwd
  Response.Cookies("user").Expires =  (now() + savetime) '设置 Cookie 过期时间
  Response.Redirect "index.asp"
end if
%>
<body>
<form id = "form1" name = "form1" method = "post" action = "login.asp">
    ……这里省略了表单内部内容.
</form>
</body>
</html>
```

(4) 创建 loginout.asp 网页文件,代码如下:

```
<% @LANGUAGE = "VBSCRIPT" CODEPAGE = "936" %>
<%
session("name") = ""
Response.Cookies("user").Expires =  (now() - 1)
Response.Write("<script Language = javascript>alert('退出登录成功!');location.href('index.
asp');</script>")
Response.End()
%>
```

(5) 运行 index.asp 网页代码,效果如图 7-7 所示。

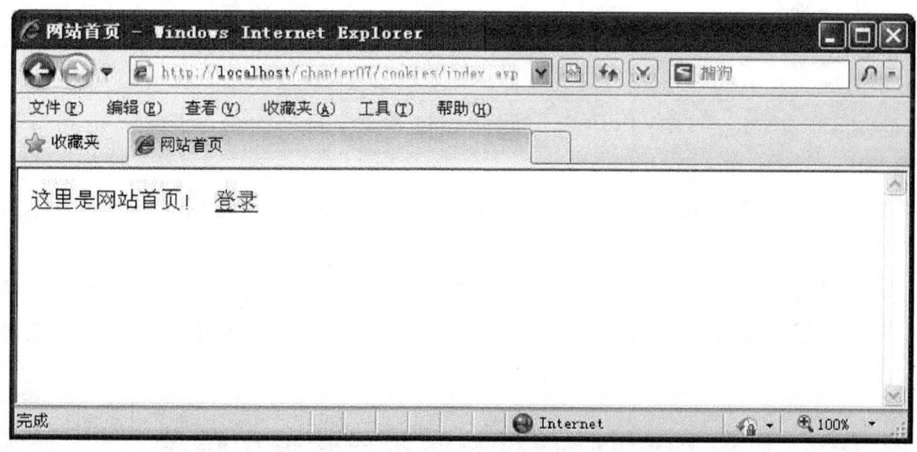

图 7-7 登录网站前的网站首页

(6) 单击“登录”超链接,进入登录页面,输入用户名和密码,选择登录信息保留时间,如图 7-8 所示。

图 7-8 登录页面

(7) 单击“登录”按钮后页面跳转到 index.asp 网页，如图 7-9 所示。

图 7-9 登录网站后的网站首页

从运行结果图 7-7～图 7-9 可以看出，用户的登录信息被保存到本地 Cookie 中了，在用户设置的 Cookie 过期时间之内，当用户再次访问网站时，网站可以直接从 Cookie 中读取用户以前的登录信息。

Cookie 的应用相当广泛，凡是需要存储用户本地信息的地方都可以用到 Cookie，比如可以在以下情况下应用 Cookie。

(1) 通过 Cookie 记录一年内用户访问站点的次数，第一次显示“首次访问”，以后显示“第几次访问”。

(2) 电子商务网站可通过 Cookie 记录用户在网站中搜索的常用关键字信息，以便给用户推荐相关商品。

(3) 在做网络调查时也可以利用 Cookie 记录用户所填写的内容，用户在下次填写相同网络调查问卷时即可提取以前的记录在 Cookie 中的信息，这样可以大大提高网络调查的速度和效率。

知识 7-6 利用 Response 对象向客户端输出信息

1. Response 对象简介

Response 对象被用来从服务器上发送信息给客户端，就是将程序执行后的结果在页面上输出。包括将运行结果直接输出在页面上，重定向浏览器跳转到另一个页面，设置Cookie的值等。其对象成员包括该对象的集合、方法和属性。

语法：

```
Response .collection | property | method
```

1) Collection(集合)

Response对象只有一个集合——Cookie，它用来在客户端写入相关数据，以便日后使用。

语法：

```
Response.Cookies(Cookie)[(key)|.attribute] = value
```

这里的Cookie是指定Cookie的名称。而如果指定了Key，则该Cookie就是一个字典。attribute指定了Cookie自身的有关信息，attribute参数可以是下列之一：

- Domain 若被指定，则Cookie将被发送到对该域的请求中去。
- Expires 指定Cookie的过期日期。为了在会话结束后将Cookie存储在客户端磁盘上，必须设置该日期。若此项属性的设置未超过当前日期，则在任务结束后Cookie将到期。
- HasKeys 指定Cookie是否包含关键字。
- Path 若被指定，则Cookie将只发送到对该路径的请求中；如果未设置该属性，则使用应用程序的路径。

下面通过几段简单的代码来介绍一下Cookie的用法。

(1) 建立一个不包含Key的Cookie。

```
<% Response.Cookies("User") = "zhangsan" %>
```

(2) 建立包含Key的Cookie。

```
<%
Response.Cookies("User")("Name") = "ZhangSan"
Response.Cookies("User")("password") = "123456"
%>
```

(3) Cookie属性的设置。

```
'设置Cookie的有效期到某一天可以用下面代码。
<% Response.Cookies("User"). Expires = #2012-12-01# %>
'设置Cookie的有效期为一周可以用下面代码。
<% Response.Cookies("User"). Expires = now + 7 %>
'使Cookie失效可以用下面代码。
<% Response.Cookies ("User"). Expires = now - 1 %>
```

2) Property(属性)

Response对象的常用属性有下面几个。

(1) Buffer。

Buffer属性指示是否缓冲页输出，即是否将网页内容存储于缓冲区。

语法：

```
Response.Buffer = True/False
```

注意：本句一定要放在网页的开头。

(2) Charset。

Charset 属性用来设置响应给浏览器的语言，将字符集名称附加到 Response 对象中 content-type 标题的后面。

语法：

```
Response.Charset = 语言名称
```

对于不包含 Response.Charset 属性的 ASP 网页，content-type 标题将为 content-type：text/html。

例如，在 asp 网页中运行如下代码：

```
<% Response.Charset = "gb2312" %>
```

将产生以下结果：

```
content - type: text/html; charset = gb2312
```

需要注意的是，当某个页面包含多个含有 Response.Charset 的标记时，页面字符集将被设置为该页中 Response.Charset 的最后一个实例所指定值。

(3) ContentType。

ContentType 属性指定服务器响应的 HTTP 文件类型，如果未指定 ContentType，默认为 text/HTML。

语法：

```
Response. ContentType = 文件类型
```

常见的 ContentType 属性可以取如下的一些值：

```
Response.ContentType = "text/HTML"
Response.ContentType = "text/PLAIN"
Response.ContentType = "Image/GIF"
Response.ContentType = "Image/JPEG"
Response.ContentType = "application/vnd.ms - excel"
```

(4) Expires。

Expires 属性用来设置 ASP 网页保留在浏览器 cache 的时间，以分钟计算。

语法：

```
Response. Expires = 分钟数
```

如果用户在某个页面过期之前又回到此页，就会显示缓冲区中的页面；如果设置 Response.Expires=0，则可使缓存的页面立即过期。这是一个较实用的属性，例如为了确保用户登录账号安全，当客户通过 ASP 的登录页面进入 Web 站点后，应该利用该属性使登录页面立即过期。

(5) ExpiresAbsolute。

ExpiresAbsolute 属性设置保留在 cache 内的网页的确切到日期和时间。

语法：

```
Response. ExpiresAbsolute = 日期及时间
```

在未到期之前，若用户返回到该页，该缓存中的页面就显示；如果未指定时间，该主页在当天午夜到期；如果未指定日期，则该主页在脚本运行当天的指定时间到期。例如，如下示例指定页面在 2012 年 4 月 12 日上午 9:00:30 到期。

```
Response.ExpiresAbsolute = #April 12,2012 9:00:30#
```

(6) IsClientConnected。

IsClientConnected 属性用来判断浏览器是否仍和服务器相连接。

语法：

```
Response. IsClientConnected
```

它的响应值会是 True/False。

3) Method(方法)

(1) Write。

Write 方法是平时最常用的方法之一，它是将指定的字符串输出到浏览器。

语法：

```
Response.Write ("字符串"/函数)
```

例如，执行如下语句：

```
<% Response.Write("学习 ASP 是一件很有趣的事情!") %>
```

将在页面中输出“学习 ASP 是一件很有趣的事情!”这句话。因为 Response. Write 使用非常频繁，可以将它简化为“＝”，这样上面语句就可以简化为语句＜%＝"学习 ASP 是一件很有趣的事情!"%＞。

(2) Redirect。

Redirect 方法使浏览器立即重定向到程序指定的 URL。

语法：

```
Response. Redirect("url")
```

这也是一个经常用到的方法，这样程序员就可以根据客户的不同响应，为不同的客户指定不同的页面或根据不同的情况指定不同的页面。例如，执行如下语句：

```
<% Response.Redirect("www.sina.com.cn") %>
```

将使当前网页重定向到新浪网。

(3) End。

End 方法使 Web 服务器停止处理脚本并返回当前结果。即文件中剩余的内容将不被处理。

语法:

```
Response.End
```

(4) Clear。

用来将缓冲区数据清除掉,但 Clear 方法只清除响应正文而不清除响应标题。

语法:

```
Response.Clear
```

需要注意的是,如果没有将 Response.Buffer 设置为 True,则该方法将导致运行时错误。

(5) Flush。

Flush 方法用于将缓冲区中的数据向浏览器输出。

语法:

```
Response.Flush
```

需要注意的是,这个指令也只能在将 Response.Buffer 设置为 True 时才能使用,否则会产生错误。

2. 输出网页内容为 Excel 文档

利用 ContentType 属性可以将 asp 网页中表格数据输出为 Excel 文档,详细步骤如下。

(1) 制作 ASP 网页 RW7-5.asp,输入如下代码:

```
<% @LANGUAGE = "VBSCRIPT" CODEPAGE = "936" %>
<% response.ContentType = "application/vnd.ms-excel" %>
<html>
<body>
<table width = "305" height = "168" border = "1" align = "center" cellpadding = "0" cellspacing
 = "0" bordercolor = "#000000">
<tr>
<th width = "73" height = "63">姓名</th>
<th width = "78">学号</th>
<th width = "73">性别</th>
<th width = "71">年龄</th>
<th width = "71">年级</th>
</tr>
<tr>
<td>张三</td>
<td>0910001</td>
<td>男</td>
<td>19</td>
<td>09 级</td>
</tr>
<tr>
<td>李钰</td>
<td>0910003</td>
<td>女</td>
```

```
<td>18</td>
<td>10 级</td>
</tr>
</table>
</body>
</html>
```

(2) 运行 RW7-5.asp 网页后，弹出如图 7-10 所示的对话框。

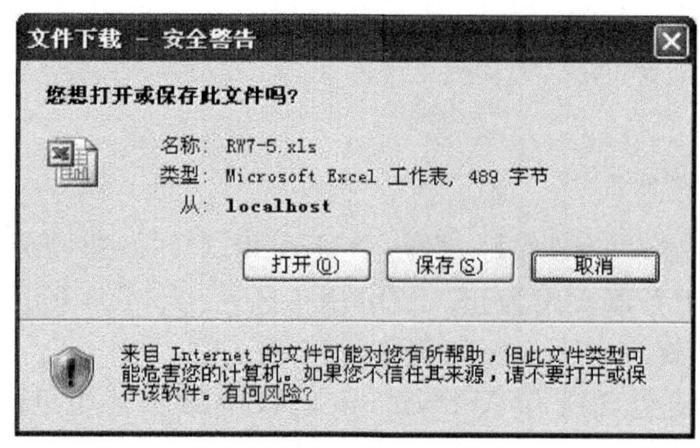

图 7-10 输出网页为 Excel 文件

(3) 选择保存会把生成的 Excel 文件保存到本地计算机，选择打开则会在浏览器中打开生成的 Excel 文件，如图 7-11 所示。

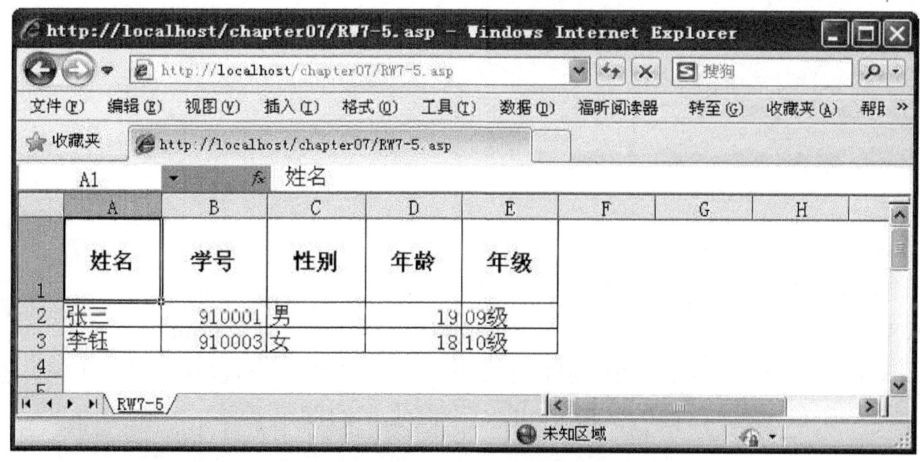

图 7-11 在浏览器中打开 Excel 文件

将网页内存输出为 Excel 文档是非常有用的，除了上面输出固定数据的 Excel 文档外，也可以通过查询数据库，将查询结果输出为 Excel 文档。由于在网页中设置打印没有在 Excel 中方便，因此当需要打印网页数据时，可以考虑把网页数据输出为 Excel 文档。

知识 7-7 Application 对象概述

Application 对象是一个共享对象，同一个 Web 应用中的所有程序都可以共享其信息，而且该共享信息会在服务器运行期间一直有效。同时 Application 对象还有控制应用层数据的方法和可用于在应用层程序启动和停止时触发过程的事件。Application 对象在网站应用中比较常见,如我们经常看到的网站访问量统计、同时在线人数统计和网页聊天室等都离不开 Application 对象。

Application 对象成员包括 Application 对象的集合、方法和事件。

1. 自定义属性(集合)

Application 对象没有自己的属性,其属性由用户根据需要自己定义,这些自定义属性也可称为集合。

语法:

```
Application("自定义属性名")
```

<% Application("str")="你好,欢迎学习 ASP。" %>执行完后,该对象的属性就被保存在服务器上,直到服务器关闭为止。故可用<%= Application("str")%>将其在网站中任何页面输出。这样就实现页面之间信息的传递。

(1) Contents 集合:包含所有 Application 对象中的所有变量,但不包括由<object>元素所建立的对象变量。

语法:

```
Application.Contents(变量名称)
```

例如,有如下赋值:

```
application("a") = "a"
application("b") = 127
application("c") = true
```

则有 contents 集合:

```
application.contents("a") = "a"
application.contents("b") = 127
application.contents("c") = true
```

(2) StaticObjects:包含由<object>元素所建立的所有对象变量。

StaticObjects 与 Contents 的区别在于 Contents 返回的是不包含<object>所建立的对象变量,而 StaticObjects 返回的是由<object>所建立的对象变量。

2. Method(方法)

(1) Lock( ):锁定 Application 对象,使得只有当前的 ASP 页对内容能进行访问。

(2) Unlock( ):解除对 Application 对象的锁定。

这两个方法是相对的,Lock()是用来锁定数据,而 Unlock()是用来解除锁定的。为什么要锁定数据呢?因为 Application 对象所存储的内容是被共享的,有异常情况发生时,如果没有锁定数据会造成数据不一致的情况发生,并造成数据不正确。

3. 事件

(1) OnStart:第一个访问服务器的用户第一次访问某一页面时发生。

(2) OnEnd：当最后一个用户的会话已经结束，并且该会话的 OnEnd 事件的所有代码已经执行完毕后发生，或最后一个用户访问服务器一段时间(一般为 20 分钟)后仍然没有人访问该服务器时产生。

需要注意的是，这两个方法不是每个客户端的访问都会执行它们的代码，它们在整个服务器运行过程中都只会执行一次，一个是在服务器运行一开始的时候，另一个是在服务器的所有回话都结束的时候。而且想要定义 Application 对象的 OnStart 和 OnEnd 事件代码，必须将其写在 Global.asa 这个文件里。

知识 7-8 Session 对象概述

Session 是指访问者从到达某个特定主页到离开为止那段时间，网站为用户分配的用来保存用户信息的对象。可以使用 Session 对象存储用户登录网站时的个人信息。当用户在页面之间进行跳转时，存储在 Session 对象中的变量是不会丢失的。

当用户请求来自应用程序的 web 页时，如果该用户还没有会话，Web 服务器将自动创建一个 Session 对象。当会话过去或被放弃后，服务器将终止会话。每个客户端的一次连接服务器过程就是一个 Session，若是一个客户端用户在同一台计算机上用两个不同的页面连上相同的服务器，那么这就是两个 Session。

Session 对象的成员比 Application 对象多一项属性，即集合、属性、方法、事件。和 Application 一样，Session 也可以自定义属性，该属性也可称为集合。

1. 自定义属性(集合)

语法：

```
Session("自定义属性名")
```

(1) Contents 集合：包含所有 Session 对象中的所有变量，但不包括由<object>元素所建立的对象变量。

例如，有如下赋值：

```
session("a") = "a"
session("b") = 127
session("c") = true
```

则有 contents 集合：

```
session.contents("a") = "a"
session.contents("b") = 127
session.contents("c") = true
```

(2) StaticObject 集合：包含由<object>元素所建立的存储于 Session 对象中的所有变量的集合。

2. 属性

(1) SessionID：只读、长整型，定义本次会话的会话标识符。每一个会话服务器自动分配一个唯一的标识符。可以根据它的值判断两个用户是谁先访问服务器。

(2) Timeout：可读/可写、整型、为会话定义以分钟为单位的超时限定。如果用户在这个时间内没有任何动作，该用户产生的会话自动结束，默认值是20。

(3) CodePage：可读/可写、整型、定义用于在浏览器中显示页面内容的代码页。代码页是字符集的数字值，不同的语言使用不同的代码页。

(4) LCID：可读/可写、整型、定义发送给浏览器的页面地区标识。LCID是唯一标识地区的一个国际标准缩写。

下面以一个简单的例子讲述如何利用Session在网页中传递数据，制作两个简单的网页，在一个网页中创建Session，在另一个网页中读取Session。

(1) 制作sessionSet.asp页面，输入如下代码：

```
<%@LANGUAGE = "VBSCRIPT" CODEPAGE = "936" %>
<%
Session("UserName") = "张三"
Response.Write(Session("UserName"))
%>
<br>
<a href = "sessionRead.asp">Session变量传递</a>
```

(2) 制作sessionRead.asp页面，输入如下代码：

```
<%@LANGUAGE = "VBSCRIPT" CODEPAGE = "936" %>
从Session中读取的用户名:
<% = Session("UserName") %>
```

(3) 在浏览器中运行sessionSet.asp页面，效果如图7-12所示。

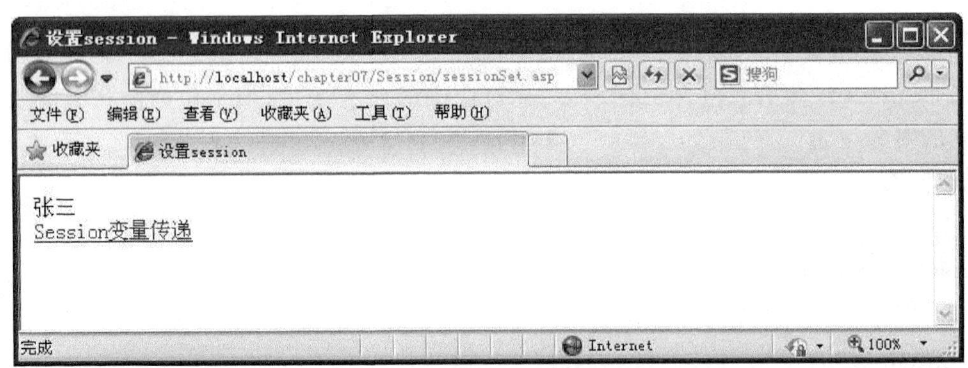

图7-12 创建Session的网页

(4) 单击页面中的“Session变量传递”超链接，打开另一个页面，效果如图7-13所示。

从图7-12和图7-13可以看出，在网站中一个页面设置的session变量，只要session没有过期，在另一个页面就是可以读取的。

Session在网站制作中应用非常广泛，比如可以用session存储用户的登录信息，在其他页面中如果需要这些信息时就可以随时提取出来；电子商务网站通常用session存储用户的购物信息，这些信息在用户结算时就能用上；许多期刊网站用session跟踪用户使用网站的活动，当用户超出一定时间(例如20分钟)提示用户重新登录等。

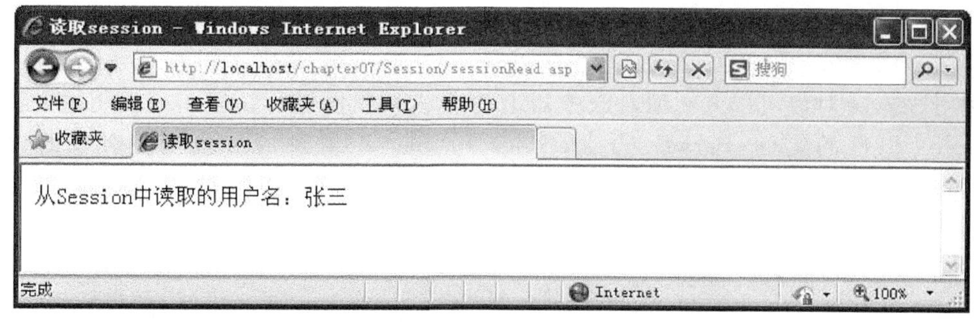

图 7-13 读取 Session 的网页

3. 方法

(1) Contents. Remove("变量名")：从 Session. contents 集合中删除指定的变量。

(2) Contents. Removeall( )：删除 Session. contents 集合中的所有变量。

(3) Abandon( )：结束当前用户会话并且撤销当前 Session 对象。

这里要说明的是，Session 对象中的 Contents. Removeall( )和 Abandon( )是有区别的，执行这两个方法都会释放当前用户会话的所有 Session 变量，不同的是 Contents. Removeall( )单纯地释放 Session 变量的值而不终止当前的会话，而 Abandon( )除了释放 Session 变量外还会终止会话引发 Session_OnEnd 事件。

4. 事件

(1) OnStart：当 ASP 用户会话产生时触发，一旦有任一用户对本服务器请求任一页面即产生该事件。

(2) OnEnd：当 ASP 用户会话结束时触发，当使用 Abandon()方法或超时也会触发该事件。

这两个事件和 Application 的 OnStart、OnEnd 事件一样，也是必须放在 Global. asa 文件里。

以下是 Session 和 Application 的比较。

(1) 两者都是 ASP 文件共用的对象。Application 对象是所有网页链接者共用的一个对象，Session 对象是每位链接者独有的对象。

(2) 两者都有生命周期，但生命周期不同。Session 开始于新链接者第一次链接时，终止于链接者若干时间内没有索取过任何信息；Application 开始于 IIS/PWS 开始执行且出现第一个链接者的时候，终止于若干时间内没有任何链接者索取过信息，或 IIS/PWS 关闭时。

(3) 两者都有 OnStart 和 OnEnd 事件代码，但它们发生的时间不同。Application 的 OnStart 事件总是先于 Session 的 OnStart 事件执行；同时 Session 的 OnEnd 事件总是先于 Application 的 OnEnd 事件执行。

知识 7-9 Server 对象概述

利用 Server 对象可以方便地对服务器上的方法和属性进行访问。最常用的方法是创建 ActiveX 组件的实例(Server. CreateObject)。Server 对象成员包括该对象的方法和属性。

1. 属性

Server 对象只有 ScriptTimeout 一个属性,这个属性是用来设置 Script 程序执行的时间。此属性的设置是为了防止程序出现死锁。

语法:

```
Server. ScriptTimeout = 秒数
```

需要注意的是这个设置必须放在 ASP 文件的开头,否则会产生错误。

2. 方法

1) CreateObject

这个方法是 Server 对象中最重要的方法,在后面可以看到,许多功能都不得不用到它。它用于创建已注册到服务器上的 ActiveX 组件。

语法如下:

```
Server.CreateObject("ComponentName")
```

例如:

```
Server.CreateObject("ADODB.Connection")
```

2) HTMLEncode

这个方法可以输出 HTML 代码,通常情况下,浏览器将"<"和">"中间的符号作为系统标记,不会显示在浏览器上,如果想在浏览器上显示时,可以用 Server 对象的 HTMLEncode 方法,例如:

```
<% = Server.HTMLEncode("<H1>一号标题</H1>") %>
```

输出结果是:

```
<H1>一号标题</H1>
```

3) MapPath

该方法返回指定文件的相对路径或物理路径。

假定 c:\inetpub\wwwroot 为服务器的主目录,在 asp 页面中输入如下代码。

```
<% @LANGUAGE = "VBSCRIPT" CODEPAGE = "936" %>
<% = Server.MapPath("/") %><P>
<% = Server.MapPath("/RW7 - 1.asp") %><P>
<% = Server.MapPath("/RW") %><P>
<% = Server.MapPath("RW.txt") %><P>
```

运行以上代码网页输出如下：

```
c:\inetpub\wwwroot
c:\inetpub\wwwroot\RW7 - 1.asp
c:\inetpub\wwwroot\RW
E:\website_asp\chapter07\RW.txt
```

由运行结果可以看出，Server. MapPath("/")返回的永远是网站(服务器)的主目录。

Server. MapPath("/RW7-1. asp")返回的是网站的主目录加上字符串"RW7-1. asp"。

Server. MapPath("/RW")返回的是网站的主目录加上字符串"RW"。

需要注意的是，"RW7-1. asp"和"RW"可以存在，也可以不存在，这里只是将它们作为一个字符串来考虑，到调用时才会检查它们到底存不存在。

Server. MapPath("RW. txt")返回的是当前 ASP 文件所在的目录(本例为网站虚拟目录)加上"RW. txt"后组成的一个字符串。

4) URLEncode

URLEncode 方法是将 URL 转换为字符串。

它的语法如下：

```
Server.URLEncode("URL 字符串")
```

虽然是转换成字符串，但是一些特殊符号如：":" "/" "."，并不会转换成和原来一样的字符。例如语句＜％＝Server. URLEncode("http://www. sina. com. cn")％＞输出为：

```
http%3A%2F%2Fwww%2Esina%2Ecom%2Ecn
```

5) Execute

Execute 方法是在一个 ASP 程序的执行过程中，去执行另一个 ASP 程序，等执行完后再回到当前 ASP 程序所在的页面，有点类似一般程序语言中的函数调用。它的语法是：

```
Server.Execute(URL)
```

参数 URL 是某个要被执行的 web 页面程序，并且执行其他的 ASP 程序时，会将当前页面的状态信息带到其他的页面。

6) Transfer

Transfer 方法的作用是将所有的陈述性信息(包括所有的 application 或 session 变量以及 request 集合中的所有项目信)从一个 Web 页面程序发送到另一个 Web 页面程序，并且发送过去之后页面不再返回。而 Request. redirect 是一个强制性的页面跳转，它不会将本页的数据信息传递到要跳转的目标页面，Server. Execute 则是在运行完目标页后还会回到调用页面。

知识 7-10 Global. asa

Application 的两个事件(OnStart、OnEnd)和 Session 的两个事件(OnStart、OnEnd)都放在 Global. asa 文件中。Global. asa 文件必须放在网站的根目录下才能起作用。Global. asa 文件的基本结构如下：

```
<script Language = "JavaScript" Runat = "Server">
function Application_OnStart()
{
}
function Application_OnEnd()
{
}
function Session_OnStart()
{
}
function Session_OnEnd()
{
}
</script>
```

一个 Application 的 OnStart 事件会在 Session 的 OnStart 事件之前被触发。Application 不会像 Session 那样在每一个新用户登录后都触发,而是只触发一次,即第一个用户登录网站时触发。每个用户的会话结束时都会触发一个 Session 的 OnEnd 事件,最后一个用户会话结束时会同时触发 Application 和 Session 的 OnEnd 事件,但 Session 先于 Application。

利用 Global.asa 可以很容易实现网站动态在线人数的统计。详细步骤如下。

(1) 在网站根目录下新建 global.asa 文件并输入如下代码:

```
<script language = "vbscript" runat = "server">
Sub Application_OnStart
Application("visitors") = 0
End Sub
Sub Session_OnStart
Application.Lock
Application("visitors") = Application("visitors") + 1
Application.UnLock
End Sub
Sub Session_OnEnd
Application.Lock
Application("visitors") = Application("visitors") - 1
Application.UnLock
End Sub
</script>
```

(2) 制作 RW7-6.asp 页面并输入如下代码。

```
<%@LANGUAGE = "VBSCRIPT" CODEPAGE = "936" %>
<p>本站现在有 <% response.write(Application("visitors")) %> 人在线!</p>
```

将 Global.asa 文件放在站点根目录下,然后运行 RW7-6.asp,运行结果如图 7-14 所示。

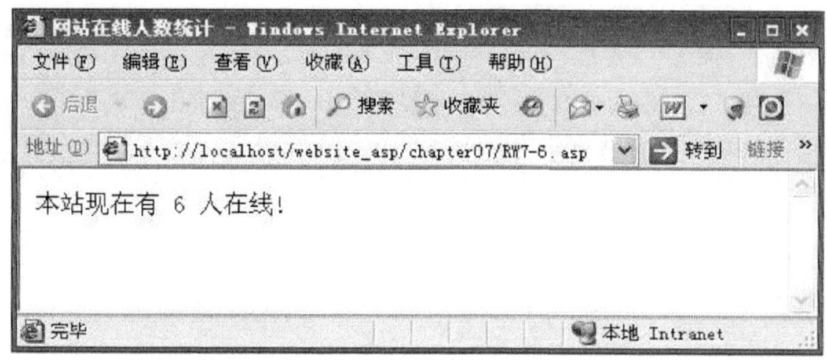

图 7-14 网站在线人数统计

知识点拓展

PWS 是 Personal Web Server 的简称，即个人 Web 服务器，是为个人发布网页开发的，适用于小规模公司的内部网，仅支持 10 个并发用户，只能容纳一个 Web 站点，提供基本的 WWW 服务和简单的 Web 管理，支持 ADO 访问数据库。PWS 运行于 Windows 9x/Me 平台，常用于学习、编写和调试 ASP 页面时用做 Web 服务器。

模拟制作任务

任务 7-1 制作一个简单的聊天室

任务背景

当网站需要提供一个公共的场所供在线人员交流时可以制作一个简单的聊天室。

任务要求

1. 用户无须注册登录即可进入聊天室。
2. 聊天信息可以立即滚动显示给所有用户。

【技术要领】Application 对象的综合使用。

【解决问题】聊天室。

【应用领域】网页数据共享。

效果图

简单 ASP 网页聊天室运行效果如图 7-15 所示。

任务分析

这一任务的重点是网站信息的共享，也就是要求每个进入聊天室的用户无论什么时间所发的留言都保存下来。这时需要用到 Application 对象。

重点和难点

Application 对象的综合使用，嵌入式框架页面的制作。

操作步骤

制作一个简单的网页聊天室。

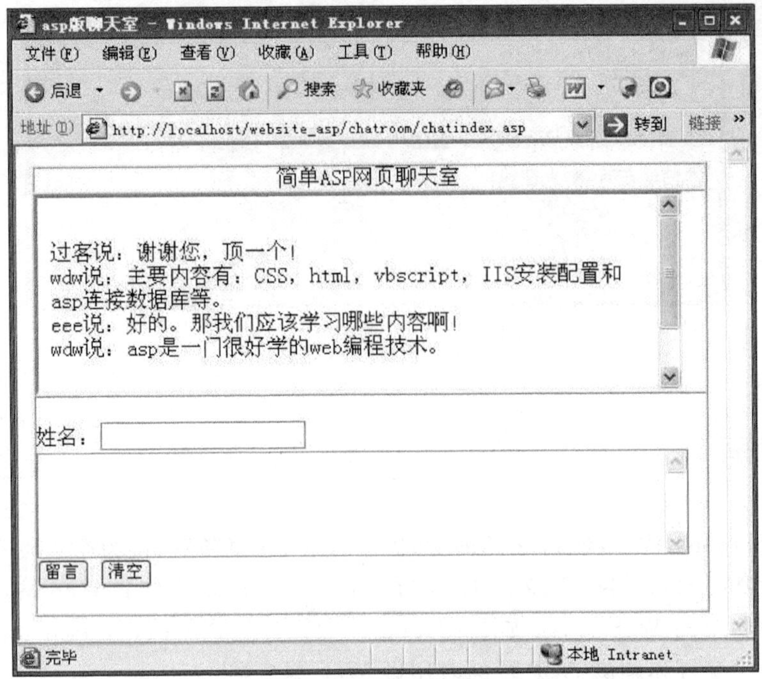

图 7-15 简单 ASP 网页聊天室

(1) 创建一个 chatindex.asp 页面，在网页中输入如下代码：

```
<%@LANGUAGE="VBSCRIPT" CODEPAGE="936"%>
<head>
<meta http-equiv="Content-Type" content="text/html; charset=gb2312" />
<title>asp 版聊天室</title>
<%
dim liuyan,username
username=Request.Form("username")
if trim(username) = "" then
  username="过客"
end if
liuyan=Request.Form("liuyan")
if liuyan<>"" then
  Application.Lock()
  if Application("liuyan") = null then
    Application("liuyan")  = ""
  else
    Application("liuyan")="<br>"&username+"说: "&liuyan&application("liuyan")&"<br>"
  end if
  Application.UnLock()
end if
%>
</head>
<body>
<table width="500" border="1" align="center" cellpadding="0" cellspacing="0">
  <tr><td align="center">简单 ASP 网页聊天室</td></tr>
```

```
  <tr><td><iframe src="room.asp" name="chatroom" width="480" height="150" scrolling
="auto"></iframe></td></tr>
  <tr><td>
      <form id="form1" name="form1" method="post" action="">
        <br><label>姓名:<input name="username" type="text" id="username" /></label>
        <label><textarea name="liuyan" cols="66" rows="5" id="liuyan"></textarea>
</label>
        <label><input type="submit" name="Submit" value="留言" /></label>
        <label><input type="reset" name="Submit2" value="清空" /></label>
      </form>
  </td></tr>
</table>
</body>
</html>
```

(2) 创建一个 room.asp 页面,在网页中输入如下代码:

```
<%@LANGUAGE="VBSCRIPT" CODEPAGE="936"%>
<% =Application("liuyan")%>
```

代码说明:

(1) 对 Application("liuyan")访问时,做了 Aplication.Lock()操作,这样可以保证对共享变量 Application("liuyan")的操作不会发生错误。

(2) 在 chatindex.asp 页面中嵌入 room.asp 页面的代码如下所示:

```
<iframe src="room.asp" name="chatroom" width="480"
height="150" scrolling="auto"></iframe>
```

实训　利用 Session 创建密码保护系统

实训目的

有些网页可能不想让无关的人看到,例如后台管理页面。这时可以创建密码保护系统来防止无关的人看到不想公开看到的页面。具体可以通过会话(Session)变量有效性判断实现对网页的密码保护。

实训内容

利用 Session 创建密码保护系统。

实训过程

本实训总共涉及 1 个简单 Access 数据库和 3 个简单 asp 网页。首先创建 Access 数据库文件 users.mdb,在数据库中创建一张数据表 users,表内设计 3 个字段:id(自动编号)、username(文本)和 password(文本)。3 个 asp 网页名字为 index.asp、login.asp 和 loginout.asp,下面详细讲述这 3 个 asp 网页的设计。

(1) index.asp 网页的主要代码如下：

```
<%@LANGUAGE="VBSCRIPT" CODEPAGE="936"%>
<html><title>网站首页</title>
<body>
<p>网站首页.</p>
<%
if session("allow")="" or IsNull(session("allow")) then
%>
  请<a href="login.asp">登录</a>
<%
else
%>
  欢迎您,<%=Session("username")%>,<a href="loginout.asp">注销</a>
<%
end if
%>
</body>
</html>
```

(2) login.asp 网页的主要代码如下：

```
<%@LANGUAGE="VBSCRIPT" CODEPAGE="936"%>
<% Response.Buffer = True %>
<html>
<body>
<%
if Request.Form("btnLogin")="登录" then
  UserName = trim(Request.Form("username"))
  Password = trim(Request.Form("password"))
  Set Conn=Server.CreateObject("ADODB.Connection")
  set RS = server.createobject("adodb.recordset")
  url="Provider=Microsoft.Jet.OLEDB.4.0;Data Source="& Server.MapPath("users.mdb")
  Conn.Open(url)
  SQL = "Select * From users where username='"& UserName &"' and password='"& Password &"'"
  RS.open sql,conn,1,1
  if not RS.bof and not RS.eof then
    response.Write "<script language='JavaScript'>alert('登录成功!')</script>"
    Session("allow") = True
    Session("username") = UserName
    Response.Redirect "index.asp"
  Else
    RS.Close
    Conn.Close
    Set RS = Nothing
    Set Conn = Nothing
    response.Write "<script language='JavaScript'>alert('输入信息有误,登录失败!')</script>"
  End If
end if
%>
<form name="Login" method="Post" action="login.asp">
```

```
    <p>用户名:
      <input type="text" name="username" size="20">
    </p>
    <p>密 码:
      <input type="password" name="password" size="20">
    </p>
    <p>
      <input type="submit" name="btnLogin" value="登录">
        </p>
</form>
</body>
</html>
```

(3) loginout.asp 网页的主要代码如下:

```
<%@LANGUAGE="VBSCRIPT" CODEPAGE="936"%>
<title>注销登录</title>
<%
session("allow")=""
Response.Write("<script Language=javascript>
  alert('退出登录成功!');location.href('index.asp');</script>")
Response.End()
%>
```

authorTest.asp 网页的主要代码如下:

```
<%@LANGUAGE="VBSCRIPT" CODEPAGE="936"%>
<% Response.Buffer = True %>
<%
Response.Buffer = True
if session("allow")="" or IsNull(session("allow")) then
  response.Redirect "login.asp"
end if
%>
```

运行结果如图 7-16～图 7-18 所示。

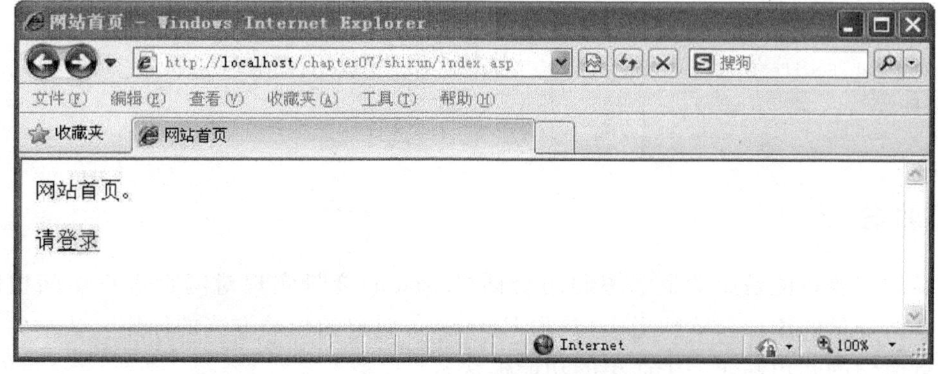

图 7-16 登录前的网站首页

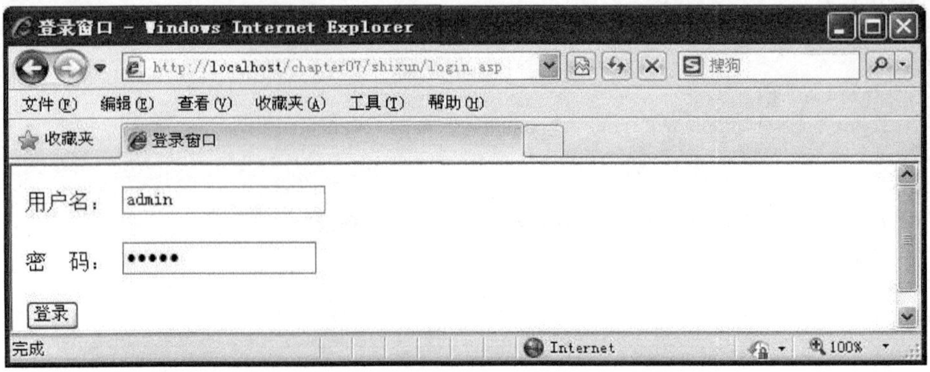

图 7-17　登录窗口

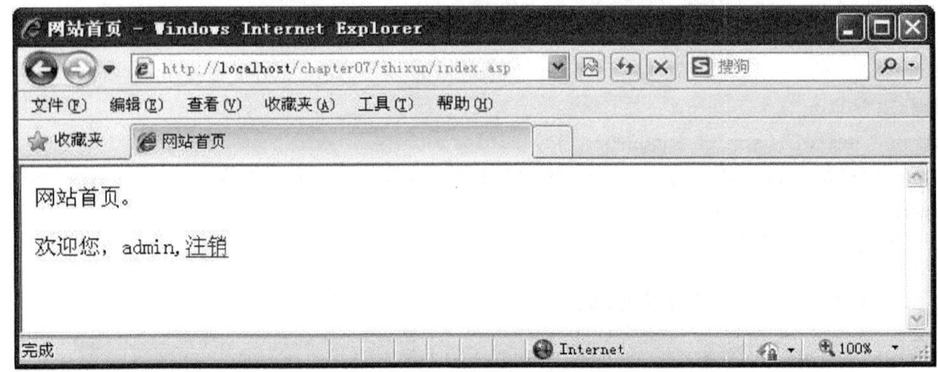

图 7-18　登录后的网站首页

从如图 7-16～图 7-18 所示的运行结果可以看出，当用户未登录之前会提示请登录。当用户正确登录后会提示相应的欢迎信息，登录后还可以单击“注销”超链接注销用户登录信息。注销功能其实就是清空相关 Session 变量的值，如 session("allow")=""。而在其他需要进行身份验证的网页，只需要在网页头部添加如下几条代码即可实现访问控制：

```
<% Response.Buffer = True %>
<%
if session("allow") = "" or IsNull(session("allow")) then
  response.Redirect "login.asp"
end if
%>
```

实训总结

本实训主要目的是让学生掌握利用会话(Session)变量实现对网页进行访问控制。同时熟悉会话变量的添加和清除操作，熟悉 Response 对象的相关方法的使用。让学生能综合运用本章所学的知识制作一个简单的功能模块。

综合任务

1. 创建一个综合表单，要求表单中有输入框、单选按钮、复选框、多行文本框和下拉菜单等表单元素。并分别用 Request Form 集合和 QueryString 集合获取表单提交的数据并显示。

2. 利用 Cookie 设计一个计数器，记录一年内用户访问站点的次数，第一次显示“首次访问”，以后显示“第几次访问”。

3. 利用 Application 对象制作一个简单的网页聊天室，并将聊天记录保存到用户的 Cookie 中，下次用户登录时还能看到聊天记录。

08模块

网页数据库扩展

所谓数据库，就是按照一定的数据模型组织，存储在一起的能为多个用户共享的，与应用程序相对独立、相互关联的数据联合。本模块主要讲解 ADO(Activex Data Objects，Activex 数据对象)对象模型、ADO 访问数据库的各种方式和利用常用 ADO 对象实现对数据库的访问等内容。

能力目标

1. 能熟练创建系统 DSN。
2. 能使用多种方式连接 Access 数据库。
3. 能使用 Connection 对象操作数据库。
4. 能使用 Command 对象操作数据库。
5. 能使用 Recordset 对象操作数据库。

知识目标

1. Select、Insert、Delete 和 Update 语句。
2. Connection 对象。
3. Command 对象。
4. Recordset 对象。

知识储备

知识 8-1　ADO 的对象模型

ADO[1]模型定义了 3 个一般对象，即 Connection 对象、Command 对象和 Recordset 对象，如图 8-1 所示。通过这 3 个对象，可以方便地建立数据库的连接，执行 SQL 查询和操纵语句。

另外还有 Parameter 对象、Error 对象和 Field 这 3 个辅助对象。下面对这 6 个对象作一个简单的介绍。

Connection 连接对象：代表与一个数据源的对话。例如，可以用连接对象来打开一个对 Microsoft Access 数据库的连接。

Recordset 记录集对象：代表来自一个数据提供者的一组记录。例如，可以用一个记录集对象来读取一个 Access 数据表中的记录。

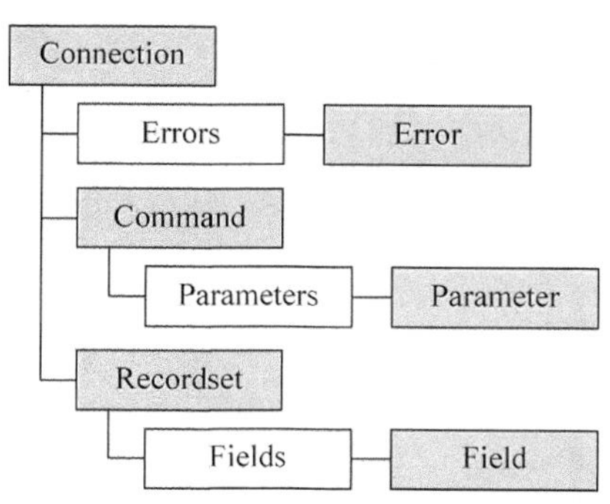

图 8-1　ADO 对象结构示意图

Command 命令对象：代表一个命令。例如，可以用命令对象执行一个 SQL 语句或者数据库存储过程。

Parameter 参数对象：代表 SQL 存储过程或有参数查询中的一个参数。

Field 域对象：代表一个记录集中的一个域。

Error 对象：代表 ADO 错误。

知识 8-2　用 ODBC 连接数据库

ODBC[2]（Open Database Connectivity，开放数据库连接）是微软开放的服务器结构中有关数据库的一个组成部分，它规定"以统一的 API 存取异构数据库信息"，得到了世界上领先的数据库和应用程序开发商的广泛支持。采用 ODBC 技术，应用程序只需关心数据的处理而不必考虑数据的存取，编程人员不必了解具体的 DBMS，从而可极大地减少软件开发人员的工作量，缩短开发周期，提高效率和软件的可靠性。

1. 创建系统 DSN（Data Source Name，数据源名称）

下面以 Access 数据库为例，详细讲述如何建立一个 DSN 并在 ASP 文件中连接这个数据库。在计算机的控制面板的管理工具中找到管理 ODBC 数据源的应用程序启动图标，如图 8-2 所示。

双击数据源（ODBC）打开 ODBC 数据源管理器，如图 8-3 所示。单击"系统 DSN"标签，打开系统数据源界面，单击右侧的"添加"按钮，打开"创建新数据源"对话框，如图 8-4 所示，可以看到驱动程序列表，这里的驱动程序表示在你的计算机上已经安装的 ODBC 驱动。在驱动程序列表中选择"Microsoft Access Driver(*. mdb)"，单击"完成"按钮。弹出如图 8-5 所示的对话框。

在对话框的"数据源名"域中输入数据源的名称 TestDSN，"说明"域用来对数据源进行说明，单击"数据库"区域的"选择"按钮选择要访问的 Access 数据库。单击"确定"按钮即可在"系统 DSN"中创建一个名为 TestDSN 的系统 DSN。

2. 系统 DSN 的连接测试

下面利用已经建立的 TestDSN 数据源来实现在 ASP 文件中对数据库的连接。详细步骤如下所示。

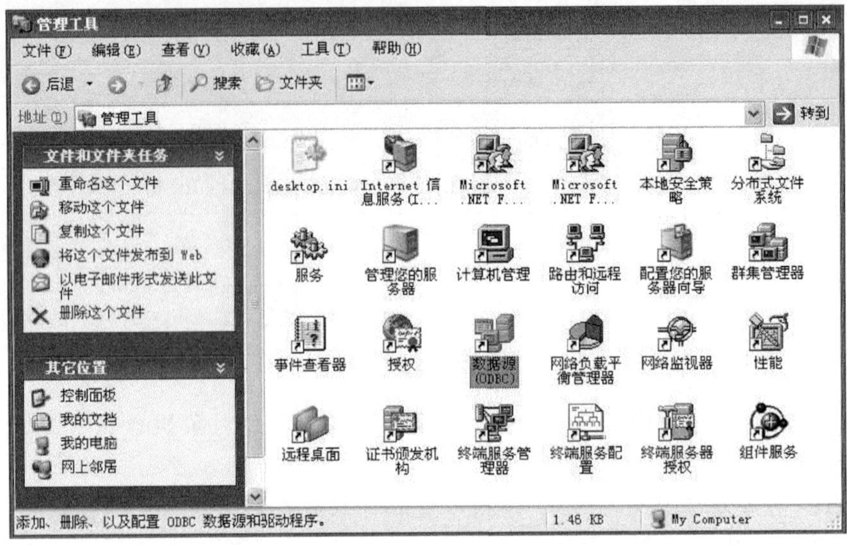

图 8-2　选择“管理工具”中的“数据源(ODBC)”

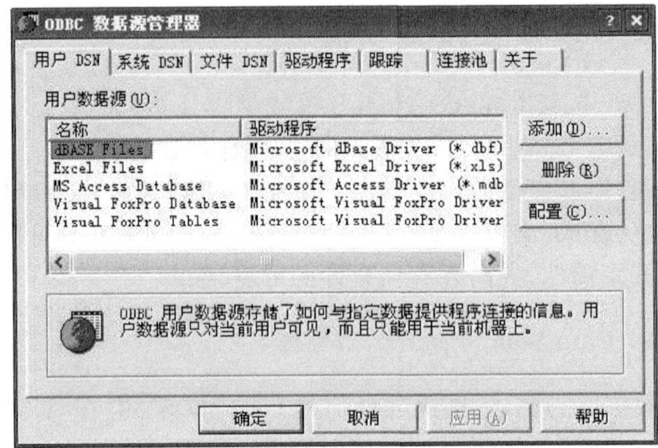

图 8-3　打开 ODBC 数据源管理器

图 8-4　选择数据源的驱动程序

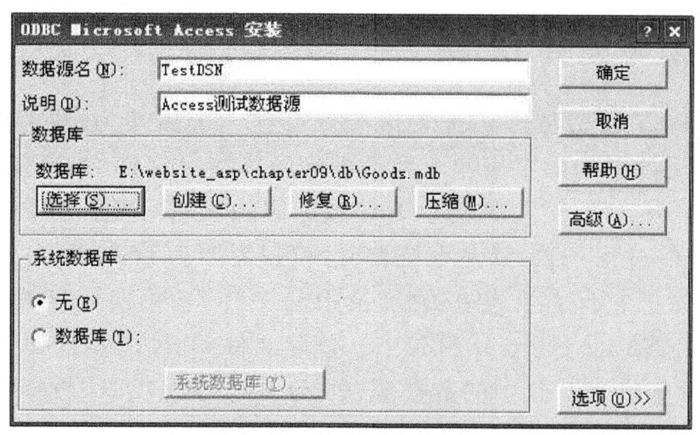

图 8-5 指定数据库文件

(1) 创建一个名为 RW8-1.asp 的网页文件。切换到代码视图,在<body></body>标签中输入如下代码。

```
<%
    Set Conn = Server.CreateObject("ADODB.Connection")
    Conn.Open "DSN = TestDSN"
    if Conn.State = 1 then
        Response.Write("数据库打开成功< hr >")
    end if
    Conn.Close
    if Conn.State = 0 then
        Response.Write("数据库已经关闭< br >")
    end if
    Set Conn = nothing
%>
```

(2) 在浏览器中预览,程序运行结果如图 8-6 所示。

图 8-6　系统 DSN 的连接测试结果

在以上代码中,首先建立 ADO 中的 Connection 对象,然后用 Connection 对象的 Open 函数打开 ODBC 数据源 TestDSN。Connection 的 State 属性可以表示数据库连接是否打开成功,1 表示打开成功,0 表示打开失败。

知识 8-3 创建文件 DSN

可以建立文件 DSN 将数据库的配置信息保存在一个后缀为.dsn 的文件中,ODBC 数据源通过读取.dsn 文件中的配置来建立和数据库的连接。文件 DSN 的优点是可以通过在不同的服务器之间复制.dsn 文件实现 ODBC 数据源的快速配置。建立文件 DSN 的基本过程与建立系统 DSN 的过程一致,只是系统 DSN 仅仅需要为 DSN 取一个名称,而文件 DSN 需要建立一个文件并把它保存在相应的目录中。文件 DSN 默认存放在\Program Files\Common Files\ODBC\Data Sources 目录中。创建文件 DSN 的步骤如下。

(1) 双击控制面板管理工具中的数据源(ODBC),打开 ODBC 数据源管理器,在弹出的"ODBC 数据源管理器"对话框中选择"文件 DSN"项,如图 8-7 所示。

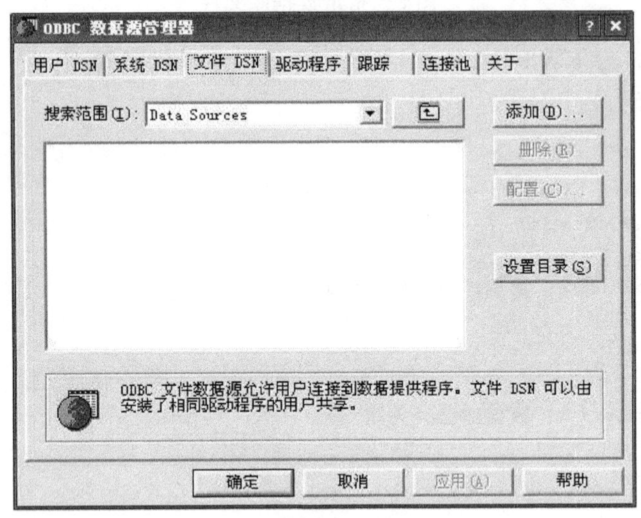

图 8-7 ODBC 数据源管理器中的"文件 DSN"选项卡

(2) 单击"添加"按钮,在弹出的对话框中选择"Microsoft Access Driver(*.mdb)"数据源驱动程序,然后单击"下一步"按钮,弹出如图 8-8 所示的对话框。

图 8-8 指定"文件 DSN"的保持位置

其他过程与建立系统DSN基本相似，在此处不再赘述。在ASP中连接文件DSN的方法和连接系统DSN几乎一致。先建立Connection对象，然后调用Connection对象的open方法建立对数据源的连接，但Open函数的参数应该改为FILEDSN，比如将RW9-1.asp文件改为连接文件DSN"myfiledsn.dsn"，只需要将Open函数改为如下形式即可：

```
Conn.Open "FILEDSN = myfiledsn.dsn"
```

修改后的程序运行结果如图8-6所示。

注意：用户DSN会把相应的配置信息保存在Windows的注册表中，但是只允许创建该DSN的登录用户使用；系统DSN同样将有关的配置信息保存在系统注册表中，但是它允许所有登录服务器的用户使用；文件DSN把具体的配置信息保存在硬盘上的某个具体文件中。文件DSN允许所有登录服务器的用户使用，而且即使在没有任何用户登录的情况下，也可以提供对数据库DSN的访问支持，建议用户选择系统DSN或文件DSN。

知识8-4　创建无DSN的连接

除了可以使用ODBC数据源DSN连接数据库外，还可以创建无DSN的连接和基于OLE DB的连接。

创建无DSN的连接还是基于ODBC的连接，只不过需要用户提前设置数据源，对于Access数据库，一般需要用到Driver和DBQ两个参数。连接方法如下：

```
<%
   Set Conn = Server.CreateObject("ADODB.Connection")
   url = "Driver = {Microsoft Access Driver ( * .mdb)};DBQ = "
         &Server.MapPath("db/Goods.mdb")
   Conn.Open url
%>
```

代码中的Driver表示ODBC连接的驱动程序，DBQ表示数据库存放路径。

当然也可以使用ADO通过OLE DB的数据库驱动程序直接访问数据库。一般OLE DB的数据库连接需要用到Provider和Data Source两个参数。连接方法如下：

```
<%
   Set Conn = Server.CreateObject("ADODB.Connection")
   url = "Provider = Microsoft.Jet.OLEDB.4.0;Data Source = "
         & Server.MapPath("db/Goods.mdb")
   Conn.Open(url)
%>
```

其中Provider表示Access数据库服务的提供者；Data Source表示数据库的来源。

知识8-5　ASP连接SQL Server和MySQL数据库

SQL Server和MySQL数据库的DSN连接方式与Access基本相似，在此不作介绍。这里主要介绍无DSN方式和基于OLEDB方式。

1. ASP 连接 SQL Server 数据库

1) 无 DSN 连接方式

通过如下代码即可实现对 SQL Server 数据库的无 DSN 连接。

```
<%
    Set Conn = Server.CreateObject("ADODB.Connection")
    url = "Driver = {SQL Server};server = serverName;UID = sa;PWD = 1234;Database = dbName"
    Conn.Open url
%>
```

上面代码中的 Driver 参数表示 ODBC 连接的驱动程序，该驱动程序名字能够在图 8-4 中找到，基于 SQL Server 数据库的 ODBC 连接驱动程序名为“SQL Server”；Server 参数表示 SQL Server 服务器名，使用时输入用户安装 SQL Server 时设定的服务器名字；UID 和 PWD 参数表示连接数据库的用户名和密码；Database 参数表示连接的数据库名。

2) OLEDB 连接方式

通过如下代码即可实现对 SQL Server 数据库的 OLEDB 连接。

```
Set Conn = Server.CreateObject("ADODB.Connection")
url = "Provider = SqlOLEDB;DataSource =  serverName;UID = sa;PWD = 1234;
     Database =  dbName"
Conn.Open url
```

上面代码中的 Provider 参数表示 SQL Server 数据库服务的提供者；DataSource 参数表示数据的来源，使用时输入用户安装 SQL Server 时设定的服务器名字；UID 和 PWD 参数表示连接数据库的用户名和密码；Database 参数表示连接的数据库名。

2. ASP 连接 MySQL 数据库

ASP 连接 MySQL 数据库本书只介绍无 DSN 连接方式，Windows 2003 系统本身没有安装支持 MySQL 数据库的 ODBC 驱动，需要到相关网站下载该驱动。本书使用下载的驱动“mysql-connector-odbc-3.51.12-win32.msi”，安装该驱动后即可在图 8-4 找到 MySQL 的 ODBC 驱动程序，其名字为“MySql ODBC 3.51 Driver”。通过如下代码即可实现对 MySQL 数据库的无 DSN 连接。

```
<%
    Set Conn = Server.CreateObject("ADODB.Connection")
    url =  "driver = {MySql ODBC 3.51 Driver};
          server =  serverName;uid = username;pwd = password;database = dbName"
    Conn.Open url
%>
```

上面代码中的 Driver 参数表示 ODBC 连接的驱动程序；Server 参数表示 MySQL 服务器名，使用时输入用户安装 MySQL 时设定的服务器名字，例如 localhost；UID 和 PWD 参数表示连接数据库的用户名和密码；Database 参数表示连接的数据库名。

知识 8-6 Connection 对象的主要属性

在 ADO 的模型中，Connection 对象是最基本的对象，代表打开的与数据源的连接，就像在应用程序和数据库中建立了一条传输连线，该对象代表与数据库进行的唯一连接会话。在确保 Connection 对象已建立与数据库连接的基础上，可以使用 Command 对象及 Recordset 对象来对 Connection 对象所连接的数据库进行插入、删除、更新和查询等操作。

Connection 对象有很多属性，其中常见的属性如表 8-1 所示。

表 8-1 Connection 对象的常用属性

属 性 名	说 明
ConnectionString	设置或返回用于建立连接数据源的细节信息
ConnectionTimeout	指示在终止尝试和产生错误前建立连接期间需等待的时间
CommandTimeout	指示在终止尝试和产生错误之前执行命令期间需等待的时间
DefaultDatabase	指示 Connection 对象的默认数据库
Provider	设置或返回 Connection 对象提供者的名称。默认是 MSDASQL (Microsoft OLE DB provider for ODBC)
Mode	设置或返回 provider 的访问权限。0：不设定(默认)；1：只读；2：只写；3：读/写
State	返回一个描述连接状态值。0：关闭；1：打开

下面的代码也可以实现连接 Access 数据库，代码用到了 ConnectionString 属性，并设定 Open 方法和数据库的连接时间为 30 秒，数据库打开使用读/写权限。

```
<%
   Set Conn = Server.CreateObject("ADODB.Connection")
   url = "Driver = {Microsoft Access Driver ( * .mdb)};DBQ = "
        &Server.MapPath("db/Goods.mdb")
   Conn.ConnectionString = url
   Conn. ConnectionTimeout = 30
   Conn.Mode = 3
   Conn.Open
%>
```

知识 8-7 Connection 对象的主要方法

Connection 对象的常用方法也很多，其中常用的方法如表 8-2 所示。

表 8-2 Connection 对象的常用方法

方 法 名	说 明
Open	打开一个连接
Execute	执行查询、SQL 语句和存储过程等
Close	关闭一个连接。并释放与连接有关的系统资源
Cancel	取消一次执行
BeginTrans	开始一个新事务
CommitTrans	保存任何更改并结束当前事务
RollbackTrans	取消当前事务中所作的任何更改并结束事务

Open 方法用来打开一个 Connection 的对象实例。常用的写法为 conn. open ConnectionString,如果在打开之前已经定义了 Connection String 属性,就可以直接打开。

Execute 方法产生一个 RecordSet 实例。常用的写法为"rs = conn. Excute CommandText,RecordsAffected,Option",其中的 Command Text 可以是以下的 3 种形式,它主要由 Option 的值来决定。

(1) SQL 语句,此时 Option 的值为 adCmdText,表示将执行一段 SQL 语句。

(2) 数据库的一个表名,此时 Option 的值为 adCmdTable,表示将对该表进行操作。

(3) 一个 StoredProcedure 名字,此时 Option 的取值为 adCmdStoredProc,它表示将要执行一个 SQL 上定义的存储过程。这是一种非常灵活而强大的方法,它可以对用户隐藏数据库的具体信息,而只需用户提供适当的参数就可以了,还能返回需要的参数值。如果没有指定 Command Text,则 Option 为 adCmdUnknown。

下面要求利用 Connection 对象实现对 Access 数据库的访问,建立一个 Access 数据库 Goods. mdb,并在数据库中创建 Goods 表,表中共添加了 GoodID、GoodName、Category、UnitPrice、Quantity 和 Description 六个字段。分别表示商品的编号、名称、所属类别、单价、数量和描述等。

利用 Connection 对象可实现对 Access 数据库的访问,详细步骤如下。

(1) 创建 RW8-2. asp 网页,在网页中输入如下代码:

```
<html>
<head>
  <title>利用 Connection 对象访问数据库</title>
</head>
<body>
<%
 Set Conn = Server.CreateObject("ADODB.Connection")
 url = "Provider = Microsoft.Jet.OLEDB.4.0;Data Source = "
      & Server.MapPath("db/Goods.mdb")
 Conn.ConnectionString = url
 Conn.Open
 '插入数据
 strSQL = "insert into Goods values('00007','Sandisk U 盘','数码',80,10,'容量 4GB,读取速度
10Mbps,写入速度 3Mbps')"
 Conn.Execute strSQL,num
 Response.Write("添加了"&num&"条记录<p>")
 '修改数据
 strSQL = "update Goods set Price = Price + 1"
 Conn.Execute strSQL,num
 Response.Write("修改了"&num&"条记录<p>")
 '查询数据
 strSQL = "select * from Goods"
 Set rs = Conn.Execute(strSQL)
 Do
```

```
        Response.Write(rs("GoodName")&"<br>")
        Response.Write(rs("Category")&"<br>")
        Response.Write(rs("Price")&"元<br>")
        Response.Write(rs("Quantity")&"<br>")
        Response.Write(rs("Description")&"<br>")
        rs.MoveNext
    Loop Until rs.EOF
    '删除数据
    strSQL = "delete from Goods where GoodID = '00007'"
    Conn.Execute strSQL,num
    Response.Write("删除了"&num&"条记录<p>")
    Conn.Close
    Set Conn = nothing
%>
</body>
</html>
```

(2) 运行本 ASP 程序,结果如图 8-9 所示。

图 8-9　利用 Connection 对象操作数据库

利用 Connection 对象实现对 Access 数据库的访问,可以实现对数据库的增加、删除、修和查询等基本操作。如果再结合表单即可制作出具有增、删、修和查功能的简单 Web 应用程序。

知识 8-8　Command 对象的主要属性

使用 Command 对象,可以执行带参数的存储过程、SQL 查询或 SQL 语句,还可以接收 Recordset 对象。Command 对象依赖 Connection 对象,因为 Command 对象必须经过一个已经建立的 Connection 对象才能发出 SQL 命令。

Command 对象属性比较多,常见的属性如表 8-3 所示。

表 8-3 Command 对象的常见属性

属 性 名	说 明
ActiveConnection	设置或返回包含了定义连接或 Connection 对象的字符串。该属性可读/写
CommandType	设置或返回一个 Command 对象的类型,可取值为: adCmdText 或 1:表示运行的是一个 SQL 语句 adCmdTable 或 2:表示运行的是一个表 adCmdStoredProc 或 4:表示运行的是一个存储过程 adCmdUnknown 或 8:表示不能识别,此为默认值
CommandText	设置或返回包含提供者(provider)命令(如 SOL 语句、表格名称或存储的过程调用)的字符串值。默认值为""(零长度字符串)
CommandTimeout	设置或返回长整型值,该值指示等待命令执行的时间(单位为秒)。默认值为 30
State	返回一个值,此值可描述该 Command 对象处于打开、关闭、连接、执行还是取回数据的状态

下面的代码创建了一个 Command 对象 cmd,设置其 ActiveConnection 为前面代码创建的 Connection 对象 Conn。并设置其 CommandText 属性值为一个 SQL 语句,CommandText 属性值为 1。通过运行该 cmd 对象的 Execute 方法,将受影响的记录数返回到 Num 变量中,最后利用 Response. write 语句输出了 Num 变量的值。

```
<%
……
  Set Cmd = Server.CreateObject("ADODB.Command")
  Cmd.ActiveConnection = Conn
  '插入记录
  strSQL = "insert into Goods values('00001','金士顿 U 盘','数码',80,10,'容量 4GB,读取速度
10Mbps,写入速度 3Mbps')"
  Cmd.CommandText = strSQL
  Cmd.CommandType = 1
  Cmd.Execute num
  Response.Write("添加了"&num&"条记录<p>")
%>
```

知识 8-9 Command 对象的主要方法

Command 对象的主要方法如表 8-4 所示。

表 8-4 Command 对象的常用方法

方 法 名	说 明
Execute	执行 CommandText 属性中的查询、SQL 语句或存储过程
Cancel	取消一个方法的一次执行
CreateParameter	创建一个新的 Parameter 对象

Command 对象最常用的方法是 Execute 方法,该方法可执行 CommandText 属性中指定的查询、SQL 语句或存储过程。该方法有两种语法格式:一种是有返回的命令;另一种是无返回的命令。

有返回的命令：

```
Set rs = Command 对象.Execute(ra,parameters,options)
```

无返回的命令：

```
Command 对象.Execute(ra,parameters,options)
```

其中参数 ra 表示程序返回的命令操作所影响的记录数，如插入、修改或删除的记录数；参数 parameters 表示使用 SQL 语句传递的参数值；参数 Options 表示提供程序如何计算 Command 对象的 CommandText 属性。

利用 Command 对象实现对 Access 数据库的访问，详细步骤如下。

(1) 创建 RW8-3.asp 网页，在网页中输入如下代码：

```
<html>
<head>
  <title>利用 Command 对象访问 Access 数据库</title>
</head>
<body>
<%
  Set Conn = Server.CreateObject("ADODB.Connection")
  url = "Provider = Microsoft.Jet.OLEDB.4.0;Data Source = "
  & Server.MapPath("db/Goods.mdb")
  Conn.Open(url)
  Set Cmd = Server.CreateObject("ADODB.Command")
  Cmd.ActiveConnection = Conn
  '插入记录
  strSQL = "insert into Goods values('00001','金士顿 U 盘','数码',80,10,'容量 4GB,读取速度
10Mbps,写入速度 3Mbps')"
  Cmd.CommandText = strSQL
  Cmd.CommandType = 1
  Cmd.Execute num
  Response.Write("添加了"&num&"条记录<p>")
  '修改记录
  strSQL = "update Goods set Price = Price + 1"
  Cmd.CommandText = strSQL
  Cmd.CommandType = 1
  Cmd.Execute num
  Response.Write("修改了"&num&"条记录<p>")
  '查询记录
  strSQL = "select * from Goods"
  Cmd.CommandText = strSQL
  Cmd.CommandType = 1
  Set rs = Cmd.Execute
  Do While Not rs.EOF
      Response.Write("商品名: "&rs("GoodName")&"<br>")
      Response.Write("类别: "&rs("Category")&"<br>")
      Response.Write("价格: "&rs("Price")&"元<br>")
      Response.Write("库存: "&rs("Quantity")&"<br>")
      Response.Write("描述: "&rs("Description")&"<br>")
      rs.MoveNext
  Loop
  '删除记录
```

```
  strSQL = "delete from Goods where GoodID = '00001'"
  Cmd.CommandText = strSQL
  Cmd.CommandType = 1
  Cmd.Execute num
  Response.Write("删除了"&num&"条记录<p>")
  Conn.Close
  Set Conn = nothing
 %>
</body>
</html>
```

(2) 运行本 Web 程序,结果如图 8-9 所示。

由上面程序可见,Connection 对象实现对 Access 数据库的访问操作也可以由 Command 对象来完成,但 Command 对象必须依赖 Connection 对象。

知识 8-10 Recordset 对象的创建

Recordset 对象表示的是来自基本表或命令执行结果的记录全集。可使用 Recordset 对象操作来自提供者的数据。使用 ADO 时,通过 Recordset 对象可对几乎所有数据进行操作,所有 Recordset 对象均使用记录(行)和字段(列)进行构造。Recordset 对象实际上是依附于 Connection 对象和 Command 对象之上的。Recordset 对象数据集的获取必须先通过 Connection 对象建立与数据库的连接,同时对 Recordset 数据集的操作也依赖于 Command 对象。

虽然也可以使用 Connection 对象和 Command 对象的 Execute 方法返回 Recordset 对象,但标准的 Recordset 对象的建立语句如下:

```
Set Recordset 对象 = Server.CreateObject("ADODB.Recordset")
```

然后需要调用 Recordset 对象的 Open 方法打开一个数据库。语句如下:

```
Recordset 对象.Open Source,ActiveConnection,CursorType,LockType,Options
```

各参数说明如下:

- Source——代表命令类型,可以是一个 Command 对象名称、一个 SQL 命令、一个指定的数据表名称或一个存储过程。
- ActiveConnection——代表一个 Connection 对象或一串包含数据库连接信息的字符串参数。
- CursorType——表示将以什么样的游标类型启动数据,可取值为 0,1,2,3。
- LockType——表示要采用的 Lock 类型,可取值为 1,2,3,4。
- Options——表示对数据库请求的类型,可取值为 1,2,4。

创建 Recordset 对象的三种方法如下。

(1) 用 Connection 对象创建 Recordset 对象代码如下:

```
Set Conn = Server.CreateObject("ADODB.Connection")
url = "Driver = {Microsoft Access Driver ( * .mdb)};DBQ = "
    &Server.MapPath("db/Goods.mdb")
Conn.ConnectionString = url
```

```
Conn.Open
Set rs = Conn.Execute("select * from Goods")
```

(2) 用 Command 对象创建 Recordset 对象代码如下:

```
Set Conn = Server.CreateObject("ADODB.Connection")
url = "Driver = {Microsoft Access Driver ( * .mdb)};DBQ = "
    &Server.MapPath("db/Goods.mdb")
Conn.ConnectionString = url
Conn.Open
Set Cmd = Server.CreateObject("ADODB.Command")
Cmd.ActiveConnection = Conn
Cmd.CommandText = "select * from Goods"
Set rs = Cmd.Execute
```

(3) 用 Recordset 对象的 Open 方法创建 Recordset 对象代码如下:

```
Set Conn = Server.CreateObject("ADODB.Connection")
url = "Driver = {Microsoft Access Driver ( * .mdb)};DBQ = "
    &Server.MapPath("db/Goods.mdb")
Conn.ConnectionString = url
Conn.Open
Set Cmd = Server.CreateObject("ADODB.Command")
Cmd.ActiveConnection = Conn
Cmd.CommandText = "select * from Goods"
Set rs = Server.CreateObject("ADODB.Recordset")
rs.Open Cmd,Conn
```

知识 8-11 Recordset 对象的属性

Recordset 对象的属性比较多,常用属性如表 8-5 所示。

表 8-5 Rescordset 对象的属性

属 性 名	说 明
EOF	如果当前记录的位置在最后的记录之后,则返回 true,否则返回 fasle
BOF	如果当前的记录位置在第一条记录之前,则返回 true,否则返回 fasle
ActiveConnection	如果连接被关闭,设置或返回连接的定义,如果连接打开,设置或返回当前的 Connection 对象
AbsolutePage	设置或返回一个可指定 Recordset 对象中页码的值
AbsolutePosition	设置或返回一个值,此值可指定 Recordset 对象中当前记录的顺序位置(序号位置)
PageCount	返回一个 Recordset 对象中的数据页数
PageSize	设置或返回 Recordset 对象的一个单一页面上所允许的最大记录数
Sort	设置或返回一个或多个作为 Recordset 排序基准的字段名
CursorType	设置或返回一个 Recordset 对象的游标类型
LockType	设置或返回当编辑 Recordset 中的一条记录时,可指定锁定类型的值

在遍历数据集中所有记录时,通常用 EOF 属性判断记录指针是否到达记录集最后的记录之后,如下面的代码:

```
Do While Not rs.EOF
  …… '输出记录
  rs.MoveNext
Loop
```

知识 8-12　Recordset 对象的方法

Recordset 对象的方法也比较多，常用属性如表 8-6 所示。

表 8-6　Rescordset 对象的方法

方法名	说明
Open	打开一个数据库元素，此元素可提供对表的记录、查询的结果或保存的 Recordset 的访问
Update	保存所有对 Recordset 对象中的一条单一记录所做的更改
AddNew	创建一条新记录
Delete	删除一条记录或一组记录
Close	关闭一个 Recordset
Move	在 Recordset 对象中移动记录指针
MoveFirst	把记录指针移动到第一条记录
MoveLast	把记录指针移动到最后一条记录
MoveNext	把记录指针移动到下一条记录
MovePrevious	把记录指针移动到上一条记录
GetRows	把多条记录从一个 Recordset 对象中复制到一个二维数组中
GetString	将 Recordset 作为字符串返回

在实际的 Web 编程中，Rescordset 对象的 Update、AddNew 和 Delete 等方法运用比较多。例如可以利用 Update 和 AddNew 方法实现记录的插入和更新，用 Delete 方法实现记录的删除。

利用 Recordset 对象也可以实现对 Access 数据库的访问，详细步骤如下。

(1) 创建 RW8-4-1.asp 网页，在网页中输入如下代码：

```
<html>
<head>
  <title>利用 Recordset 对象访问 Access 数据库</title>
</head>
<body>
<%
  Set Conn = Server.CreateObject("ADODB.Connection")
  url = "Provider = Microsoft.Jet.OLEDB.4.0;Data Source = "
      & Server.MapPath("db/Goods.mdb")
  Conn.Open(url)
  set rs = Server.CreateObject("ADODB.RecordSet")
  strSQL = "select * from Goods"
  rs.open strSQL,conn,1,3
  '插入记录
  rs.addnew
```

```
    rs("GoodID") = "00001"
    rs("GoodName") = "金士顿 U 盘"
    rs("Category") = "数码"
    rs("Price") = 80
    rs("Quantity") = 10
    rs("Description") = "容量 4GB,读取速度 10Mbps,写入速度 3Mbps"
    rs.update
    Response.Write("添加了 1 条记录<p>")
    '查询记录
    Do While Not rs.EOF
        Response.Write("商品名: "&rs("GoodName")&"<br>")
        Response.Write("类别: "&rs("Category")&"<br>")
        Response.Write("价格: "&rs("Price")&"元<br>")
        Response.Write("库存: "&rs("Quantity")&"<br>")
        Response.Write("描述: "&rs("Description")&"<br><br>")
        rs.MoveNext
    Loop
    Conn.Close
    Set Conn = nothing
  %>
</body>
</html>
```

(2) 运行 RW8-4-1.asp 网页,结果如图 8-10 所示。

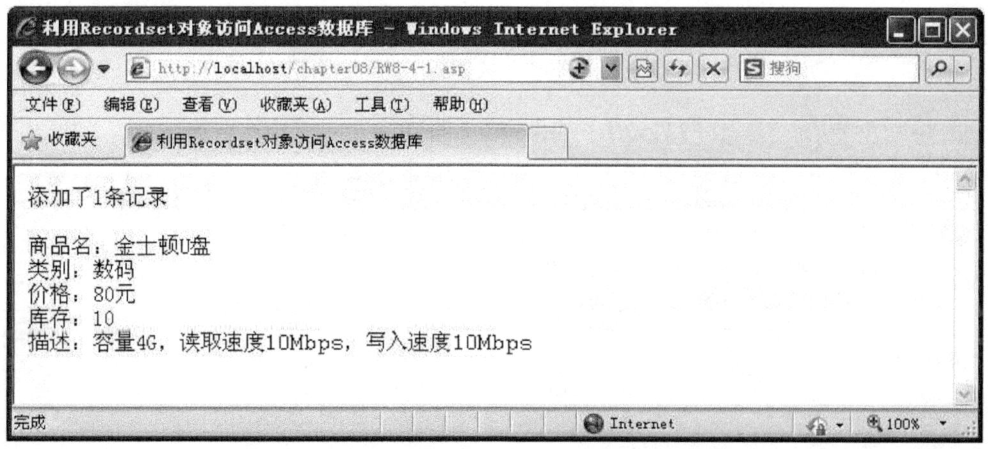

图 8-10　利用 Recordset 对象添加数据

(3) 创建 RW8-4-2.asp 网页,在网页中输入如下代码:

```
<html>
<head>
  <title>利用 Recordset 对象访问 Access 数据库</title>
</head>
<body>
<%
  Set Conn = Server.CreateObject("ADODB.Connection")
  url = "Provider = Microsoft.Jet.OLEDB.4.0;Data Source = "
```

```
  & Server.MapPath("db/Goods.mdb")
 Conn.Open(url)
 set rs = Server.CreateObject("ADODB.RecordSet")
 '修改记录
 strSQL = "select * from Goods where GoodID = '00001'"
 rs.open strSQL,conn,1,3
 rs("Price") = rs("Price") + 1
 rs.update
 Response.Write("修改了 1 条记录<p>")
 '查询记录
 Do While Not rs.EOF
     Response.Write("商品名: "&rs("GoodName")&"<br>")
     Response.Write("类别: "&rs("Category")&"<br>")
     Response.Write("价格: "&rs("Price")&"元<br>")
     Response.Write("库存: "&rs("Quantity")&"<br>")
     Response.Write("描述: "&rs("Description")&"<br><br>")
     rs.MoveNext
 Loop
 '删除记录
 rs.MoveFirst
 rs.delete
 Response.Write("删除了 1 条记录<p>")
 Conn.Close
 Set Conn = nothing
%>
</body>
</html>
```

(4) 运行 RW8-4-2.asp 网页,结果如图 8-11 所示。

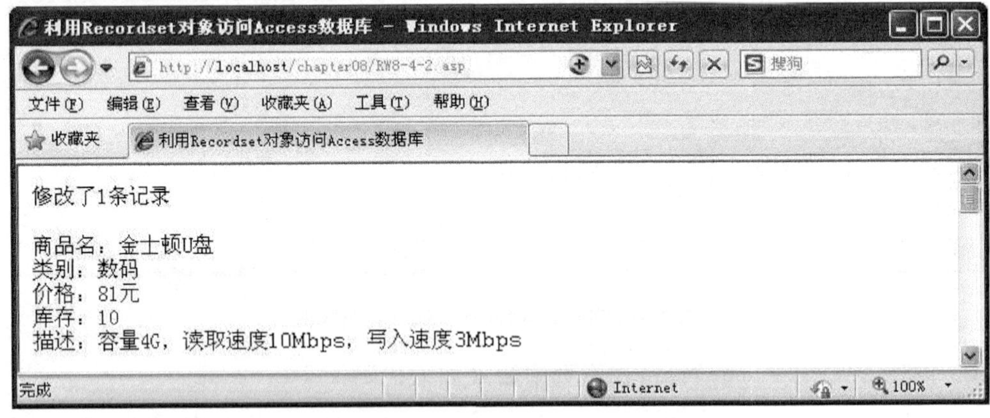

图 8-11 利用 Recordset 对象修改和删除数据

比较上面两个 Web 程序,需要注意以下几点:

(1) Recordset 对象在向数据库添加记录时,需要先利用 AddNew 方法新建一条记录,然后给记录的各个字段赋值,最后调用 Update 方法即可实现记录的添加。

(2) Recordset 对象修改数据库记录时则不需要利用 AddNew 方法。

(3) Recordset 对象在删除记录时需要移动记录指针到某条打算删除的记录,然后调用

Delete方法就可以删除该记录。

模拟制作任务

任务8-1　制作一个分页浏览的ASP网页

任务背景

当网页一页的内容显示比较多时需要提供分页[3]功能。

任务要求

1. 应该提供“首页”、“上一页”、“下一页”和“末页”等链接供用户实现翻页。
2. 应该提供输入框让用户直接输入页码跳转到相应页。

【技术要领】Recordset对象的综合使用。

【解决问题】分页浏览。

【应用领域】网页数据分页显示。

效果图

分页浏览运行结果如图8-12所示。

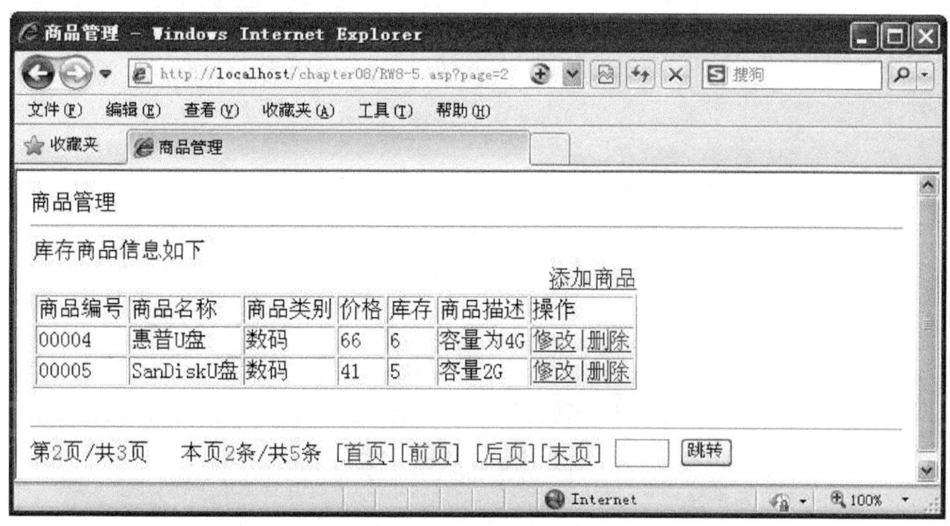

图8-12　ADO分页显示数据效果

任务分析

这一任务的重点Recordset对象的综合使用，使用Recordset对象的pagesize属性指定每页显示的记录数，使用Recordset对象的absolutepage属性指定当前显示的页码。

重点和难点

Recordset对象的有关分页属性的使用。

操作步骤

创建RW8-5.asp网页，在网页中输入如下代码：

```
<html>
```

```
<head>
  <title>商品管理</title>
</head>
<body>
商品管理
<hr>
<table border=0 cellpadding="0">
<tr>
  <td>库存商品信息如下</td>
</tr>
<tr>
  <td align="right"><a href="GoodAddform.html">添加商品</a></td>
</tr>
<tr><td>
<table border=1 cellspacing=1>
    <tr>
        <td>商品编号</td><td>商品名称</td><td>商品类别</td>
        <td>价格</td><td>库存</td><td>商品描述</td><td>操作</td>
     </tr>
<%
Set Conn=Server.CreateObject("ADODB.Connection")
url="Provider=Microsoft.Jet.OLEDB.4.0;Data Source="&Server.MapPath("db/Goods.mdb")
Conn.Open(url)
Set rs=Server.CreateObject("ADODB.Recordset")
rs.ActiveConnection=Conn
      rs.Open "select * from Goods order by GoodID",conn,1,1
                rs.pagesize=2
                if request("page") = "" then
                      curpage = 1
                else
                     curpage = cint(request("page"))
                end if
                if curpage*rs.pagesize>rs.RecordCount then
                   if rs.RecordCount mod rs.pagesize=0 then
                     curpage=rs.RecordCount\rs.pagesize
                   else
                     curpage=(rs.RecordCount\rs.pagesize)+1
                   end if
                end if
                rs.absolutepage = curpage
                for i = 1 to rs.pagesize
 %>
      <tr><td><%=rs("GoodID")%></td>
<td><%=rs("GoodName")%></td>
<td><%=rs("Category")%></td>
<td><%=rs("Price")%></td><td>
<%=rs("Quantity")%></td><td>
<%=rs("Description")%></td>
<td><a href="GoodEditform.asp?GoodID=<%=rs("GoodID")%>">修改</a>|
<a href="GoodDelete.asp?GoodID=<%=rs("GoodID")%>">删除</a></td>
      </tr>
```

```
<%
            rs.movenext
            if rs.eof then
              i = i + 1
              exit for
            end if
        next
 %>
</table>
</td>
</tr>
</table>
<form action = "RW9 - 5.asp" target = "_self">
<hr size = 0 width = '100 % '>
第<font color = red><% = cstr(curpage) %></font>页/共
<font color = red><% = cstr(rs.pagecount) %></font>页   
本页<font color = red><% = cstr(i - 1) %></font>条/共
<font color = red><% = cstr(rs.recordcount) %></font>条
<%
if curpage = 1 then
 %>
<%
else
 %>
[<a href = "RW9 - 5.asp?page = 1">首页</a>]
[<a href = "RW9 - 5.asp?page = <% = cstr(curpage - 1) %>">前页</a>]
<%
        end if
        if  curpage = rs.pagecount then
         %>
        <%
        else
         %>
[<a href = "RW9 - 5.asp?page = <% = cstr(curpage + 1) %>">后页</a>]
[<a href = "RW9 - 5.asp?page = <% = cstr(rs.pagecount) %>">末页</a>]
        <%
        end if
         %>
        <label>
        <input name = "page" type = "text" id = "page" size = "4">
        <input type = "submit" name = "Submit" value = "跳转">
        </label>
  <%
        set rs = nothing
        set conn = nothing
  %>
</form>
</body>
</html>
```

代码说明：

本程序可以通过“首页”，“前页”，“后页”和“末页”四个超链接实现翻页；也可以在文本框中输入页码后回车或单击“跳转”按钮实现跳转。程序首先通过语句 rs.pagesize=2 指定每页显示两条记录。然后通过在四个翻页超链接 href 属性指定的 asp 网页后附加参数，如[<a href="RW8-5.asp? page=<%=cstr(curpage-1)%>">前页</a>]。程序获取地址栏的 page 参数值保存到 curpage 变量中，最后通过语句 rs.absolutepage = curpage 指定数据集当前显示的页码。

需要注意的是在设置跳转输入框时，其名字应该设置为“page”，这样在回车和单击跳转按钮后其值才能被程序正确获取。另外当输入的页码数过大超过总页码数时需要进行判断，代码如下：

```
if curpage * rs.pagesize > rs.RecordCount then
        if rs.RecordCount mod rs.pagesize = 0 then
          curpage = rs.RecordCount\rs.pagesize
        else
          curpage = (rs.RecordCount\rs.pagesize) + 1
        end if
    end if
```

任务 8-2 制作一个支持字段排序的 ASP 网页

任务背景

有时为了方便浏览者对记录的排序，需要在网页提供数据排序的功能。

任务要求

用户可根据字段排序表格数据。

【技术要领】Select 查询语句的编写。

【解决问题】数据排序显示。

【应用领域】网页数据排序。

效果图

在浏览器中运行结果如图 8-13 所示。

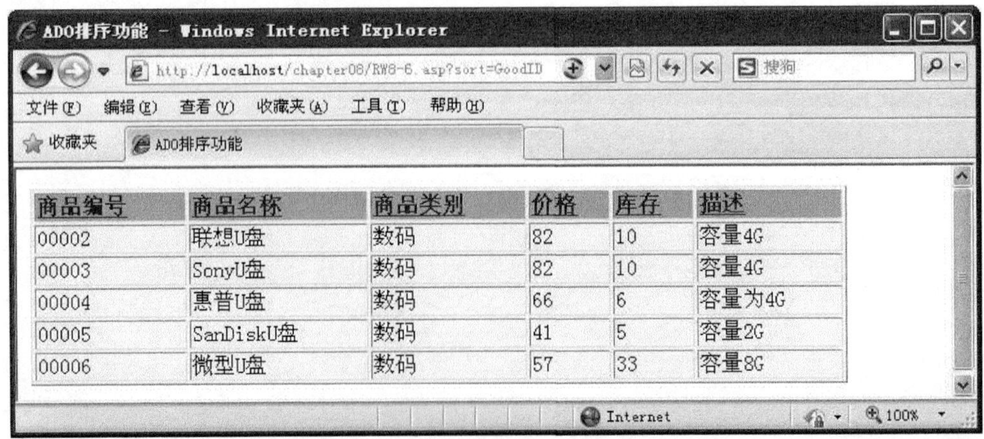

图 8-13 ADO 排序显示数据效果

任务分析

在实现数据排序时可在网页上添加一些超链接。通过在超链接 href 属性指定的 asp 网页后附加字段名参数。网页在查询数据库时先获取该字段名，然后根据该字段名排序返回排序记录，这样就轻松实现了很直观的网页记录排序了。

重点和难点

Select 查询语句的编写。

操作步骤

利用 ADO 技术制作一个支持字段排序的 ASP 网页，详细步骤如下。

创建 RW8-6.asp 网页，在网页中输入如下代码：

```
<%@LANGUAGE="VBSCRIPT" CODEPAGE="936"%>
<html><title>ADO 排序功能</title>
<body>
<table border="1" width="90%" bgcolor="#fff5ee">
<tr>
<th align="left" bgcolor="#b0c4de">
<a href="RW8-6.asp?sort=GoodID">商品编号</a>
</th>
<th align="left" bgcolor="#b0c4de">
<a href="RW8-6.asp?sort=GoodName">商品名称</a>
</th>
<th align="left" bgcolor="#b0c4de">
<a href="RW8-6.asp?sort=Category">商品类别</a>
</th>
<th align="left" bgcolor="#b0c4de">
<a href="RW8-6.asp?sort=Price">价格</a>
</th>
<th align="left" bgcolor="#b0c4de">
<a href="RW8-6.asp?sort=Quantity">库存</a>
</th>
<th align="left" bgcolor="#b0c4de">
<a href="RW8-6.asp?sort=Description">描述</a>
</th>
</tr>
<%
if request.querystring("sort")<>"" then
   sort=request.querystring("sort")
else
   sort="GoodName"
end if
set conn=Server.CreateObject("ADODB.Connection")
conn.Provider="Microsoft.Jet.OLEDB.4.0"
conn.Open(Server.Mappath("db/Goods.mdb"))
set rs=Server.CreateObject("ADODB.recordset")
sql="SELECT GoodID,GoodName,Category,Price,Quantity,Description FROM Goods ORDER BY " & sort
rs.Open sql,conn
do until rs.EOF
   response.write("<tr>")
```

```
    for each x in rs.Fields
      response.write("<td>" & x.value & "</td>")
    next
    rs.MoveNext
    response.write("</tr>")
loop
rs.close
conn.close
%>
</table>
</body>
</html>
```

如图 8-13 所示,单击"商品编号"标题即可实现记录按商品编号排序。程序将需要排序的字段名附加到超链接参数中,如<a href="RW8-6.asp? sort=GoodID">商品编号</a>。RW8-6.asp 中获取 sort 参数值后,通过在 SQL 查询语句中设置按 sort 参数指定的字段值排序即可。

知识点拓展

[1] Microsoft ActiveX Data Objects(ADO)能够编写通过 OLE DB 提供者对数据库服务器中的数据进行访问和操作的应用程序。其主要优点是易于使用、高速度、低内存支出和占用磁盘空间较少。ADO 支持用于建立基于客户端/服务器和 Web 的应用程序的主要功能。

ADO 同时具有远程数据服务(Remote Data Service,RDS)功能,通过 RDS 可以在一次往返过程中实现将数据从服务器移动到客户端应用程序或 Web 页、在客户端对数据进行处理,然后将更新结果返回服务器的操作。RDS 以前的版本是 Microsoft Remote Data Service 1.5,现在 RDS 已经与 ADO 编程模型合并,以便简化客户端数据的远程操作。

[2] ADO 是一项容易使用并且可扩展的将数据库访问添加到 Web 页的技术。在 ASP 中可以使用 ADO 通过 OLE DB 的数据库驱动程序直接访问数据库,也可以通过脚本连接到 ODBC 兼容的数据库,这样 ASP 程序员就可以访问任何与 ODBC 兼容的数据库,如 Access、SQL Server 和 Oracle 等。

若要连接到 ODBC 兼容的数据库,必须提供一条使 ADO 定位、标识和与数据库通信的途径。这条途径就是在控制面板中的 ODBC 中添加相应的数据库驱动程序,并创建相应的 DSN(Data Source Name,数据源名)。DSN 代表 ODBC 连接的符号,其中隐藏了诸如数据库名、数据库所在目录、数据库驱动程序、用户 ID 和密码等信息。ADO 就是通过这些信息定位并连接到数据库的。

[3] 什么是 ADO 存取数据库时的分页技术?如果使用过网站论坛,就应该会知道网站论坛为了提高页面的读取速度,一般不会将所有的帖子全部在一页中罗列出来,而是将其分成多页显示,每页显示一定数目的帖子数,譬如 20 条。浏览者通过上下翻页来浏览最近发布的帖子,这就是 ADO 存取数据库时的分页技术。

目前实现数据库的查询结果分页显示的方法主要有以下两种。

(1) 首先将数据库中所有符合查询条件的记录一次性地都读入 Recordset 中，存放在内存中，然后通过 ADO Recordset 对象所提供的几个专门支持分页处理的属性：PageSize(页大小)、PageCount(页数目)以及 AbsolutePage(绝对页)来管理分页处理。

(2) 根据客户的指示，每次分别从符合查询条件的记录中将规定数目的记录数读取出来并显示。

可以很明显地感觉到，当数据库中的记录数达到上万或更多时，第一种方法的执行效率将明显低于第二种方法。但是，当服务器上数据库的记录数以及同时在线的人数并不是很多时，两者在执行效率上是相差无几的，此时一般就采用第一种方法，因为第一种方法的 ASP 程序编写相对第二种方法要简单明了得多。

实训　一个完整的商品管理程序设计和实现

实训目的

通过上机编程，让学生理解 ADO 编程的基本思想，掌握 ADO 编程的基本方法。掌握数据库编程的增、删、修和查等基本操作，能熟练运用这些基本操作编写简单的 Web 程序。

实训内容

利用 ADO 设计商品浏览、发布、修改和删除等功能，实现一个简单的商品信息管理系统。

实训过程

首先建立一个 Access 数据库 Goods.mdb，并在数据库中创建 Goods 表，表中共添加了 GoodID、GoodName、Category、UnitPrice、Quantity 和 Description 共计 6 个字段。分别表示商品的编号、名称、所属类别、单价、数量和描述等。接着制作以下 6 个页面，各个页面名字及功能如下：

- Goods.asp——浏览所有商品页面，并提供增、删、修和查等功能。
- GoodAddform.html——增加商品表单页面，提供商品信息录入界面。
- GoodAdd.asp——增加商品处理页面，将增加商品表单页面收集的数据提交数据库。
- GoodEditform.asp——修改商品表单页面，提取需要修改的商品信息显示以供修改。
- GoodEdit.asp——修改商品处理页面，将修改商品表单页面收集的数据提交数据库。
- GoodDelete.asp——商品删除页面，删除某选定商品。

(1) Goods.asp 页面代码如下：

```
<html>
<head>
```

```
  <title>管理商品</title>
</head>
<body>
管理商品<hr>
<form method="post" action="Goods.asp">
<table border=0 cellpadding="0">
<tr><td>库存商品信息如下</td></tr>
<tr><td>
      <table border=0 cellpadding="0">
      <tr><td>查询项</td>
       <td>
            <select name="searchitem">
                 <option value="GoodName" selected=true>商品名称</option>
                 <option value="Category">商品类别</option>
                 <option value="Description">商品描述</option>
            </select>
       </td>
       <td>查询关键字</td>
       <td><input type="next" size="10" name="searchvalue"></td>
       <td><input type="submit" name="submit" value="查询"></td>
      </tr>
      </table>
</td></tr>
<tr>
  <td align="right"><a href="GoodAddform.html">添加商品</a></td>
</tr>
<tr><td>
<table border=1 cellspacing=1>
     <tr>
         <td>商品编号</td><td>商品名称</td><td>商品类别</td>
         <td>价格</td><td>库存</td><td>商品描述</td><td>操作</td>
      </tr>
<%
Set Conn=Server.CreateObject("ADODB.Connection")
url="Provider=Microsoft.Jet.OLEDB.4.0;Data Source="& Server.MapPath("Goods.mdb")
Conn.Open(url)
Set rs=Server.CreateObject("ADODB.Recordset")
rs.ActiveConnection=Conn
if Request.Form("submit")<>"查询" then
      rs.Open "select * from Goods order by GoodID"
else
      searchitem=Request.Form("searchitem")
      searchvalue=Trim(Request.Form("searchvalue"))
      strSQL="select * from Goods where"
      strSQL=strSQl&searchitem&" like '%"&searchvalue&"%'"
      rs.Open strSQL
end if
do while not rs.EOF
 %>
<tr>
<td><%=rs("GoodID")%></td><td><%=rs("GoodName")%></td>
```

```
<td><% =rs("Category") %></td><td><% =rs("Price") %></td>
<td><% =rs("Quantity") %></td><td><% =rs("Description") %></td>
<td><a href="GoodEditform.asp?GoodID=<% =rs("GoodID") %>">修改</a>|
<a href="GoodDelete.asp?GoodID=<% =rs("GoodID") %>">删除</a></td>
</tr>
<%
   rs.MoveNext
   loop
 %>
</table>
</td></tr></table></form>
</body>
</html>
```

(2) GoodAddform.html 页面代码如下：

```
<html>
<head><title>添加商品</title></head>
<body>
添加一个商品<hr>
  <form action="GoodAdd.asp" method=post>
     <table border=0 cellspacing=0>
       <tr>
         <td>商品编号：</td>
         <td><input name="GoodID" type="text" id="GoodID" size="20"></td></tr>
       <tr>
         <td>商品名称：</td>
         <td><input name="GoodName" type="text" id="GoodName" size="20"></td></tr>
       ……此处省略了其他表单代码
     </table>
     <input type=submit value="添加商品">
     <input type="reset" name="Submit" value="重填">
  </form>
</body>
</html>
```

(3) GoodAdd.asp 页面代码如下：

```
<% @LANGUAGE="VBSCRIPT" CODEPAGE="936" %>
<title>添加商品</title>
<%
GoodID=Request.Form("GoodID")
GoodName=Request.Form("GoodName")
Category=Request.Form("Category")
Price=cint(Request.Form("Price"))
Quantity=cint(Request.Form("Quantity"))
Descriptionstr=Request.Form("Description")
Set Conn=Server.CreateObject("ADODB.Connection")
url="Provider=Microsoft.Jet.OLEDB.4.0;Data Source="& Server.MapPath("Goods.mdb")
   Conn.Open(url)
   strSQL="insert into Goods values("
   strSQL=strSQl&"'"&GoodID&"',"
```

```
    strSQL = strSQl&"'"&GoodName&"',"
    strSQL = strSQl&"'"&Category&"',"
    strSQL = strSQl&Price&","
    strSQL = strSQl&Quantity&","
    strSQL = strSQl&"'"&Descriptionstr&"')"
    Conn.Execute strSQL
    Conn.Close
    Set Conn = nothing
    Response.Redirect("Goods.asp")
%>
```

(4) GoodEditform.asp 页面代码如下:

```
<%@LANGUAGE = "VBSCRIPT" CODEPAGE = "936" %>
<html>
<head><title>修改商品</title></head>
<body>
修改商品信息<hr>
<%
editid = Request.Querystring("GoodID")
Set Conn = Server.CreateObject("ADODB.Connection")
'url = "driver = {SQL Server};server = localhost;UID = sa;PWD = 12345678;Database = TestDB"
 url = "Provider = Microsoft.Jet.OLEDB.4.0;Data Source = "& Server.MapPath("Goods.mdb")
Conn.Open(url)
Set rs = Server.CreateObject("ADODB.Recordset")
rs.ActiveConnection = Conn
rs.Open"select * from Goods where GoodID = '"&editid&"'"
if rs.state = 1 then
%>
  <form action = "GoodEdit.asp" method = post>
    <table border = 0 cellspacing = 0>
      <tr><td>商品编号:</td>
        <td><input type = "text" size = "20" name = "GoodID" value = <% = rs("GoodID") %>
readonly = true></td>
      </tr>
      <tr>
       <td>商品名称:</td>
       <td><input type = "text" size = "20" name = "GoodName" value = <% = rs("GoodName") %>>
       </td>
      </tr>
       ……此处省略了其他表单代码
    </table>
    <input type = submit value = "修改">
  </form>
</body>
<%
end if
rs.close
Set rs = nothing
Conn.close
Set Conn = nothing
```

```
%>
</html>
```

(5) GoodEdit.asp 页面代码如下：

```
<%@LANGUAGE="VBSCRIPT" CODEPAGE="936"%>
<title>修改商品</title>
<%
GoodID=Request.Form("GoodID")
GoodName=Request.Form("GoodName")
Category=Request.Form("Category")
Price=cint(Request.Form("Price"))
Quantity=cint(Request.Form("Quantity"))
Descriptionstr=Request.Form("Description")
Set Conn=Server.CreateObject("ADODB.Connection")
url="Provider=Microsoft.Jet.OLEDB.4.0;Data Source="&Server.MapPath("Goods.mdb")
Conn.Open(url)
 set rs=Server.CreateObject("ADODB.RecordSet")
  '修改记录
  strSQL="select * from Goods where GoodID='"&GoodID&"'"
  rs.open strSQL,conn,1,3
  rs("GoodName")=GoodName
  rs("Category")=Category
  rs("Price")=Price
  rs("Quantity")=Quantity
  rs("Description")=Descriptionstr
  rs.update
Conn.Execute strSQL
Conn.Close
Set Conn=nothing
Response.Redirect("Goods.asp")
%>
```

(6) GoodDelete.asp 页面代码如下：

```
<%@LANGUAGE="VBSCRIPT" CODEPAGE="936"%>
<title>删除商品</title>
<%
deleteid=Request.QueryString("GoodID")
Set Conn=Server.CreateObject("ADODB.Connection")
'url="driver={SQL Server};server=localhost;UID=sa;PWD=12345678;Database=TestDB"
url="Provider=Microsoft.Jet.OLEDB.4.0;Data Source="& Server.MapPath("Goods.mdb")
Conn.Open(url)
strSQL="delete from Goods where GoodID='"&deleteid&"'"
Conn.Execute strSQL
Conn.Close
Set Conn=nothing
'end if
Response.Redirect("Goods.asp")
%>
```

程序的运行结果如图 8-14～图 8-16 所示，当单击“添加商品”链接时会打开如图 8-15

“添加商品”的页面；当单击“修改”链接时，会打开如图 8-16“修改商品”的页面；单击“删除”链接会删除某条信息；输入关键词，单击“查询”按钮能查询出符合条件的商品。

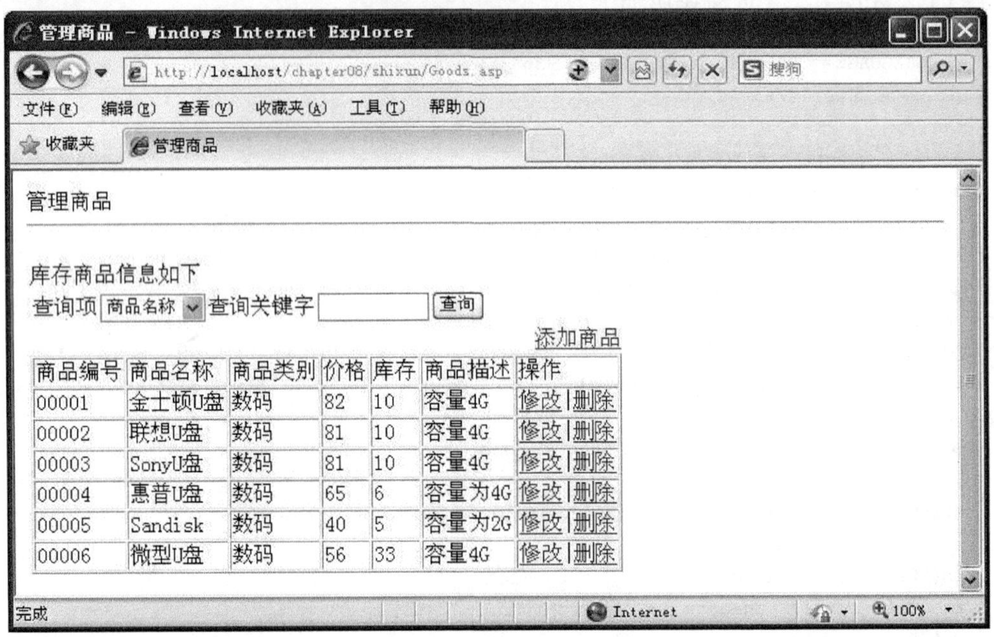

商品编号	商品名称	商品类别	价格	库存	商品描述	操作
00001	金士顿U盘	数码	82	10	容量4G	修改|删除
00002	联想U盘	数码	81	10	容量4G	修改|删除
00003	SonyU盘	数码	81	10	容量4G	修改|删除
00004	惠普U盘	数码	65	6	容量为4G	修改|删除
00005	Sandisk	数码	40	5	容量为2G	修改|删除
00006	微型U盘	数码	56	33	容量4G	修改|删除

图 8-14　管理商品页面

图 8-15　添加商品页面

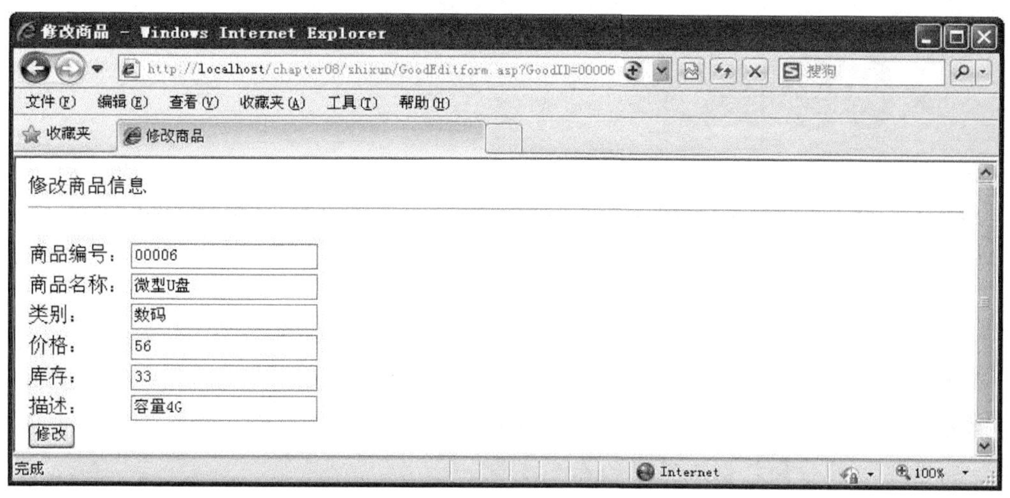

图 8-16 修改商品页面

实训总结

通过本章一个简单商品信息管理系统的设计实现，学生应该能够掌握 ADO 编程的基本方法，熟悉 ADO 编程的常用操作（如查询、插入、修改和删除等）。同时能制作简单动态网站或小型信息管理系统。

综合任务

1. 编写一个 ASP 连接 Access 数据库的程序，同时要输出 Access 数据库某一张表中的数据。

2. 参照模拟制作任务，编写一个既有翻页又有排序的商品浏览页面。

3. 参照实训内容，编写一个简单的学生信息管理系统，要求实现对学生信息的增、删、修和查等基本操作。

09模块

注册登录

注册登录模块是大部分 Web 应用程序都应有的基本模块，是用户首先使用的功能，它的好坏直接影响使用者对应用程序的第一印象。本模块通过一个简单的注册和登录过程，介绍一般网站注册和登录模块实现的基本方法。

能力目标

1. 能设计简单的用户表。
2. 能熟练使用 Session 和 Cookie 记录用户登录信息。
3. 能熟练使用 jQuery 框架实现表单验证。

知识目标

1. Trim( )函数的用法。
2. 记录集对象 RecordSet 的 addnew 和 update 方法的用法。
3. javascript 函数 alert( )的用法。

知识储备

知识 9-1　注册登录模块的工作原理

一般网站的注册模块是在注册首页收集用户的基本信息，并判断在数据表中是否已经存在该用户名，若不存在，则使用该用户名注册；若要注册的用户名已经存在，则提示用户更改注册名。同时在注册页面中还需要收集用户的其他信息，如密码提示问题和问题答案等，注册成功后还会给用户相关的反馈或返回登录界面让用户登录。

登录模块通常利用用户输入的登录信息从数据表中查找，找到相关信息则成功登录，否则提示出错信息，并让用户重新登录。成功登录后一般会将用户的登录信息保存到 Session 变量中，这样服务器能在用户登录后根据 Session 中的信息确定用户的身份。

当然还可以在用户登录成功后将用户的登录信息保存到 Cookie 中，这样在 Cookie 过期前用户再次访问网站时就不需要再登录了。退出模块的操作相对比较简单一些，只需要将登录时登记在 Session 中的内容清空就行。若 Cookie 中也保存有用户登录信息，则需要将 Cookie 设置为过期使其失效。

模拟制作任务

任务 9-1 设计数据表

任务背景

本模块需要用到用户信息,因此需要设计一个简单数据表来存储注册用户的基本信息。

任务要求

(1) 数据表中至少应该有用户名和密码字段。

(2) 用户名不能作为主键,应该还有一个能唯一区别每个用户的字段,比如用户编号。

【技术要领】使用 Access“数据表设计器”创建数据表。

【解决问题】主键和字段设置。

【应用领域】数据表设计。

任务分析

本任务较为简单,用户表也相对比较简单,只需有用户编号、用户名和密码等字段即可。

重点和难点

用户表主键设置。

操作步骤

(1) 创建一个数据库文件 data.mdb,双击打开 data.mdb 文件,如图 9-1 所示。

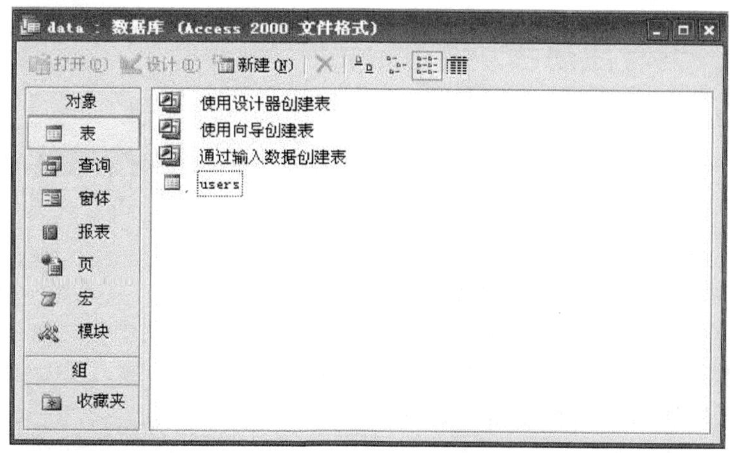

图 9-1 打开的数据库文件界面

(2) 选择图 9-1 中的“使用设计器创建表”选项,打开数据表设计器,设计表的各个字段信息,如图 9-2 所示。

(3) 设计完毕后,保存表格,将表格命名为 users。

(4) 编写简单的连接数据库的公共代码,连接数据库的代码写到了 conn.asp 文件中,详细代码如下:

```
<%  db = "data/data.mdb"
Set conn = Server.CreateObject("ADODB.Connection")
```

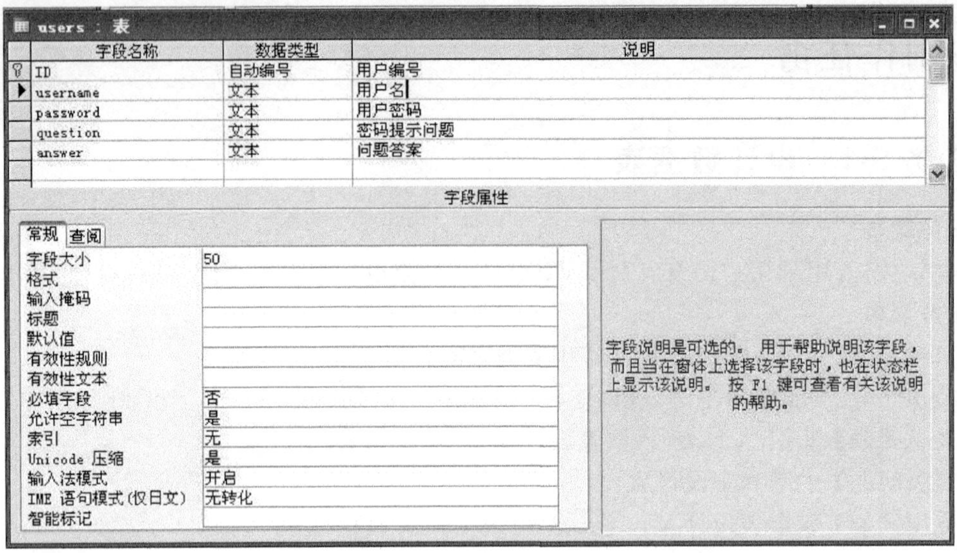

图 9-2　利用"数据表设计器"设计表的字段

```
url = "Provider = Microsoft.Jet.OLEDB.4.0;Data Source = "& Server.MapPath(db)
conn.Open(url)    %>
```

在其他需要连接数据库的网页中只需要利用下面代码即可导入该公共的代码：

```
<! -- #include file = "conn.asp" -->
```

任务 9-2　编写注册模块

任务背景

数据表设计好后，初始是没有用户数据的，只有用户注册后才有数据，因此需要编写用户注册模块。

任务要求

(1) 需要提供表单让用户输入基本信息。

(2) 用户提交后应该将有效注册信息写入数据库的 users 表中。

【技术要领】如何将有效用户注册信息写入数据表。

【解决问题】注册信息的收集和存储。

【应用领域】用户注册。

效果图

注册页面的运行如图 9-3 所示，输入注册用户名、密码、提示问题和答案等信息，单击"注册"按钮即可。若注册成功则给出提示，如图 9-4 所示，否则给出如图 9-5 所示的提示。

任务分析

注册模块首先通过注册表单收集用户所填写的信息，然后到数据表中查找该用户是否存在，如果已经存在，则不能注册；否则可以注册。一般来说，若注册成功，则跳转到登录页面，让刚注册过的用户进行登录；若注册不成功，则仍停留在注册页面，给用户重新注册的机会。

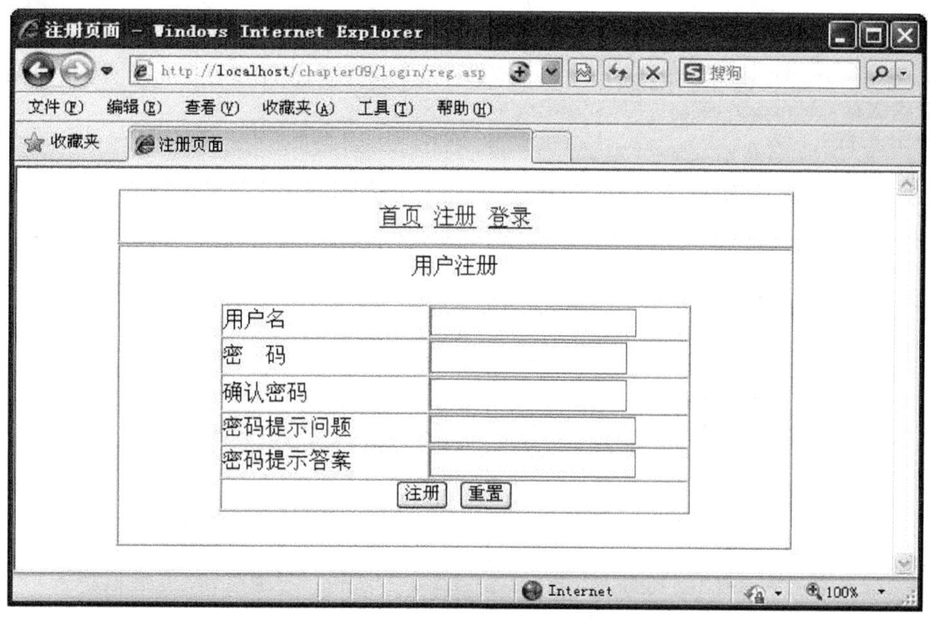

图 9-3 注册页面

图 9-4 注册成功

图 9-5 注册失败

重点和难点

注册信息的收集和写入数据库。

操作步骤

(1) 新建注册页面 reg.asp，并在页面中添加表单及表单元素，然后添加相应的数据处理代码，完整代码如下：

```
<!-- 根据收集到的用户信息进行判断，是注册成功还是重新注册 -->
<!-- #include file = "conn.asp" -->
<%
if Request("action") = "reg" then
'查找注册用户，如果存在，则提示已存在，返回登录页面并结束程序。
sql = "select * from users where username = '"&trim(Request("username"))&"'"
```

```
Set rs = conn.Execute(sql)
if not rs.eof then
Response.Write "< script language = 'javascript'> window.alert('您输入的用户名已存在,请返回
重新输入!');history.back( - 1);</script>"
Response.End()
end if
'如果用户不存在,则通过 rs 对象的 addnew 和 Update 方法添加新用户。
sql1 = "select * from users"
Set rs = Server.CreateObject("ADODB.Recordset")
rs.Open sql1,conn,1,3
rs.addnew
rs("username") = trim(Request.Form("username"))
rs("password") = trim(Request.Form("password1"))
rs("question") = trim(Request.Form("question"))
rs("answer") = trim(Request.Form("answer"))
rs.Update
rs.Close
Set rs = nothing
Response.Write "< script language = javascript > alert( '注册成功,点击确定立即登录! ');
location.replace('login.asp');</script>"
Response.End
end if
%>
< HTML >
< HEAD >
     < Title>注册页面</Title>
     < META  http - equiv = "Content - Type" content = "text/html; charset = gb2312">
     < META  name = "Generator"  content = "Asp Studio  1.0">
</HEAD >
< BODY >
<!__下面的代码主要是负责收集用户的注册信息__>
<!__# include file = "top.asp"__>
< table  width = "500" bgcolor = " # FFFFFF" border = "1" align = "center" cellpadding = "5"
cellspacing = "0">
< tr >
< td >< div align = "center">用户注册
</div >
  < form name = "form1" id = "form1" method = "post" action = "?action = reg" onSubmit = "return
check()">
< table width = "347" border = "1" align = "center"  cellpadding = "0" cellspacing = "0"
cellingspace = "0">
< tr >
< td width = "142">用户名</td >
< td width = "179">< input  name = "username"  type = "text"  id = "username"></td >
</tr >
< tr >
< td >密   码</td >
< td >< input name = "password1"  type = "password" id = "password"></td >
</tr >
< tr >
< td >确认密码</td >
```

```
<td><input name="password2"  type="password" id="password"></td>
</tr>
<tr>
<td>密码提示问题</td>
<td><input name="question" type="text"  id="question"></td>
</tr>
<tr>
<td>密码提示答案 </td>
<td><input name="answer"  type="text" id="answer"></td>
</tr>
<tr>
<td colspan="2" align="center"><input type="submit"  name="submit" value="注册">
<input  type="reset" name="submit" value="重置"></td>
</tr>
</table>
</form>
</td>
</tr>
</table>
</BODY>
</HTML>
```

注意：页面代码中的<! __#include file="top.asp"__>代表在本页面中显示 top.asp 页面内容。通常在制作动态网站时把各个网页中公共的部分制作成一个通用的页面(如 top.asp)。在其他网页需要用到这个通用的页面时用代码<! __#include file="页面名.asp"__>导入即可。这种编写代码的方法为日后网站的维护更新带来很大的方便。

(2) 制作 top.asp 网页，在该网页中输入如下代码：

```
<meta  http-equiv="content-type"  content="text/html" chaarset=gb2312>
<table  width="500" bgcolor="#FFFFFF" border="1" align="center" cellpadding="10"
cellspacing="0">
<tr>
<td align="center"><a href="index.asp">首页</a>
<%
if  Session("name")=""then
%>
<a href="reg.asp">注册</a> <a href="login.asp">登录</a>
<%
else
%>
欢迎您<%=Session("name")%>,<a href="loginout.asp">注销登录</a>
<a href="search.asp">密码查询</a>
<%
end if
%></td></tr>
</table>
```

注意：top.asp 网页会根据用户的登录情况进行相应的显示，已经登录的用户会显示“首页”、“注销登录”和“密码查询”三个超链接。尚未登录的用户会显示“首页”、“注册”和“登录”三个超链接。

任务 9-3 编写登录模块

任务背景

用户注册后就能用注册的用户登录网站,登录模块通常在页面上利用表单收集用户信息(如用户名和密码等),然后到数据表中查找该用户信息,若找到,则登录成功,否则登录不成功。

任务要求

(1) 登录过程中应该要求用户输入验证码。

(2) 需要用 Cookie 存储用户登录信息,用户再次访问网站时就无须再次登录。

【技术要领】验证码的使用以及在 Cookie 中记录用户登录信息。

【解决问题】验证码的使用和利用 Cookie 保留用户登录信息。

【应用领域】用户登录。

效果图

图 9-6 为登录页面,负责收集用户信息。图 9-7 为登录成功后的页面。图 9-8 为登录失败后的页面。

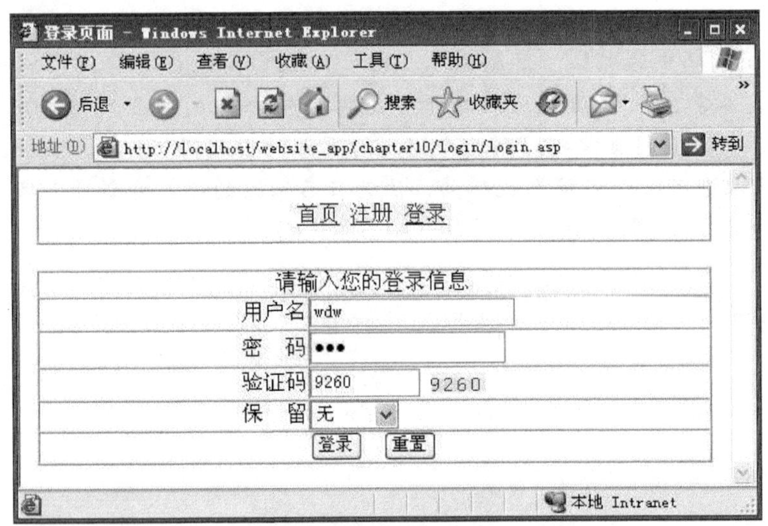

图 9-6 登录页面

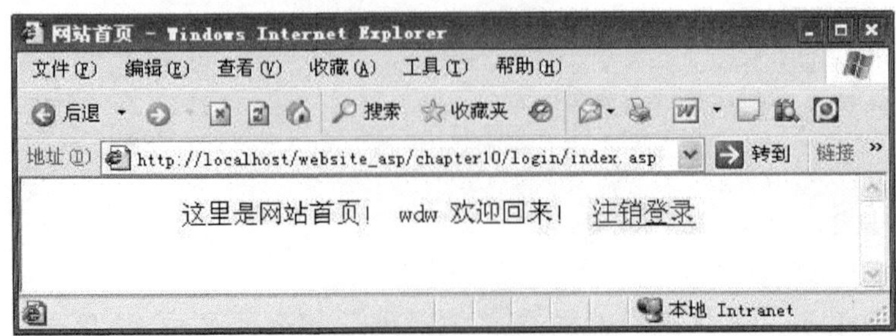

图 9-7 登录成功页面

图 9-8 登录失败页面

从图 9-6 可以看出，用户登录时选择在本地保留登录信息的时间为一周。所以一周之内用户再次访问 index.asp 页面时，浏览效果仍然如图 9-7 所示。而一周之后，保存在 Cookie 中的用户信息过期，再次访问 index.asp 页面时浏览效果如图 9-9 所示。

图 9-9 Cookie 过期后浏览效果

任务分析

成功登录的条件是利用用户名和密码作为查询条件能在数据表里找到相应的记录，只有这两个信息和验证码都输入正确后用户才能正确登录。

作为一个较好的登录模块，除了能正确地使用合法用户通过验证正常登录外。还需要在用户登录失败时给出相应的提示，以便用户根据提示做相应的处理。为了做到更加人性化的登录，可以提供保存用户登录信息的功能。例如将用户登录信息保存到用户本地的 Cookie 中，在 Cookie 过期之前，用户再次访问网站时就无须登录。另外为了提高登录的安全性，防止恶意用户利用黑客程序登录网站后台，还可在登录时要求用户提供登录验证码。

重点和难点

登录验证码的处理以及将用户登录信息记录在用户本地 Cookie 中。

操作步骤

登录页面是 login.asp，登录信息验证页面是 loginok.asp，该页面判断登录是否成功，若登录成功，则跳转到 index.asp 页面，否则跳转到 error.asp 页面。

(1) 制作 index.asp 页面，其完整代码如下所示：

```
<% @LANGUAGE = "VBSCRIPT" CODEPAGE = "936" %>
<html xmlns = "http://www.w3.org/1999/xhtml">
<head>
<meta http-equiv = "Content-Type" content = "text/html; charset = gb2312" />
<title>网站首页</title>
```

```
</head>
<body>
<div align = "center">这里是网站首页!
  <%
if Request.Cookies("user")("UserName") = "" then
   response.Write "<a href = login.asp>登录</a>"
else
   Response.Write Request.Cookies("user")("UserName") &" "
   Session("name") = Request.Cookies("user")("UserName")
   response.Write("欢迎回来! ")
   response.Write "<a href = loginout.asp>注销登录</a>"
end if
%>
</div>
</body>
</html>
```

注意:在访问 index.asp 页面时,首先判断用户保存在 Cookie 中的信息是否存在,若不存在,则提示用户登录。若存在,则保存用户信息到用户的 Session 中,并显示"注销登录"超链接。

(2) 制作 login.asp 页面,其完整代码如下所示:

```
<% @LANGUAGE = "VBSCRIPT" CODEPAGE = "936" %>
<html>
<head>
<meta http-equiv = "Content-Type" content = "text/html; charset = gb2312" />
<title>登录页面</title>
</head>
<body>
<!--#include file = "top.asp" -->
<form id = "form1" name = "form1" method = "post" action = "loginok.asp">
  <table width = "500" border = "1" align = "center" cellpadding = "0" cellspacing = "0">
    <tr>
      <td colspan = "2" align = "center">请输入您的登录信息</td>
    </tr>
    <tr>
      <td width = "199" align = "right">用户名</td>
      <td width = "295"><label>
        <input name = "username" type = "text" id = "username" />
      </label></td>
    </tr>
    <tr>
      <td align = "right">密   码</td>
      <td><label>
        <input name = "pwd" type = "password" id = "pwd" />
      </label></td>
    </tr>
    <tr>
      <td align = "right">验证码</td>
      <td>
```

```
<input name="t3" type="text" id="t3" value="" size="10" maxlength="4">
    <img id="yanzhengma" src="GetCode.asp" alt="登录验证码" border="0" style=
"cursor:hand;" title="看不清,点这里换一张" onClick="this.src='GetCode.asp'"/></td>
      </tr>
      <tr>
        <td align="right">保  留</td>
        <td><label>
          <select name="savetime" id="savetime">
            <option value="-1">无</option>
            <option value="7">一周</option>
            <option value="30">一个月</option>
            <option value="365">一年</option>
          </select>
        </label></td>
      </tr>
      <tr>
        <td colspan="2" align="center"><label>
          <input type="submit" name="Submit" value="登录" />
           <input type="reset" name="Submit2" value="重置" />
        </label></td>
      </tr>
    </table>
</form>
</body>
</html>
```

注意：验证码由网页 GetCode.asp 产生，该网页产生验证码后将其保存到 Session("GetCode")变量中。在登录处理时通常将用户输入的验证码同 Session("GetCode")变量保存的验证码进行比较，如果正确，则继续比较用户名和密码等信息，当这些信息都正确就允许用户登录；否则不能正确登录。

(3) 制作 loginok.asp 页面，其完整代码如下所示：

```
<!-- #include file="conn.asp" -->
<%
Session.timeout=30     '设置 Session 的过期时间
username=trim(Request.Form("username"))
pwd=trim(Request.Form("pwd"))
savetime=request.Form("savetime")
'验证用户输入的验证码是否正确。
if cstr(session("getcode"))<>cstr(trim(request("t3"))) then
response.Write "<script LANGUAGE='javascript'>alert('请输入正确的验证码!');history.
go(-1);</script>"
response.end
end if
'如果用户没有输入用户名和密码,让用户返回重新登录。
if username=" "or pwd=" " then
  Response.Redirect("login.asp")
end if
'在数据表中查找具有该用户名和密码的记录。
sql="Select * from users  where username='"&username&"' and password='"&pwd&"'"
```

```
Set rs = conn.Execute(sql)
'如果找到记录,将登录信息保存到 Session 和 Cookie 中,否则跳转到出错页面。
if not rs.eof then
  Session("name") = username
  Session("ID") = rs("ID")
  Response.Cookies("user")("UserName")  =  username
  Response.Cookies("user")("Password")  =  pwd
  Response.Cookies("user").Expires =  (now() + savetime) '设置过期时间
  Response.Redirect "index.asp"
else
  Response.Redirect "error.asp"
  Response.End
end if
%>
```

(4) 制作 error.asp 页面,其完整代码如下所示:

```
<%@LANGUAGE = "VBSCRIPT" CODEPAGE = "936" %>
<!DOCTYPE html PUBLIC "-//W3C//DTD XHTML 1.0 Transitional//EN" "http://www.w3.org/TR/
xhtml1/DTD/xhtml1-transitional.dtd">
<html xmlns = "http://www.w3.org/1999/xhtml">
<head>
<meta http-equiv = "Content-Type" content = "text/html; charset = gb2312" />
<title>登录失败</title>
</head>
<body>
登录失败,检查用户名和密码是否正确 <a href = "login.asp" target = "_self">返回登录</a>
</body>
</html>
```

任务 9-4 编写注销模块

任务背景

注销模块的实现比较简单,但却是必不可少的。

任务要求

(1) 通过清空 Session 功能注销用户。

(2) 用户注销完后让用户返回首页。

(3) 如果用户信息已保存到 Cookie 中,还需要将 Cookie 设置为过期。

【技术要领】使用清空 Session 实现用户注销。

【解决问题】清空 Session。

【应用领域】用户注销。

任务分析

一个用户离开了网站而不注销可能会使登录信息仍然保留在服务器上。一般情况下服务器保留用户登录信息都是通过 Session 的方式来实现,所以要完成退出的功能,只需要将该用户登录时网站所保留的 Session 值清空即可。如果用户信息已保存到本地 Cookie 中,还需要将 Cookie 设置为过期。

重点和难点

清空 Session 和设置 Cookie 过期。

操作步骤

制作 loginout.asp 页面，其完整代码如下所示：

```
<%@LANGUAGE="VBSCRIPT" CODEPAGE="936"%>
<%
Session("name")=""
Session("ID")=""
Response.Cookies("user").Expires= (now()-1)
Response.Write("<script Language=javascript>
alert('退出登录成功!');location.href('index.asp');</script>")
Response.End()
%>
```

注意：该代码的功能通过清空 Session 和设置本地 Cookie 过期，从而实现用户注销。

任务 9-5　用 jQuery 实现表单的验证

任务背景

有时在验证用户信息时，需要在用户输入用户名时立即获得该用户名是否已经被注册的反馈。如果已经被注册，则提示用户输入其他用户名。要完成这种无刷新的反馈，通常需要用到 ajax 框架，jQuery[1]就是目前应用比较广泛的 ajax 框架。

任务要求

用户输入用户名时可立即获得该用户名是否已经被注册的反馈。

【技术要领】使用 jQuery 实现无刷新的表单验证。

【解决问题】无刷新表单验证。

【应用领域】表单验证。

效果图

运行添加了 jQuery 表单验证后的注册页面效果如图 9-10 所示。

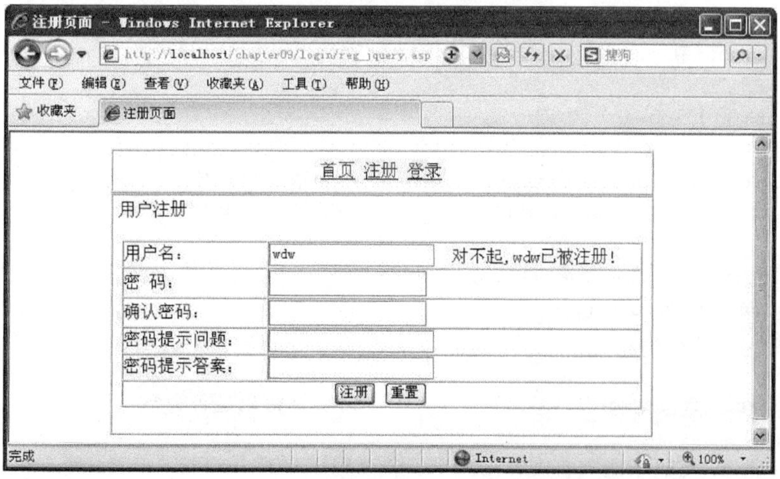

图 9-10　jQuery 表单验证效果

任务分析

本任务需要用到 jQuery 的 load(url,[data],[callback])方法实现表单验证，除了需要修改任务 9-2 的 reg.asp 网页外，还需要制作一个 asp 页面(如 userExist.asp)，用于检测用户想注册的用户名是否已经被注册。

重点和难点

jQuery 在表单验证中的应用。

操作步骤

(1) 修改 reg.asp 页面，其完整代码如下所示：

```
<! -- 下面的代码主要根据收集到的用户信息进行判断,是注册成功还是重新注册 -->
<! -- # include file = "conn.asp" -->
<%
…… '省略了注册 vbscript 代码
%>
<HTML>
<HEAD>
    <Title>注册页面</Title>
    <META  http-equiv = "Content-Type" content = "text/html; charset = gb2312">
    <META  name = "Generator"  content = "Asp Studio  1.0">
    <script language = "javascript" src = "js/jQuery-132min2.js"></script>
    <script language = "javascript">
<! --
function isEmpty(text)                          //判断字符串是否为空
{
    if(text == "")
        return true;
    else
        return false;
}
function isEqual(text1,text2)                   //判断两字符串是否相同
{
    if(text1 == text2)
        return true;
    else
        return false;
}
function check()
{
    var f = document.getElementById("form1"); //获取表单对象
    if(isEmpty(f.username.value))             //验证用户名是否为空
    {
        alert("用户名必须填写!!");
        f.username.focus();
        return false;
    }
    if(isEmpty(f.password1.value))            //验证密码是否为空
    {
        alert("密码不能为空!!");
        f.password1.focus();
```

```
            return false;
        }
        if(isEmpty(f.password2.value))          //验证重复密码是否为空
        {
            alert("重复密码不能为空!!");
            f.password2.focus();
            return false;
        }
        if(!isEqual(f.password1.value,f.password2.value))//验证两次密码是否相同
        {
            alert("密码与重复密码必须相同!!");
            f.password1.focus();
            return false;
        }
        if(isEmpty(f.question.value))                //验证密码提示问题是否为空
        {
            alert("密码提示问题必须填写!!");
            f.username.focus();
            return false;
        }
        if(isEmpty(f.answer.value))                  //验证密码提示问题答案是否为空
        {
            alert("密码提示问题答案必须填写!!");
            f.username.focus();
            return false;
        }
        return true;
    }
    function startCheck(oInput){
        //首先判断是否有输入,没有输入直接返回,并提示
        if(!oInput.value){
            oInput.focus();                          //聚焦到用户名的输入框
            document.getElementById("UserResult").innerHTML = "用户名不能为空!!";
            return;
        }
        oInput = $.trim(oInput.value);               //使用 jQuery 的 $.trim()方法过滤左右空格
        var sUrl = "userExist.asp?username=" + oInput;
        sUrl = encodeURI(sUrl);                      //使用 encodeURI()编码,解决中文乱码问题
        $("#UserResult").load(sUrl,function(data){
            $("#UserResult").html(decodeURI(data));  //使用 decodeURI()解码
            }
        );
    }
    -->
    </script>
    </HEAD>
    <BODY>
    <!-- 下面的代码主要是负责收集用户的注册信息 -->
    <!-- #include file="top.asp" -->
    <table width="500" bgcolor="#FFFFFF" border="1" align="center" cellpadding="5"
    cellspacing="0">
```

```
<tr>
<td>用户注册
<form name="form1" id="form1" method="post" action="?action=reg" onSubmit="return check()">
<table width="480" border="1" align="center"  cellpadding="0" cellspacing="0" cellingspace="0">
<tr>
<td width="98">用户名: </td>
<td width="341"><input  name="username"  type="text"  id="name" onBlur="startCheck(this)"><span id="UserResult"></span></td>
</tr>
<tr>
<td>密 码: </td>
<td><input name="password1"  type="password" id="password"></td>
</tr>
<tr>
<td>确认密码: </td>
<td><input name="password2"  type="password" id="password"></td>
</tr>
<tr>
<td>密码提示问题: </td>
<td><input name="question" type="text"  id="question"></td>
</tr>
<tr>
<td>密码提示答案: </td>
<td><input name="answer"  type="text" id="answer"></td>
</tr>
<tr>
<td colspan="2" align="center"><input type="submit"  name="submit" value="注册">
<input  type="reset" name="submit" value="重置"></td>
</tr></table></form>
</td></tr></table>
</BODY></HTML>
```

注意:本网页代码中设置表单的 onSubmit 为 onSubmit="return check()",该验证利用 javascript 的 check 函数实现对表单各项的客户端验证。但如果要检测用户想注册的用户名是否已经被注册,单纯利用客户端验证是无法实现的。这时就需要利用 ajax 技术或框架,本例中利用当前广泛运用的 ajax 框架 jQuery。

(2) 下载 jQuery 的 js 函数库,如 jQuery-132min2. js,然后通过如下代码导入 jQuery 库。

```
<script language="javascript" src="js/jQuery-132min2.js"></script>
```

(3) 在网页 javascript 代码中添加 startCheck(oInput)用于实现 ajax 的异步调用。然后修改用户名文本框<input name="username" type="text">。给"username"文本框添加 onBlur 事件(onBlur="startCheck(this)"),并在其后添加<span id="UserResult"></span>标签用于接收异步调用的反馈信息。startCheck(oInput)函数代码如下所示:

```
function startCheck(oInput){
```

```
    //首先判断是否有输入,没有输入直接返回,并提示
    if(!oInput.value){
        oInput.focus();                      //聚焦到用户名的输入框
        document.getElementById("UserResult").innerHTML = "用户名不能为空!!";
        return;
    }
    oInput = $.trim(oInput.value);           //使用 jQuery 的 $.trim()方法过滤左右空格
    var sUrl = "userExist.asp?username = " + oInput;
    sUrl = encodeURI(sUrl);                  //使用 encodeURI()编码,解决中文乱码问题
    $("#UserResult").load(sUrl,function(data){
        $("#UserResult").html(decodeURI(data));//使用 decodeURI()解码
        }
    );
}
```

(4) 最后还需要制作 userExist.asp 页面,用于检测用户想注册的用户名是否已经被注册。userExist.asp 的完整代码如下：

```
<%@LANGUAGE = "VBSCRIPT" CODEPAGE = "936"%>
<!-- #include file = "conn.asp" -->
<%
response.Charset = "gb2312"
sql = "select * from users where username = '"&trim(Request.QueryString("username"))&"'"
Set rs = conn.Execute(sql)
if not rs.eof then
   Response.Write "对不起, " & Request.QueryString("username") & " 已经存在!"
else
   Response.Write Request.QueryString("username")&" 目前可用!"
end if
%>
```

任务 9-6 MD5 加密算法的使用

任务背景

通常为了安全起见数据表中的用户密码需要以密文形式保存,这样即使有人拿到网站的数据库也无法获得用户密码,目前加密通常使用 MD5 加密算法。

任务要求

(1) 用 MD5 加密算法加密用户密码。

(2) 被加密的密文应该不具有可逆性,即不能被还原为明文。

【技术要领】使用 MD5 加密用户密码。

【解决问题】敏感数据加密。

【应用领域】数据加密。

任务分析

本任务较为简单,需要到网上下载 MD5 算法的 asp 文件。

重点和难点

MD5 算法的应用。

操作步骤

(1) 从网上下载 MD5 算法的 asp 文件 MD5.asp。

(2) 编写 MD5 加密测试文件 MD5test.asp,内容如下:

```
<%@LANGUAGE="VBSCRIPT" CODEPAGE="65001"%>
<!-- #include file="MD5.asp"-->
<%
Response.Write("<br>zhangsan:")
Response.Write(MD5("zhangsan"))
Response.Write("<br>12345678:")
Response.Write(MD5("12345678"))
%>
```

(3) 在浏览器中运行 MD5test.asp 网页,结果如图 9-11 所示。

图 9-11 MD5 加密测试

从图 9-11 可以看出,MD5 算法将不同长度的字符串加密为由 32 位的十六进制数组成的加密字符串,且该加密字符串无法被还原为明文,这样就保证了密码的安全性。在用户注册时,只需要将表单中的用户密码利用加密函数 MD5("字符串")加密存入数据库即可;而在用户登录时,只需将登录表单中的用户密码利用加密函数 MD5("字符串")加密与数据库中已经加密密码对比即可知道登录密码是否正确。

知识点拓展

jQuery 由美国人 John Resig 创建。jQuery 是继 prototype 之后又一个优秀的 JavaScript 框架。其宗旨是——Write Less, Do More(写更少的代码,做更多的事情)。它是轻量级的 js 库(压缩后只有 21KB),这是其他的 js 库所不及的,它兼容 CSS3,还兼容各种浏览器(IE 6.0+、FF 1.5+、Safari 2.0+和 Opera 9.0+)。jQuery 是一个快速的、简洁的 JavaScript 库,使用户能更方便地处理 HTML documents、events、实现动画效果,并且方便地为网站提供 AJAX 交互。jQuery 还有一个比较大的优势是,它的文档说明很全,而且各种应用也说得很详细,同时还有许多成熟的插件可供选择。jQuery 能够使用户的 html 页保持代码和 html 内容分离,也就是说,不用再在 html 里面插入一堆 js 来调用命令了,只需定义 id 即可。

实训 复杂表单的验证

实训目的

通过上机编程，让学生理解表单验证的基本思想，掌握 JavaScript 编程实现表单验证的基本方法、步骤和思路。

实训内容

制作一个较为复杂的表单，用 JavaScript 实现表单相关验证。

实训过程

制作网页 userReg.html，在网页中插入表单，并在<head></head>标签中加入 javascript 验证代码。最后在表单 form 的 onsubmit 事件中添加相应的表单验证函数。网页完整代码如下：

```
<html>
<head>
<meta http-equiv="Content-Type" content="text/html; charset=utf-8" />
<title>用户注册表单验证</title>
</head>
<style type="text/css">
<!--
.red {
    color: #F00;
}
-->
</style>
</head>
<script language="javascript">
function initSelector()
{
    var selector=document.getElementById("year");//获取列表框对象,其 id 为"year"
    var t=document.createElement("option");      //创建一个列表值的 option 标签对象
    t.text="--请选择--";                          //设置该标签的 text 属性为 i
    try                                          //通过异常处理来匹配各种浏览器
    {
        selector.add(t,null);                 //将列表值对象加入列表框对象(标准调用形式)
    }
    catch(ex)
    {
        selector.add(t);                      //将列表值对象加入列表框对象(IE 调用形式)
    }
    for(var i=1900;i<=2100;i++)
    {
```

```
            var t = document.createElement("option");  //创建一个列表值的 option 标签对象
            t.text = i;                                //设置该标签的 text 属性为 i
            try                                        //通过异常处理来匹配各种浏览器
            {
                selector.add(t,null);            //将列表值对象加入列表框对象(标准调用形式)
            }
            catch(ex)
            {
                selector.add(t);                 //将列表值对象加入列表框对象(IE 调用形式)
            }
        }
    }
    function isEmpty(text)                       //判断字符串是否为空
    {
        if(text == "")
            return true;
        else
            return false;
    }
    function isEqual(text1,text2)                //判断两字符串是否相同
    {
        if(text1 == text2)
            return true;
        else
            return false;
    }
    function check()
    {
        var f = document.getElementById("form1");//获取表单对象
        if(isEmpty(f.usernamc.value))            //验证用户名是否为空
        {
            alert("用户名必须填写!!");
            f.username.focus();
            return false;
        }
        if(isEmpty(f.password1.value))           //验证密码是否为空
        {
            alert("密码不能为空!!");
            f.password1.focus();
            return false;
        }
        if(isEmpty(f.password2.value))           //验证重复密码是否为空
        {
            alert("重复密码不能为空!!");
            f.password2.focus();
            return false;
        }
        if(!isEqual(f.password1.value,f.password2.value))//验证两次密码是否相同
        {
            alert("密码与重复密码必须相同!!");
            f.password1.focus();
```

```
        return false;
    }
    if(!f.sex_nan.checked&&!f.sex_nv.checked)          //验证是否选中性别中的一项
    {
        alert("性别必须选中");
        return false;
    }
    if(f.year.selectedIndex == 0)                      //验证是否选择选中了出生年月项
    {
        alert("请选择出生年份");
        f.year.focus();
        return false;
    }
    //验证是否选择了至少一项爱好
    if(!(f.ah_tiyu.checked || f.ah_yinyue.checked || f.ah_meishu.checked || f.ah_qita.checked))
    {
        alert("至少选择一个爱好项");
        return false;
    }
    var filename = f.picture.value;                    //取得选中的上传照片文件路径字符串
    var extend = filename.substring(filename.lastIndexOf(".") + 1);//取得文件扩展名
    extend.toLowerCase();                                   //将扩展名转化为小写
    //如果选择了文件,验证是扩展名是否为"jpe、jpeg、gif、png"中的一个
    if(!isEmpty(filename)&&extend!= "jpg"&&extend!= "jpeg"&&extend!= "gif"&&extend!= "png")
    {
        alert("上传的图片文件格式不支持!!");
        return false;
    }
    //如果输入了其他说明,验证其长度是否大于 20 个字符
    if(!isEmpty(f.detail.value)&&f.detail.value.length <= 20)
    {
        alert("描述不得少于 20 个字符!!!");
        return false;
    }
    return true;
}
</script>
<body onload = "initSelector()">
<form action = "http://www.baidu.com" method = "get" enctype = "multipart/form-data" name =
"form1" id = "form1" onsubmit = "return check()">
  <table width = "600" border = "1" cellspacing = "0" cellpadding = "0">
    <tr>
      <td colspan = "2" align = "center" valign = "middle"><h3>用户注册</h3></td>
    </tr>
    <tr>
      <td width = "150" align = "right">用户名:</td>
      <td width = "444" class = "red"><input type = "text" name = "username" id = "username" />
       *</td>
    </tr>
    <tr>
      <td align = "right">密码:</td>
```

```
        <td><input type="password" name="password1" id="password1" />
          <span class="red">*</span></td>
      </tr>
      <tr>
        <td align="right">密码确认:</td>
        <td><input type="password" name="password2" id="password2" />
          <span class="red">*</span></td>
      </tr>
      <tr>
        <td align="right">性别:</td>
        <td><input type="radio" name="sex" id="sex_nan" value="radio" />
        男
          <input type="radio" name="sex" id="sex_nv" value="radio2" />
        女<span class="red">*</span></td>
      </tr>
      <tr>
        <td align="right">出生年份:</td>
        <td><select id="year"  name="select">
        </select>
          <span class="red">*</span></td>
      </tr>
      <tr>
        <td align="right">兴趣爱好:</td>
        <td><input type="checkbox" name="ah_tiyu" id="ah_tiyu" />
        体育
          <input type="checkbox" name="ah_yinyue" id="ah_yinyue" />
        音乐
        <input type="checkbox" name="ah_meishu" id="ah_meishu" />
        美术
        <input type="checkbox" name="ah_qita" id="ah_qita" />
        其他<span class="red">*</span></td>
      </tr>
      <tr>
        <td align="right">上传照片:</td>
        <td><input type="file" name="picture" id="picture" /></td>
      </tr>
      <tr>
        <td align="right">其他说明:</td>
        <td><textarea name="detail" id="detail" cols="45" rows="8"></textarea></td>
      </tr>
      <tr>
        <td> </td>
        <td><input type="submit" name="button" id="button" value="提交" />
        <label>
          <input type="button" name="button2" id="button2" value="按钮" onclick="check
()"/>
        </label></td>
      </tr>
    </table>
  </form>
  </body>
```

```
</html>
</html>
```

网页运行结果如图 9-12 所示。

图 9-12　用户注册表单验证

实训总结

本实训主要目的是让学生掌握利用 javascript 进行客户端的表单验证。让学生能综合运用本章所学的知识制作一个较为复杂的表单验证。

综合任务

1. 创建一个简单的用户表，只需有用户 id，用户名和密码三个字段即可，编写一个简单的用户注册程序。

2. 创建一个如任务 9-1 的简单用户表，编写一个简单的用户登录程序。

3. 利用 JavaScript 和 jQuery 程序实现对任务 9-1 的注册表单和任务 9-2 的登录表单验证。

10模块

商品发布

在电子商务网站中，商品发布是最基本的功能。网站中显示的商品信息首先需要在网站后台发布，商品信息作为电子商务网站的一个组成元素，需要进行有效的管理。本模块主要以实例的形式讲述商品信息的添加、修改和删除等功能。

能力目标

1. 能使用 For…Next 循环和 do while…Loop 循环。
2. 能在页面中嵌入 HTML 在线编辑器。
3. 能熟练使用记录集的分页功能。

知识目标

1. Confirm()函数的用法。
2. 插入、查询和删除等 SQL 语句的书写。
3. 记录集的 update 方法。

模拟制作任务

任务 10-1 浏览商品信息

任务背景

商品信息浏览页面是商品信息管理的基本功能，管理员只有通过浏览商品信息才能发现某些商品信息的输入错误，然后进行相应的修改或删除操作。

任务要求

(1) 商品信息一般比较多，所以应该能分页浏览。

(2) 商品信息浏览页面应该提供搜索功能。

【技术要领】使用记录集 rs 的 pagesize 属性设置每页显示的记录数；使用 For…Next 循环逐一显示每页中的记录；利用超链接附加页码参数实现翻页功能。

【解决问题】记录的分页显示和查询。

【应用领域】数据显示。

效果图

商品信息浏览的界面如图 10-1 所示。

图 10-1 商品信息浏览界面

任务分析

商品信息浏览需要访问数据表，通过循环遍历数据表中的所有数据，然后将这些数据显示出来。如果数据比较多时则需要分页，通常是使用记录集的 pagesize 属性设置每页显示的记录数，然后使用 For…Next 循环逐一显示每页中的记录。最后利用超链接附加页码参数实现翻页功能。

重点和难点

(1) For…Next 循环的使用。

(2) 翻页功能的实现。

操作步骤

(1) 创建 Goods.asp 页面，在网页中输入如下代码：

```
<html>
<head>
  <title>商品管理</title>
</head>
<script language=javascript>
function SureDel(GoodID)
{
```

```
        if ( confirm("你是否真的要删除该商品?"))
            {
                window.location.href = "GoodDelete.asp?GoodID = " + GoodID + "";
            }
    }
    </script>
    <body>
    商品管理
    <hr>
    <table border = 0 cellpadding = "0">
    <tr>
      <td>库存商品浏览页面</td>
    </tr>
    <tr>
      <td align = "right">
      <! --      以下表单 Form 实现商品信息搜索            -->
    <form action = "result.asp" method = "post" name = "form1" target = "_self">
      查询项:
          <select name = "searchitem">
                    <option value = "GoodName" selected = true>商品名称</option>
                    <option value = "Category">商品类别</option>
                    <option value = "Description">商品描述</option>
            </select>
      关键词:
      <input type = "text" size = "10" name = "searchvalue">
      <input type = "submit" name = "submit" value = "查询">
      </form>
      <! --      表单结束          -->
      </td>
    </tr>
    <tr>
      <td align = "right"><a href = "GoodAddform.asp">添加商品</a></td>
    </tr>
    <tr><td>
    <table border = 1 cellspacing = 1>
        <tr>
        <td>商品编号</td><td>商品名称</td><td>商品类别</td>
        <td>价格</td><td>库存</td><td>商品图片</td><td>商品描述</td><td>操作</td>
        </tr>
    <! -- #include file = "conn.asp"  -->
    <%
        Set rs = Server.CreateObject("ADODB.Recordset")
        rs.ActiveConnection = Conn
        rs.Open "select * from Goods order by GoodID",conn,1,1
        rs.pagesize = 3   '设置每页记录数为 3
        '如果网页参数 page 为空,默认显示第 1 页。
        if request("page") = "" then
            curpage = 1
        else
          curpage = cint(request("page"))
        end if
```

```
        '在当前页码乘以每页记录数大于总记录数时,正确设定当前页码值
        if curpage * rs.pagesize > rs.RecordCount then
          if rs.RecordCount mod rs.pagesize = 0 then
            curpage = rs.RecordCount\rs.pagesize
          else
            curpage = (rs.RecordCount\rs.pagesize) + 1
           end if
        end if
         '设置记录集的当前页码
         rs.absolutepage = curpage
         '循环输出当前页码中的记录
         for i = 1 to rs.pagesize
%>
      <tr>
<td><% =rs("GoodID") %></td><td><% =rs("GoodName") %></td>
<td><% =rs("Category") %></td><td><% =rs("Price") %></td>
<td><% =rs("Quantity") %></td><td><img src="<% =rs("Goodpic") %>"></td>
<td><% =rs("Description") %></td>
<td><a href="GoodEditform.asp?GoodID=<% =rs("GoodID") %>">修改</a>
|<a href='javascript:SureDel(<% =rs("GoodID") %>)'>删除</a></td>
      </tr>
<%
           rs.movenext
           '如果到达记录集的末端,则退出 For 循环。
           if rs.eof then
             i = i + 1
             exit for
           end if
         next
%>
</table>
</td>
</tr>
</table>
<form action="Goods.asp" target="_self">
           <hr size=0 width='100%'>
           第<font color=red><% =cstr(curpage) %></font>页/
共<font color=red><% =cstr(rs.pagecount) %></font>页   
           本页<font color=red><% =cstr(i-1) %></font>条/
共<font color=red><% =cstr(rs.recordcount) %></font>条
           <%
           if curpage = 1 then
           %>
           <%
           else
           %>
           [<a href="Goods.asp?page=1">首页</a>]
           [<a href="Goods.asp?page=<% =cstr(curpage-1) %>">前页</a>]
           <%
           end if
           if  curpage = rs.pagecount then
```

```
        %>
        <%
        else
        %>
        [<a href="Goods.asp?page=<% =cstr(curpage+1)%>">后页</a>]
        [<a href="Goods.asp?page=<% =cstr(rs.pagecount)%>">末页</a>]
        <%
        end if
        %>
        <label>
        <input name="page" type="text" id="page" size="4">
        <input type="submit" name="Submit" value="跳转">
        </label>
    <%
      set rs=nothing
      set conn=nothing
    %>
</form>
</body>
</html>
```

(2) 在浏览器中预览的效果如图 10-1 所示。

代码说明：

① 语句 rs.pagesize＝3 设置每页显示的记录数为 3 条，语句 rs.absolutepage ＝ curpage 设置记录集的当前页码为 curpage 的值。

② curpage 的值由超链接后的 page 参数指定，如下面几个超链接所示：

```
[<a href="Goods.asp?page=1">首页</a>]
[<a href="Goods.asp?page=<% =cstr(curpage-1)%>">前页</a>]
[<a href="Goods.asp?page=<% =cstr(curpage+1)%>">后页</a>]
[<a href="Goods.asp?page=<% =cstr(rs.pagecount)%>">末页</a>]
```

③ page 参数也可以手动输入，然后单击“跳转”按钮跳转到相应的页面。代码如下：

```
<input name="page" type="text" id="page" size="4">
<input type="submit" name="Submit" value="跳转">
```

④ “删除”超链接<a href='javascript:SureDel(<%=rs("GoodID")%>)'>删除</a>调用 JavaScript 函数 SureDel(GoodID)，该函数的作用是提示管理员确认删除操作。当管理员确认删除操作后才跳转到 GoodDelete.asp 页面实现真正的删除操作。

任务 10-2　查询商品信息

任务背景

当商品信息较多时，通常需要提供查询功能，以提供用户更精确的浏览。

任务要求

应该允许用户选择不同的字段进行查询，实现的查询主要是模糊查询。

【技术要领】查询商品信息 SQL 语句中 Where 字句的书写。

【解决问题】实现根据商品名称、类别或描述来模糊查询商品信息。

【应用领域】记录查询。

效果图

在图 10-1 中查询项下拉菜单中选择相应的查询项，在关键词后的文本框中输入相应的关键词，然后单击“查询”按钮，查询的效果图如图 10-2 所示。

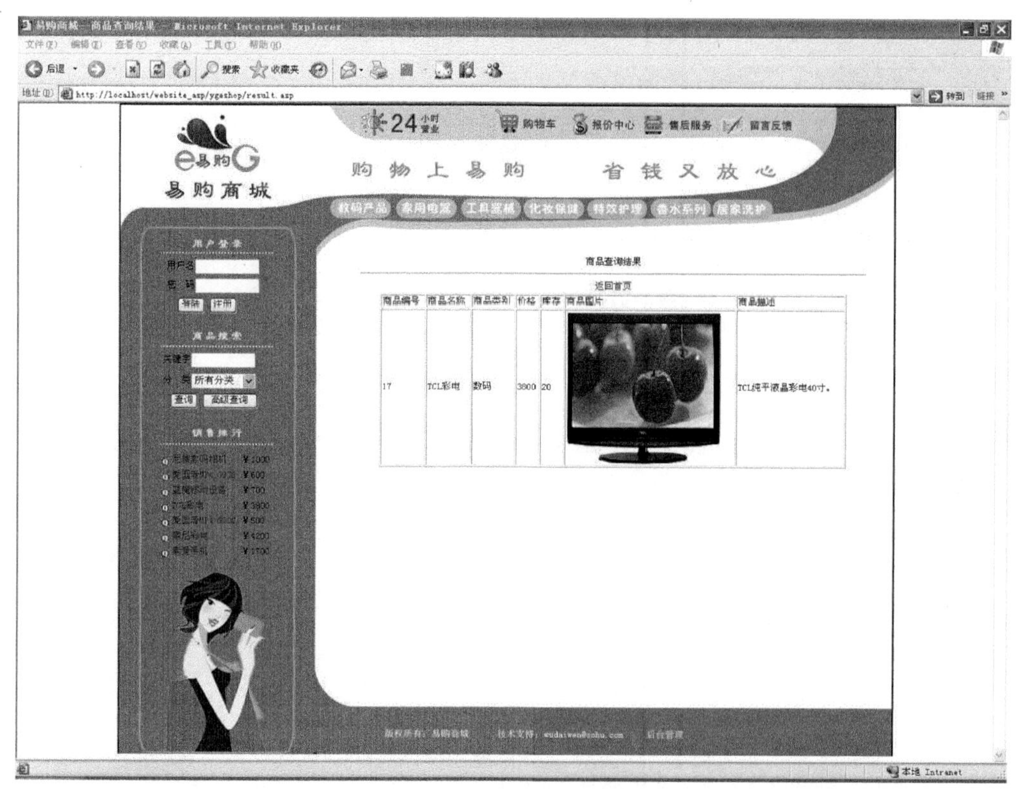

图 10-2 商品查询效果图

任务分析

本任务首先需要在 Goods.asp 页面制作一个查询表单，将查询项和查询关键字参数传递到 result.asp 页面。然后将这些参数加入查询 SQL 语句中的 Where 子句，这样查询出来的结果即为满足要求的记录集。

重点和难点

查询 SQL 语句中的 Where 子句书写。

操作步骤

(1) 创建 result.asp 页面，在网页中输入如下代码：

```
<html>
<head>
  <title>商品查询</title>
</head>
<script language=javascript>
function SureDel(GoodID)
{
```

```
    if ( confirm("你是否真的要删除该商品?"))
        {
           window.location.href = "GoodDelete.asp?GoodID = " + GoodID + "";
        }
}
</script>
<body>
商品查询结果
<hr>
<table border = 0 cellpadding = "0">
<tr>
  <td>查询结果页面,<a href = "Goods.asp">返回商品浏览页面</a></td>
</tr>
<tr><td>
<table border = 1 cellspacing = 1>
  <tr>
    <td>商品编号</td><td>商品名称</td><td>商品类别</td>
    <td>价格</td><td>库存</td><td>商品图片</td><td>商品描述</td><td>操作</td>
  </tr>
<!-- #include file = "conn.asp" -->
<%
Set rs = Server.CreateObject("ADODB.Recordset")
rs.ActiveConnection = Conn
searchitem = Request.Form("searchitem")
searchvalue = Trim(Request.Form("searchvalue"))
strSQL = "select * from Goods where "
strSQL = strSQl&searchitem&" like '%"&searchvalue&"%'"
rs.Open strSQL
do while not rs.EOF
%>
<tr><td><% = rs("GoodID") %></td><td><% = rs("GoodName") %></td>
<td><% = rs("Category") %></td><td><% = rs("Price") %></td>
<td><% = rs("Quantity") %></td><td><img src = "<% = rs("Goodpic") %>"></td>
<td><% = rs("Description") %></td><td>
<a href = "GoodEditform.asp?GoodID = <% = rs("GoodID") %>">修改</a>|
<a href = 'javascript:SureDel(<% = rs("GoodID") %>)'>删除</a> </td></tr>
<%
   rs.MoveNext
   loop
%>
</table>
</td>
</tr>
</table>
</body>
</html>
```

(2) 在浏览器中的查询效果如图 10-2 所示。

代码说明：

① 代码中查询 SQL 语句的写法如下：

```
strSQL = "select * from Goods where "
strSQL = strSQl&searchitem&" like '%"&searchvalue&"%'"
```

这里实现的是模糊查询，所以查询 SQL 语句采用了"select * from Goods where 查询项 like 查询值"，注意查询值的两边应该加上"%"和"'"。

② 代码中循环输出查询结果采用 do while…Loop 循环，循环结构如下：

```
do while not rs.EOF
   ……循环代码
  rs.MoveNext
loop
```

任务 10-3 利用在线 HTML 编辑器添加商品

任务背景

添加商品是商品发布模块最基本的功能，商品信息浏览页面中显示的商品首先要通过添加商品功能添加进去。

任务要求

(1) 添加商品时应该能实现对商品图片的上传。

(2) 商品描述中应该能实现插入图片等多媒体信息。

【技术要领】图片无组件上传；嵌入在线 HTML 编辑器；ADO 添加数据。

【解决问题】商品图片上传和显示；在线 HTML 编辑器的使用；添加数据到服务器。

【应用领域】网页表单提交数据。

效果图

商品添加操作界面如图 10-3 所示。

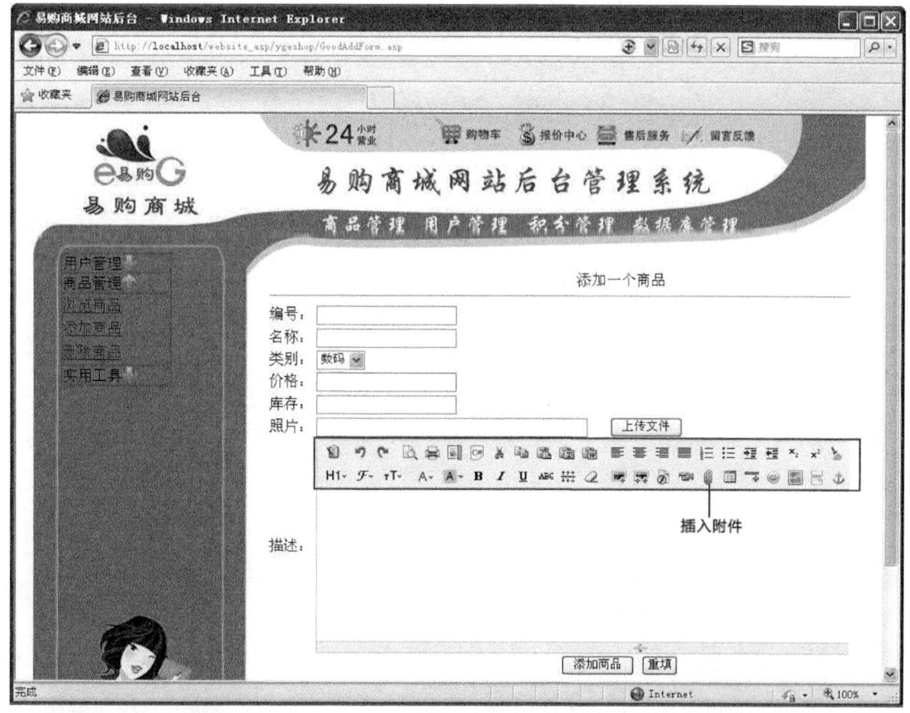

图 10-3 商品添加操作界面

任务分析

这个任务主要有两个：一是商品照片的无组件上传和显示；二是将在线 HTML 编辑器嵌入在页面中，从而实现商品描述信息的在线编辑。

重点和难点

商品照片无组件上传和嵌入在线 HTML 编辑器。

操作步骤

(1) 新建 GoodAddForm.asp 页面，在页面中输入如下代码：

```
<%@LANGUAGE="VBSCRIPT" CODEPAGE="936"%>
<html>
<head>
<title>添加商品</title>
    <link rel="stylesheet" href="kindeditor/themes/default/default.css" />
    <link rel="stylesheet" href="kindeditor/plugins/code/prettify.css" />
    <script charset="utf-8" src="kindeditor/kindeditor.js"></script>
    <script charset="utf-8" src="kindeditor/lang/zh_CN.js"></script>
    <script charset="utf-8" src="kindeditor/plugins/code/prettify.js"></script>
    <script>
        KindEditor.ready(function(K) {
            var editor1 = K.create('textarea[name="Description"]', {
                cssPath : 'kindeditor/plugins/code/prettify.css',
                uploadJson : 'kindeditor/asp/upload_json.asp',
                fileManagerJson : 'kindeditor/asp/file_manager_json.asp',
                allowFileManager : true,
                afterCreate : function() {
                    var self = this;
                    K.ctrl(document, 13, function() {
                        self.sync();
                        K('form[name=example]')[0].submit();
                    });
                    K.ctrl(self.edit.doc, 13, function() {
                        self.sync();
                        K('form[name=example]')[0].submit();
                    });
                }
            });
            prettyPrint();
        });
    </script>
</head>
<body>
添加一个商品
<hr>
  <form action="GoodAdd.asp?action=add" method=post name="myform">
     <table border=0 cellspacing=0>
       <tr>
         <td>商品编号:</td>
         <td><input name="GoodID" type="text" id="GoodID" size="20"></td></tr>
       <tr><td>商品名称:</td>
```

```
        <td><input name="GoodName" type="text" id="GoodName" size="20"></td></tr>
        <tr>
          <td>商品类别：</td>
          <td><label>
            <select name="Category" id="Category">
              <option value="数码">数码</option>
              <option value="家电">家电</option>
              <option value="日化">日化</option>
              <option value="餐饮">餐饮</option>
              <option value="其他">其他</option>
            </select>
          </label></td>
        </tr>
        <tr>
          <td>价格：</td>
          <td><input name="Price" type="text" id="Price" size="20"></td></tr>
        <tr>
          <td>库存：</td>
          <td><input name="Quantity" type="text" id="Quantity" size="20"></td></tr>
        <tr>
          <td>商品照片：</td>
          <td><input name="bookpic" type="text" id="bookpic" size="20"> 
               <input type="button" name="Submit2" value="上传文件"
onClick="window.open('upfile.asp','','status=no,scrollbars=no,top=20,left=110,width=
420,height=165')" /></td>
        </tr>
        <tr>
          <td>描述：</td>
          <td>
<textarea name="Description" style="width:700px;height:200px;visibility:hidden;">
</textarea>
          </td></tr>
         <tr><td colspan="2" align="center">
         <input type=submit value="添加商品">
         <input type="reset" name="Submit" value="重填">
         </td></tr>
      </table>
   </form>
</body>
</html>
```

(2) 新建 GoodAdd.asp 页面，在页面中输入如下代码：

```
<%@LANGUAGE="VBSCRIPT" CODEPAGE="936"%>
<title>添加商品</title>
<!-- #include file="conn.asp" -->
<%
GoodID=Request.Form("GoodID")
GoodName=Request.Form("GoodName")
Category=Request.Form("Category")
Price=cint(Request.Form("Price"))
```

```
Quantity = cint(Request.Form("Quantity"))
Goodpic = trim(Request.Form("bookpic"))
Descriptionstr = Request.Form("Description")
strSQL = "insert into Goods values("
strSQL = strSQl&"'"&GoodID&"',"
strSQL = strSQl&"'"&GoodName&"',"
strSQL = strSQl&"'"&Category&"',"
strSQL = strSQl&Price&","
strSQL = strSQl&Quantity&","
strSQL = strSQl&"'"&Goodpic&"',"
strSQL = strSQl&"'"&Descriptionstr&"')"
Conn.Execute strSQL
Conn.Close
Set Conn = nothing
Response.Redirect("Goods.asp")
%>
```

(3) 程序的运行结果如图 10-3 所示。

代码说明:

① 本模块将商品照片上传到服务器相应目录,数据库中只存储图片路径,显示时提取图片路径即可,上传功能由任务 10-6 中的无组件上传模块实现。

② 本实例使用的在线 HTML 编辑器为 KindEditer,KindEditor 是一套开源的在线 HTML 编辑器,主要用于让用户在网站上获得所见即所得编辑效果,开发人员可以用 KindEditor 把传统的多行文本输入框(textarea)替换为可视化的富文本输入框。可到 http://kindeditor.net/网站下载 KindEditor 在线 HTML 编辑器。注意,应将多行文本框的 visibility 属性设置为"hidden"。在线 HTML 编辑器所在的多行文本框代码如下:

```
<textarea name = "Description" style = "width:700px;height:200px;visibility:hidden;">
</textarea>
```

③ 要在网页中使用 KindEditor,需要在网页中引入相关的文件,如 GoodAddForm.asp 页面 head 标签中的加粗部分代码。并且注意引用时被引用文件和网页的相对路径要正确。请特别注意,多行文本输入框的 name 属性值(Description)应该出现在以下代码行中:

```
var editor1 = K.create('textarea[name = "Description"]', {
```

如果要在网页中创建多个可视化的富文本输入框,可使用 GoodAddForm.asp 页面斜体部分的代码实现。如以下代码就可以在网页中实现两个可视化的富文本输入框:

```
var editor1 = K.create('textarea[name = "content1"]', {
    …省略部分代码
});
var editor2 = K.create('textarea[name = "content2"]', {
    …省略部分代码
});
```

对应网页中也应该有两个多行文本框,HTML 代码如下:

```
<textarea name = "content1" style = "width:700px;height:200px;visibility:hidden;">
```

```
</textarea>
<textarea name="content2" style="width:700px;height:200px;visibility:hidden;">
</textarea>
```

④ 图 10-3 灰色实线框中所显示的在线 HTML 编辑工具可以由用户定制，定制方法比较简单，用 Dreamweaver 打开 kindeditor 根目录下的 kindeditor.js 文件，找到如下代码段：

```
items : [
        'source', '|', 'undo', 'redo', '|', 'preview', 'print', 'template', 'code', 'cut', 'copy',
'paste',
        'plainpaste', 'wordpaste', '|', 'justifyleft', 'justifycenter', 'justifyright',
        'justifyfull', 'insertorderedlist', 'insertunorderedlist', 'indent', 'outdent',
'subscript',
        'superscript', 'clearhtml', 'quickformat', 'selectall', '|', 'fullscreen', '/',
        'formatblock', 'fontname', 'fontsize', '|', 'forecolor', 'hilitecolor', 'bold',
        'italic', 'underline', 'strikethrough', 'lineheight', 'removeformat', '|', 'image',
        'flash', 'media', 'insertfile', 'table', 'hr', 'emoticons', 'baidumap', 'pagebreak',
        'anchor', 'link', 'unlink', '|', 'about'
    ],
```

用户可以在该代码段中定制在线 HTML 编辑器的工具，只需把不想要的工具删除即可。'/'符号表示换行，其他的工具基本可以做到见名知意，在此不再赘述。

⑤ 利用图 10-3 中的"插入附件"按钮可以插入各种格式的附件。可上传的文件有图片文件、Flash 文件、媒体文件和其他文件。这些文件的格式在 kindeditor 中都有指定，如果还需要上传某些特殊格式的文件，可以对 kindeditor 中指定的文件格式进行修改即可。另外 kindeditor 中对上传文件的最大尺寸做了限制，这个限制也可以修改。修改方法比较简单，找到 kindeditor 根目录下的 asp 子文件，找到 upload_json.asp 文件并用 Dreamweaver 打开，找到如下代码段。

```
'定义允许上传的文件扩展名
imageExtStr = "gif|jpg|jpeg|png|bmp"
flashExtStr = "swf|flv"
mediaExtStr = "swf|flv|mp3|wav|wma|wmv|mid|avi|mpg|asf|rm|rmvb"
fileExtStr = "doc|docx|xls|xlsx|ppt|htm|html|txt|zip|rar|gz|bz2"
'最大文件大小
maxSize = 5 * 1024 * 1024 '5M
```

用户可以在这段代码中设定要上传的文件格式和最大文件大小。

任务 10-4　利用在线 HTML 编辑器修改商品

任务背景

商品添加功能实现后，管理员就可以添加商品信息了，但如果当某一商品信息有错误时，这时就需要一个商品修改页面来修改商品信息。

任务要求

(1) 商品修改页面应该能实现包括商品照片在内的所有商品信息的修改。

(2) 对商品描述信息的修改仍然可以利用在线 HTML 编辑器。

【技术要领】ADO 数据添加；在线 HTML 编辑器编辑商品描述信息。

【解决问题】商品信息显示和修改。

【应用领域】网页表单数据修改。

效果图

单击图 10-1 中商品编号为“12”记录的“修改”超链接，编辑该商品信息，效果如图 10-4 所示。

图 10-4 编辑商品信息界面

任务分析

本任务首先要通过商品编号从数据库中提取相应的商品信息显示出来，管理员修改后再提交数据库即可。

重点和难点

HTML 在线编辑器编辑商品描述信息。

操作步骤

(1) 新建 GoodEditform.asp 页面，详细代码如下：

```
<%@LANGUAGE="VBSCRIPT" CODEPAGE="936"%>
<html>
<head><title>修改商品</title>
    <link rel="stylesheet" href="kindeditor/themes/default/default.css" />
    <link rel="stylesheet" href="kindeditor/plugins/code/prettify.css" />
    <script charset="utf-8" src="kindeditor/kindeditor.js"></script>
```

```
    <script charset = "utf - 8" src = "kindeditor/lang/zh_CN.js"></script>
    <script charset = "utf - 8" src = "kindeditor/plugins/code/prettify.js"></script>
    <script>
        KindEditor.ready(function(K) {
            var editor1 = K.create('textarea[name = "Description"]', {
                cssPath : 'kindeditor/plugins/code/prettify.css',
                uploadJson : 'kindeditor/asp/upload_json.asp',
                fileManagerJson : 'kindeditor/asp/file_manager_json.asp',
                allowFileManager : true,
                afterCreate : function() {
                    var self = this;
                    K.ctrl(document, 13, function() {
                        self.sync();
                        K('form[name = example]')[0].submit();
                    });
                    K.ctrl(self.edit.doc, 13, function() {
                        self.sync();
                        K('form[name = example]')[0].submit();
                    });
                }
            });
            prettyPrint();
        });
    </script>
</head>
<body>
修改商品信息
<hr>
<! -- #include file = "conn.asp" -->
<%
editid = Request.Querystring("GoodID")
Set rs = Server.CreateObject("ADODB.Recordset")
rs.ActiveConnection = Conn
rs.Open"select * from Goods where GoodID = '"&editid&"'"
if rs.state = 1 then
 %>
  <form action = "GoodEdit.asp" method = post name = "myform">
    <table border = 0 cellspacing = 0 >
      <tr>
        <td>商品编号：</td>
<td><input type = "text" size = "20" name = "GoodID" value = <% = rs("GoodID") %> readonly =
true>
        </td>
      </tr>
      <tr>
        <td>商品名称：</td>
 <td><input type = "text" size = "20" name = "GoodName" value = <% = rs("GoodName") %>>
        </td>
      </tr>
      <tr>
        <td>类别：</td>
```

```
<td><input type="text" size="20" name="Category" value=<%=rs("Category")%>>
          </td>
        </tr>
      <tr>
          <td>价格:</td>
          <td><input type="text" size="20" name="Price" value=<%=rs("Price")%>>
          </td>
        </tr>
        <tr>
          <td>库存:</td>
          <td><input type="text" size="20" name="Quantity" value=<%=rs("Quantity")%>>
          </td>
        </tr>
      <tr>
            <td>商品照片:</td>
            <td>
<input name="bookpic" type="text" id="bookpic" size="20"
value="<%=rs("Goodpic")%>">
            <input type="button" name="Submit2" value="上传文件"
   onClick="window.open('upfile.asp','','status=no,scrollbars=no,top=20,left=110,width
=420,height=165')" />
                </td></tr>
         <tr>
           <td>描述:</td>
           <td>
<textarea name="Description" style="width:700px;height:200px;visibility:hidden;">
<%=rs("Description")%>
</textarea>

          </td>
        </tr>
        <tr><td colspan="2" align="center"><input type=submit value="修改"></td></tr>
      </table>
   </form>
</body>
<%
end if
rs.close
Set rs=nothing
Conn.close
Set Conn=nothing
%>
</html>
```

(2) 新建 GoodEdit.asp 页面,详细代码如下:

```
<%@LANGUAGE="VBSCRIPT" CODEPAGE="936"%>
<title>修改商品</title>
<!--#include file="conn.asp"-->
<%
GoodID=Request.Form("GoodID")
```

```
GoodName = Request.Form("GoodName")
Category = Request.Form("Category")
Price = cint(Request.Form("Price"))
Quantity = cint(Request.Form("Quantity"))
Goodpic = trim(Request.Form("bookpic"))
Descriptionstr = Request.Form("Description")
set rs = Server.CreateObject("ADODB.RecordSet")
'修改记录
strSQL = "select * from Goods where GoodID = '"&GoodID&"'"
rs.open strSQL,conn,1,3
rs("GoodName") = GoodName
rs("Category") = Category
rs("Price") = Price
rs("Quantity") = Quantity
rs("Goodpic") = Goodpic
rs("Description") = Descriptionstr
rs.update[1]
Conn.Execute strSQL
Conn.Close
Set Conn = nothing
Response.Redirect("Goods.asp")
%>
```

(3) 商品修改页面运行效果如图 10-4 所示。

代码说明：

① 商品照片修改部分的代码同商品添加页面。

② 修改商品页面集成在线 HTML 编辑器方法和添加商品页面一样，在线 HTML 编辑器所在的多行文本框代码如下所示：

```
<textarea name = "Description" style = "width:700px;height:200px;visibility:hidden;">
<% = rs("Description") %>
</textarea>
```

在修改商品页面中需要将商品描述字段的内容回显到多行文本框中，如上面的加粗行代码。

③ GoodEdit.asp 页面实现商品信息的修改，修改完毕后跳转到 Goods.asp 页面。

任务 10-5　删除商品信息

任务背景

如果某些商品不再需要，即可删除这些商品信息。

任务要求

本功能应该能根据商品编号删除商品。

【技术要领】删除 SQL 语句的编写。

【解决问题】商品信息的删除。

【应用领域】数据删除。

效果图

当单击图 10-1 中的“删除”链接时,会弹出如图 10-5 所示的删除确认对话框。当管理员单击“确认”按钮时才真正删除商品,否则不删除。

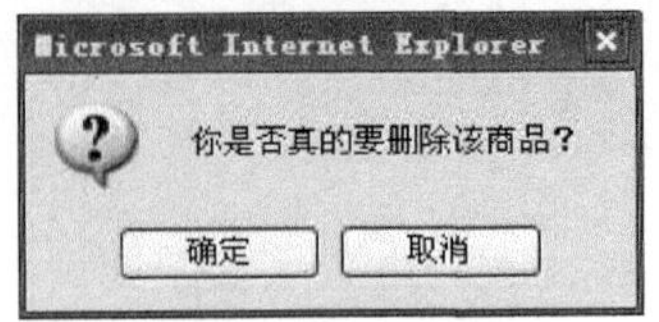

图 10-5 删除商品确认

任务分析

本任务比较简单,只需要制作一个简单的删除页面即可。

重点和难点

删除 SQL 语句的书写。

操作步骤

(1) 制作 GoodDelete.asp 页面,详细代码如下:

```
<%@LANGUAGE="VBSCRIPT" CODEPAGE="936"%>
<title>删除商品</title>
<!-- #include file="conn.asp" -->
<%
deleteid=Request.QueryString("GoodID")
strSQL="delete from Goods where GoodID='"&deleteid&"'"
Conn.Execute strSQL
Conn.Close
Set Conn=nothing
Response.Redirect("Goods.asp")
%>
```

(2) 删除商品后返回 Goods.asp 页面。

任务 10-6 实现无组件上传商品图片

任务背景

用户在浏览商品时,通常需要显示商品的缩略图,以便用户对商品有一个大致的了解。

任务要求

本功能先将商品图片上传到网站某一目录下,数据库中存储的是图片的相对路径。

【技术要领】ADODB.Stream 对象的使用。

【解决问题】二进制数据或文本流操作。

【应用领域】数据无组件[2]上传。

效果图

当单击图 10-3 中的“上传文件”按钮时,会弹出如图 10-6 所示的网页。在该网页中用户可以选择要上传的文件。

单击图 10-6 中的“上传”按钮后,会将图片上传到网站相应目录,并返回上传文件的相

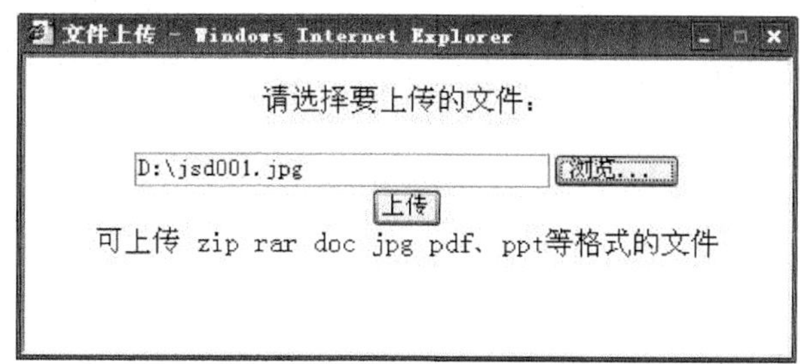

图 10-6 选择要上传的文件

对路径，如图 10-7 所示。如果上传文件的格式不对，则会弹出如图 10-8 所示的提示对话框。

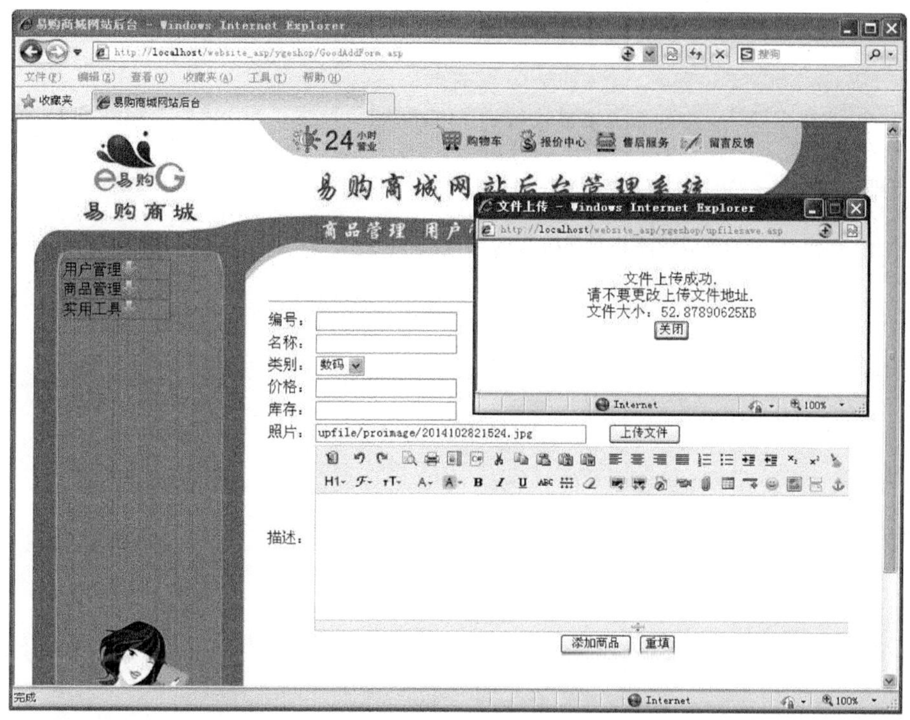

图 10-7 上传文件并返回上传文件相对路径

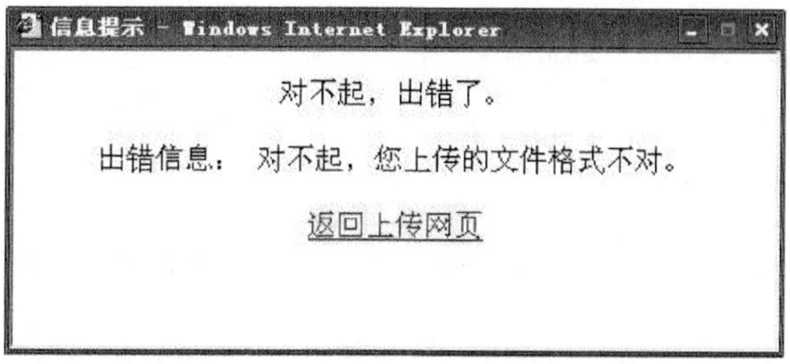

信息提示 - Windows Internet Explorer

对不起，出错了。

出错信息： 对不起，您上传的文件格式不对。

返回上传网页

图 10-8 上传文件格式不正确

任务分析

本任务要求将商品图片上传到网站某一目录下,然后存储图片相对路径到数据库。

重点和难点

图片文件的无组件上传。

操作步骤

(1) 制作 upfile.asp 页面,详细代码如下:

```
<% @LANGUAGE = "VBSCRIPT" CODEPAGE = "936" %><head>
<meta http-equiv = "Content-Type" content = "text/html; charset = gb2312" />
<title>文件上传</title>
</head>
<div align = "center">
```

请选择要上传的文件:

```
<form action = "upfilesave.asp" method = "post"   name = "FORM">
  <input type = "file" name = "upfile" style = "width:300"    value = "" id = "upfile">
  <br />
  <input type = "submit" name = "submit" value = "上传" />
  <br />
  可上传 zip rar doc jpg pdf、ppt 等格式的文件
</form>
</div>
```

(2) 制作 upfilesave.asp 页面,详细代码如下:

```
<title>文件上传</title>
 <%
    'GetFileName 函数用来获取上传文件名.
    Function GetFileName(ByVal strFile)
    If strFile <> "" Then
     GetFileName = mid(strFile,InStrRev(strFile, "\") + 1)
    Else
     GetFileName = ""
    End If
    End   function
    strFileName = Request.Form("upfile")
    Set objStream = Server.CreateObject("ADODB.Stream")
    objStream.Type = 1
    '打开 Stream 对象来操作二进制或文本数据的流.
    objStream.Open
    '将现有文件的内容加载到 Stream 中.
    objStream.LoadFromFile strFileName
    dim filename
    '利用当前时间的年、月、日、时、分、秒和一个随机数来指定上传后的文件名,保证上传文件无
重名.
    filename = year(now)&month(now)&day(now)&hour(now)&minute(now)
        &second(now)&ranNum&"."&right(GetFileName(strFileName),3)
    '获取要上传文件后缀并进行判断过滤,以保证上传文件的安全性.
    dim fname
```

```
    fname =  right(GetFileName(strFileName),3)
    fname = lcase(fname)
    if fname = "exe" or fname = "asp" or fname = "spx" or fname  = "com" then
    response.Redirect("upfilemsg.asp?info = 对不起,不能上传可执行文件")
    end if
    '这里可以根据需要指定更多上传文件格式.
    if fname <> "zip" and  fname <> "doc" and  fname <> "ppt" and  fname <> "gif" and  fname <>
"jpg" and  fname <> "pdf" then
    response.Redirect("upfilemsg.asp?info = 对不起,您上传的文件格式不对。")
    end if
    '获取上传文件的尺寸大小.
dim fsize
fsize = len(objStream.read())
 fsize =  fsize  * 2
  fsize = fsize /1024
'这里可以根据需要指定要上传文件的最大尺寸.
if fsize > 1000000 then
    response.Redirect("upfilemsg.asp?info = 对不起,不能上传大于 1000M 的文件")
end if
    '把 Stream 的二进制内容保存为服务器网站中的文件,实现上传功能.
    objStream.SaveToFile Server.MapPath("upfile/proimage/"&filename),2
    objStream.Close
    '将上传到服务器中的文件相对路径返回到表单文本框中.
    response.write "< script > window.opener.document.myform.bookpic.value = '"& "upfile/
proimage/"&filename  &"'</script>"
            response.write("< div align = center >")
    Response.Write("< br >文件上传成功.< br >请不要更改上传文件地址.< br >文件大小: "& fsize
&"KB < br >")
     % >
< div align = "center">< input type = "submit" name = "button" id = "button" value = "关闭"
onclick = "window.close();"/></div >
```

(3) 制作 upfilemsg.asp 页面,详细代码如下:

```
< % @LANGUAGE = "VBSCRIPT" CODEPAGE = "936" % >
< html xmlns = "http://www.w3.org/1999/xhtml">
< head >
< meta http - equiv = "Content - Type" content = "text/html; charset = gb2312" />
< title>信息提示</title >
</head >
< body >
< p align = "center">对不起,出错了。</p >
< p align = "center">出错信息:< % = request("info") % ></p >
< div align = "center">< a href = "upfile.asp">返回上传网页</a >
</div >
</body >
</html >
```

代码说明:

① 程序通过 ADODB.Stream 对象[3]的相关方法实现文件上传,例如通过 Stream 对象的 LoadFromFile 将现有文件的内容加载到 Stream 中。通过 Stream 对象的 SaveToFile 方

法把 Stream 的二进制内容保存到文件。

② 上传后的文件命名利用当前时间的年、月、日、时、分、秒和一个随机数来指定，这样就可以保证上传文件无重名，上传后的文件名如图 10-7 所示。

③ 文件上传之后需要将上传到服务器中的文件相对路径返回到添加或修改表单的相应文本框中。代码如下：

```
response.write "<script>window.opener.document.myform.bookpic.value='"
    & "upfile/proimage/"&filename&"'</script>"
```

以上代码中的“myform”为添加或修改表单的表单名称；“bookpic”为表单中存放图片路径的文本框；“upfile/proimage/”为存储上传图片的服务器相对路径。用户可以根据自己的需要进行相应的修改。

④ 如果要将自己做的网站发布到虚拟主机空间中，需要了解该虚拟主机是否支持无组件上传，如果不支持无组件上传，可选择其他上传组件实现数据上传。通常虚拟主机空间支持的上传组件有 ASPUPLOAD、Upload 3.0、SA-FileUp SoftArtisans 和 FileUp 等。读者可以到网上下载相关的实例代码，修改后即可实现文件上传。本模块知识点拓展部分简单讲述如何使用 ASPUPLOAD[4] 组件。

知识点拓展

[1] 记录集对象的 update 方法可用来修改和增加记录。修改记录的代码如下所示：

```
strSQL = "select * from Goods where GoodID='"&GoodID&"'"
rs.open strSQL,conn,1,3
rs("GoodName") = GoodName
rs("Category") = Category
rs("Price") = Price
rs("Quantity") = Quantity
rs("Goodpic") = Goodpic
rs("Description") = Descriptionstr
rs.update
```

如果需要增加记录的话，只需要在第 2 行代码下加入 rs.AddNew 语句增加一条新的记录，然后给记录的各个字段赋值，最后通过 rs.update 语句即可增加一条新的记录。通过这种方式修改和增加记录比使用 update 和 insert SQL 语句结构更清晰，不容易出错。

[2] 很多时候需要将客户端的文件上传到服务器上，比如上传商品图片和下载文档等。要实现该功能，一般有第三方上传组件和无组件上传两种方法。

第三方上传组件提供的文件上传功能是由个人或公司开发的上传组件，通常将其编译成动态链接库(.dll)文件。比较常用的有 ASPUpload 和 LyfUpload 等。要使用第三方组件，就必须在服务器上注册该组件。如果服务器是自己的就没有什么困难，但如果是租用的服务器，则没有权利注册组件。此时考虑通用性应该使用无组件上传，因为无组件上传不需要使用第三方组件，直接上传文件，不需要服务器的支持安装。

[3] Stream 对象可以用来表示二进制数据或文本的流。可以通过指向包含二进制或

文本数据的对象(通常是文件)的 URL 来获取 Stream 对象的实例。例如:

```
objStream.LoadFromFile strFileName
```

通过将 Stream 对象实例化。这些 Stream 对象可用来存储用于应用程序的数据,实例化的 Stream 对象在默认情况下与基本源没有关联。

用 Stream 对象的方法和属性可以执行下列操作:

- Open 方法从 Record 或 URL 打开 Stream 对象。
- Close 方法关闭 Stream。
- Write 和 WriteText 方法向 Stream 中输入字节或文本。
- Read 和 ReadText 方法从 Stream 中读取字节。
- Flush 方法将仍在 ADO 缓冲区中的任何 Stream 数据写入基本对象。
- CopyTo 方法将 Stream 的内容复制到另一 Stream。
- SkipLine 方法和 LineSeparator 属性控制从源文件中读取行的方式。
- EOS 属性和 SetEOS 方法确定流位置的结尾。
- SaveToFile 和 LoadFromFile 方法保存和恢复文件中的数据。
- Charset 属性指定用于存储 Stream 的字符集。
- Cancel 方法终止异步 Stream 操作。
- Size 属性确定 Stream 中的字节数。
- Position 属性控制 Stream 中的当前位置。
- Type 属性确定 Stream 中的数据类型。
- State 属性确定 Stream 的当前状态(已打开、关闭或正在执行)。
- Mode 属性指定 Stream 的访问模式。

其中 SavaToFile 和 LoadFromFile 方法的详细语法如下。

(1) SaveToFile 方法。

把 Stream 的二进制内容保存到文件。

语法:

```
Stream.SaveToFile FileName, SaveOptions
```

参数:

FileName String 值,包含要保存 Stream 内容的文件的完整名称。可以保存到任何有效的本地位置,或任何可以通过 UNC 值访问的位置。

SaveOptions SaveOptionsEnum 值,指定当文件不存在时 SaveToFile 是否创建新文件。默认值为 adSaveCreateNotExists。如果指定的文件不存在,可以用这些选项来指定产生错误。还可以指定 SaveToFile 覆盖现有文件的当前内容。

注意:如果覆盖现有的文件(设置 adSaveCreateOverwrite),SaveToFile 将截断原始文件中超出新 EOS 的所有字节。

说明:

SaveToFile 可用于将 Stream 对象的内容复制到本地文件。Stream 对象的内容或属性不发生变化。调用 SaveToFile 之前,Stream 对象必须被打开。

此方法不更改 Stream 对象与其基本源的关联。Stream 对象将仍与原来的 URL 关联,该 URL 在 Stream 对象打开时就是其源。

完成 SaveToFile 操作后,流中的当前位置(Position)被设置到流的开始处(0)。

(2) LoadFromFile 方法。

将现有文件的内容加载到 Stream 中。

语法:

```
Stream.LoadFromFile FileName
```

参数:

FileName String 值,包含要加载到 Stream 中的文件的名称。FileName 可以包含任何 UNC 格式的有效路径和名称。如果指定的文件不存在,将发生运行时错误。

说明:

此方法可用于将本地文件的内容加载到 Stream 对象中。还可用于将本地文件的内容上载至服务器。

调用 LoadFromFile 之前 Stream 对象必须是打开的。此方法不改变 Stream 对象的绑定;它将仍旧绑定到原来打开 Stream 的 URL 所指定的对象。LoadFromFile 用从该文件中读取的数据覆盖 Stream 对象的当前内容。

Stream 中任何现有的字节都被该文件的内容覆盖。LoadFromFile 创建的 EOS 后跟随的任何原有和剩余的字节都将被截去。在调用 LoadFromFile 后,当前位置将设置在 Stream 的开始处(Position 为 0)。

[4] AspUpload 是一款功能强大的动态服务器上传组件,安装此程序可以让 ASP 程序上传各种格式的文档,AspUpload 能够实现以下功能:

(1) 限制上载文件的大小。

(2) 设置用户的权限。

(3) 修改文件属性。

(4) 同时上载多个文件。

(5) 能够将文件保存到数据库中。

AspUpload 组件的安装比较简单,可以到网上下载该组件的安装文件,目前能下载的版本以 3.X 居多(例如 aspupload3.1.exe)。下载后双击安装即可。AspUpload 组件安装后会打开网页版的帮助文件,在该文件中会详细介绍组件的使用,还可以下载演示实例。

下面介绍一个简单的 AspUpload 组件上传实例,实例由三个文件组成。

(1) 表单网页 demo1.asp 代码如下:

```
<form id="form1" name="form1" method="post" action=" * .asp">
<input name="filename" type="text" id="filename" size="50" />
<input type="button" name="Submit2" value="上传文件"
onClick="window.open('AspUpload.asp','','status=no,scrollbars=yes,top=20,left=110,
width=420,height=200')" />
</form>
```

(2) AspUpload.asp 网页的代码如下:

```
<FORM NAME="MyForm" METHOD="POST" ENCTYPE="multipart/form-data" ACTION="AspUpload_
upload1.asp">
```

```
< TABLE CELLSPACING = 0 CELLPADDING = 3 BORDER = 1 >
< TD BGCOLOR = " # FFFFCC">
    < INPUT TYPE = FILE SIZE = 40 NAME = "FILE1">< BR >
    < INPUT TYPE = SUBMIT VALUE = "上传">
</TD >
</TABLE >
</FORM >
```

(3) AspUpload_upload1.asp 网页的代码如下：

```
< %
'创建上传组件的一个实例
    Set Upload  =  Server.CreateObject("Persits.Upload.1")
'设置覆盖同名文件属性为假,新上传的同名文件会在后面加数字区分,如上传 10.jpg 图片文件后,
再上传的同名图片文件将命名为 10(1).jpg、10(2).jpg 和 10(3).jpg 等
    Upload.OverwriteFiles  =  False
    On Error Resume Next
'限定上传文件的最大尺寸(单位字节)
    Upload.SetMaxSize 1048576
'设定上传文件的保存路径,这里以虚拟路径的形式保存到网站的 upfiles 文件夹下
    Count  =  Upload.Save(server.MapPath("upfiles"))
% >
< HTML >
< BODY BGCOLOR = " # FFFFFF">
< CENTER >
< %  If Err <> 0 Then  % >
    < FONT SIZE = 3 FACE = "Arial" COLOR =  # 0020A0 >
    < H3 > The following error occured while uploading:</h3 >
    </FONT >
    < FONT SIZE = 3 FACE = "Arial" COLOR =  # FF2020 >
    < h2 >"< %   =  Err.Description  % >"</h2 >
    </FONT >
    < FONT SIZE = 2 FACE = "Arial" COLOR = " # 0020A0">
    Please < A HREF = "demo1.asp"> try again </A >.
    </FONT >
< %  Else  % >
< FONT SIZE = 3 FACE = "Arial" COLOR =  # 0020A0 >
< h2 >成功! < %   =  Count  % > 个文件已经被上传</h2 >
</FONT >
< FONT SIZE = 3 FACE = "Arial" COLOR =  # 0020A0 >
< TABLE BORDER = 1 CELLPADDING = 3 CELLSPACING = 0 >
< TH BGCOLOR = " # FFFF00">上传文件</TH >< TH BGCOLOR = " # FFFF00">尺寸</TH >< TH BGCOLOR = " #
FFFF00">原始尺寸</TH >< TR >
< %  For Each File in Upload.Files  % >
    < %  If File.ImageType  =  "GIF"  or File.ImageType  =  "JPG"  or File.ImageType  =  "PNG"  Then  % >
        < TD ALIGN = CENTER >
            < IMG SRC = "upfiles/< %   =  File.FileName % >"  width = 100  height = 100 >< BR >< B >
< %   =  File.OriginalPath % ></B >< BR >
            (< %   =  File.ImageWidth  % > x < %   =  File.ImageHeight  % > pixels)
        </TD >
    < %  Else  % >
```

```
            <TD><B><% = File.OriginalPath %></B></TD>
        <% End If %>
        <TD ALIGN=RIGHT VALIGN="TOP"><% =File.Size %> bytes</TD>
        <TD ALIGN=RIGHT VALIGN="TOP"><% =File.OriginalSize %> bytes</TD><TR>
<%
'获取上传文件的文件名.
      filename=File.FileName
'将上传到服务器中的文件相对路径返回到表单文本框中
      response.write "<script>window.opener.document.form1.filename.value='"& "upfiles/
"&filename &"'</script>"
    Next
%>
</TABLE>
</FONT>
<% End If %>
</CENTER>
</BODY>
</HTML>
```

实训 制作一个简单的新闻发布模块

实训目的

通过上机编程,让学生运用本模块所学的知识制作一个简单的新闻发表模块,使学生能熟练运用在线 HTML 编辑器插入和编辑新闻信息。

实训内容

制作一个简单的新闻发布模块。

实训过程

首先建立一个 Access 数据库 newsdb.mdb,并在数据库中创建 news 表,表中共添加了 newsid(自动编号)、headline(文本)、newsType(文本)和 newsContent(备注)共计 4 个字段,分别表示新闻的编号、标题、类别和内容。接着制作以下 7 个页面,各个页面名字及功能如下:

- news.asp——浏览所有新闻页面,并提供增、删、修和查等功能。
- newsAddForm.asp——增加新闻表单页面,提供新闻信息录入界面。
- newsAdd.asp——增加新闻处理页面,将增加新闻表单页面收集的数据提交数据库。
- newsEditform.asp——修改新闻表单页面,从数据库中提取新闻信息显示以供修改。
- newsEdit.asp——修改新闻处理页面,将修改新闻表单页面收集的数据提交数据库。

- newsDelete. asp——新闻删除页面,删除某选定新闻。
- result. asp——新闻查询结果页面,显示新闻查询结果。

(1) news. asp 页面的代码如下：

```
<html>
<head>
  <title>新闻浏览</title>
</head>
<script language=javascript>
function SureDel(newsid)
{
    if ( confirm("你是否真的要删除该商品?"))
        {
            window.location.href = "newsDelete.asp?newsid=" + newsid + "";
        }
}
</script>
<body>
新闻浏览
<hr>
<table border=0 cellpadding="0">
<tr>
  <td>新闻浏览页面</td>
</tr>
<tr>
  <td align="right"><form action="result.asp" method="post" name="form1" target=
"_self">
  查询项:
      <select name="searchitem">
             <option value="headline" selected=true>新闻标题</option>
             <option value="content">新闻内容</option>
        </select>
  关键词:
  <input type="text" size="10" name="searchvalue">
  <input type="submit" name="submit" value="查询">
  </form>
  </td>
</tr>
<tr>
  <td align="right"><a href="newsAddForm.asp">添加商品</a></td>
</tr>
<tr><td>
<table border=1 cellspacing=1>
    <tr>
        <td>编号</td><td>标题</td><td>类型</td><td>内容</td><td>操作</td>
     </tr>
<!-- #include file="conn.asp" -->
<%
     Set rs=Server.CreateObject("ADODB.Recordset")
     rs.ActiveConnection=Conn
```

```
    rs.Open "select * from news order by newsid",conn,1,1
                rs.pagesize = 3
                if request("page") = "" then
                     curpage = 1
                else
                   curpage = cint(request("page"))
                end if
                if curpage * rs.pagesize > rs.RecordCount then
                   if rs.RecordCount mod rs.pagesize = 0 then
                     curpage = rs.RecordCount\rs.pagesize
                   else
                     curpage = (rs.RecordCount\rs.pagesize) + 1
                   end if
                end if
                rs.absolutepage = curpage
                for i = 1 to rs.pagesize
%>
<tr><td><% =rs("newsid") %></td><td><% =rs("headline") %></td>
<td><% =rs("newsType") %></td><td><% =rs("newsContent") %></td><td>
<a href = "newsEditform.asp?newsid=<% =rs("newsid") %>">修改</a>|
<a href = 'javascript:SureDel(<% =rs("newsid") %>)'>删除</a></td>
     </tr>
<%
               rs.movenext
               if rs.eof then
                 i = i + 1
                 exit for
               end if
           next
%>
</table>
</td>
</tr>
</table>
<form action = "news.asp" target = "_self">
         <hr size = 0 width = '100 %'>
         第<font color = red><% =cstr(curpage) %></font>页/
共<font color = red><% =cstr(rs.pagecount) %></font>页   
         本页<font color = red><% =cstr(i-1) %></font>条/
共<font color = red><% =cstr(rs.recordcount) %></font>条
         <%
         if curpage = 1 then
         %>
         <%
         else
         %>
    [<a href = "news.asp?page = 1">首页</a>]
[<a href = "news.asp?page=<% =cstr(curpage-1) %>">前页</a>]
         <%
         end if
         if  curpage = rs.pagecount then
```

```
%>
<%
else
%>
[<a href = "news.asp?page = <% = cstr(curpage + 1) %>">后页</a>]
[<a href = "news.asp?page = <% = cstr(rs.pagecount) %>">末页</a>]
<%
end if
%>
<label>
<input name = "page" type = "text" id = "page" size = "4">
<input type = "submit" name = "Submit" value = "跳转">
</label>
<%
set rs = nothing
set conn = nothing
%>
</form>
</body>
</html>
```

(2) newsAddForm.asp 的代码如下：

```
<% @LANGUAGE = "VBSCRIPT" CODEPAGE = "936" %>
<html>
<head>
<title>添加新闻</title>
    <link rel = "stylesheet" href = "kindeditor/themes/default/default.css" />
    <link rel = "stylesheet" href = "kindeditor/plugins/code/prettify.css" />
    <script charset = "utf - 8" src = "kindeditor/kindeditor.js"></script>
    <script charset = "utf - 8" src = "kindeditor/lang/zh_CN.js"></script>
    <script charset = "utf - 8" src = "kindeditor/plugins/code/prettify.js"></script>
    <script>
        KindEditor.ready(function(K) {
            var editor1 = K.create('textarea[name = "newsContent"]', {
                cssPath : 'kindeditor/plugins/code/prettify.css',
                uploadJson : 'kindeditor/asp/upload_json.asp',
                fileManagerJson : 'kindeditor/asp/file_manager_json.asp',
                allowFileManager : true,
                afterCreate : function() {
                    var self = this;
                    K.ctrl(document, 13, function() {
                        self.sync();
                        K('form[name = example]')[0].submit();
                    });
                    K.ctrl(self.edit.doc, 13, function() {
                        self.sync();
                        K('form[name = example]')[0].submit();
                    });
                }
            });
```

```
            prettyPrint();
        });
    </script>
</head>
<body>
添加一条新闻
<hr>
  <form action="newsAdd.asp" method=post name="myform">
     <table border=0 cellspacing=0>
        <tr>
          <td>标题:</td>
          <td><input name="headline" type="text" id="headline" size="20"></td></tr>
        <tr>
          <td>类别:</td>
          <td><label>
            <select name="newsType" id="newsType">
              <option value="院内新闻">院内新闻</option>
              <option value="招生就业">招生就业</option>
              <option value="专业建设">专业建设</option>
            </select>
          </label></td>
        </tr>
        <tr>
          <td>内容:</td>
          <td>
<textarea name="newsContent" style="width:700px;height:200px;visibility:hidden;">
</textarea>
          </td></tr>
         <tr><td colspan="2" align="center">
         <input type=submit value="添加">
         <input type="reset" name="Submit" value="重填">
         </td></tr>
     </table>
   </form>
</body>
</html>
```

(3) newsAdd.asp 的代码如下:

```
<%@LANGUAGE="VBSCRIPT" CODEPAGE="936"%>
<title>添加新闻</title>
<!-- #include file="conn.asp" -->
<%
sql1="select * from news"
Set rs=Server.CreateObject("ADODB.Recordset")
rs.Open sql1,conn,1,3
rs.addnew
rs("headline")=trim(Request.Form("headline"))
rs("newsType")=trim(Request.Form("newsType"))
rs("newsContent")=trim(Request.Form("newsContent"))
rs.Update
```

```
rs.Close
Conn.Close
Set Conn = nothing
response.Redirect "news.asp"
%>
```

其他几个页面的代码与本章模拟制作任务的代码类似,此处不再赘述。

实训总结

本实训主要目的是让学生掌握利用在线 HTML 编辑器插入和编辑新闻信息。让学生能综合运用本章所学的知识制作一个简单的新闻发布模块。

综合任务

创建一个简单的留言表,只需有 id、用户名和留言内容三个字段即可,编写一个简单的留言板,要求利用在线 HTML 编辑器插入和编辑留言信息。

11模块 购物车、订单和在线支付

在电子商务网站中，购物车、订单和在线支付是很重要和特色的功能。用户在购买商品后应在其购物车显示所购买的商品，同时应允许用户修改和删除购物车中的商品；用户提交购物后应该能生成订单；同时网站应该提供给用户基本的在线支付功能。本模块主要以实例的形式讲述购物车、订单和在线支付等功能的实现。

能力目标

1. 能使用 Access 的设计视图设计数据表。
2. 能使用 Session＋Dictionary 实现“购物车”功能。
3. 能利用 Select…Case 多分支结构在一个 asp 网页实现多个操作步骤。
4. 能利用支付宝接口文件集成支付宝在线支付功能。

知识目标

1. Access 数据表主键设置。
2. Session 和 Dictionary 对象的使用。
3. Select…Case 语句的使用。
4. 地址栏参数的获取。

模拟制作任务

任务 11-1 建立数据库和数据表

任务背景

购物车和订单功能都需要用到数据库，因此本任务中数据库是必不可少的。下面介绍如何建立后台数据库。

任务要求

建立购物车和订单功能所需要的数据库和数据表，为这两个模块的后台管理和前台展示打下基础。

【技术要领】Access 主键设置。

【解决问题】用 Access 建立数据库和数据表。

【应用领域】网站后台商品和订单管理。

任务分析

开发数据库程序时，首先要规划数据库，尽量使数据库设计合理，即包括必要信息，又能节省数据库的存储空间。

重点和难点

Access 主键设置。

操作步骤

(1) 首先创建一个数据库，这里命名为 Goods. mdb。

(2) 在数据库中建立 Goods 和 Orders 两张数据表，各数据表中的字段如表 11-1 和表 11-2 所示。

表 11-1　Goods 商品记录表

字段名称	数据类型	长 度	默认值	必填字段	允许空字符串	字段描述
goodid	自动编号					唯一标识
goodname	文本	50		是	否	商品名称
category	文本	50		是	否	商品分类
price	数字	单精度	0.0	是	否	单价
quantity	数字	整型	0	是	否	库存数量
goodpic	文本	50		否	是	商品照片
description	备注			否	是	商品描述

表 11-2　Orders 订单记录表

字段名称	数据类型	长 度	默认值	必填字段	允许空字符串	字段描述
actionid	自动编号					唯一标识
actiondate	日期/时间		Now()	是	否	订单时间
goodid	数字	长整型	0	是	否	商品编号
goodname	文本	50		是	否	商品名称
bookcount	数字	整型	0	是	否	订购数量
dingdan	文本	50		是	否	订单号
zhuangtai	数字	整型	0	是	否	订单状态
shouhuoname	文本	50		是	否	收货姓名
shouhuodizhi	文本	50		是	否	收货地址
youbian	文本	50		是	否	邮编
liuyan	文本	50		否	是	发票抬头
zhifufangshi	数字	整型	0	是	否	支付方式
songhuofangshi	数字	整型	0	是	否	送货方式
shousex	数字	整型	0	否	是	收货性别
xiaoji	数字	单精度	0.0	是	否	小计
zonger	数字	单精度	0.0	是	否	订单总额
userzhenshiname	文本	50		是	否	真实姓名
useremail	文本	50		否	是	用户邮箱
usertel	文本	50		是	否	用户电话
danjia	数字	单精度	0.0	是	否	商品单价
feiyong	数字	单精度	0.0	是	否	发货费用
fapiao	数字	整型	0	否	否	是否开发票
fhsj	日期/时间			是	否	发货时间

本任务数据库文件位于网站根目录下的 data 子目录中。连接数据库的代码写入 conn. asp 文件中,详细代码如下:

```
<%
db = "data/Goods.mdb"
Set conn = Server.CreateObject("ADODB.Connection")
url = "Provider = Microsoft.Jet.OLEDB.4.0;Data Source = "& Server.MapPath(db)
conn.Open(url)
%>
```

任务 11-2 编写商品展示页面

任务背景

用户在购买商品前需要浏览商品信息,本任务负责从数据库中取出部分最新发布商品展示给用户,用户在浏览商品后决定是否购买。

任务要求

商品展示页面要求一行显示多个商品,让浏览者先大致了解商品信息,然后单击商品图片或商品名浏览更详细的信息。

【技术要领】利用一个计数变量 i 记录行当前显示商品的个数,当 i 值达到行显示最大数时换行。

【解决问题】控制表格的一行显示的商品个数。

【应用领域】商品展示。

效果图

商品信息展示的界面如图 11-1 所示。

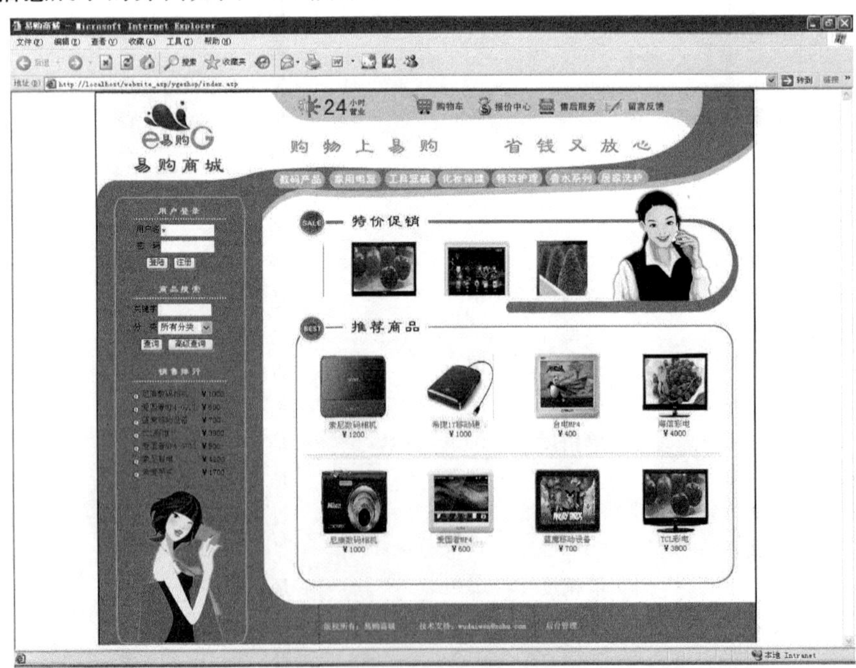

图 11-1 商品信息展示界面

任务分析

商品信息展示需要访问数据表,通过循环遍历数据表中的部分数据,然后将这些数据显示出来。在展示商品时,为了展示更多商品信息通常一行要显示多个商品。此时利用一个计数变量 i 记录行当前显示商品的个数,当 i 值达到行显示最大数时输出行结束符"</tr>"。

重点和难点

利用一个计数变量 i 记录行当前显示商品的个数,当 i 值达到行显示最大数时输出行结束符"</tr>"。

操作步骤

(1) 创建 index.asp 页面,网页展示商品的主要代码如下:

```
<table width="700" border="0" align="left" cellpadding="0" cellspacing="0">
      <tr>
        <% set rs=server.CreateObject("adodb.recordset")
          rs.open "select top 8 * from Goods order by GoodID desc ",conn,1,1
          if rs.eof and rs.bof then
        response.write "<center><br><font color=red size=2>对不起,暂无此类商品!</font>"
          else
         if not rs.eof then
           i=1
         do while not rs.eof %>
            <td align="left" valign="top">
            <table width="150" align="center" cellpadding="0" cellspacing="0">
                <tr><td height="113" align="left">
        <table  width="140" height="142" cellspacing="1" cellpadding="2"  border="0">
                  <tbody><TR>
                  <TD align=left background="../wqeshop/images/136.jpg" height=140>
    <% if rs("Goodpic")="" then
    response.write "<div align=center><a href=products.asp?id="&rs("GoodID")&"><img
src=images/emptybook.gif width=90 height=90 border=0></a></div>"
    else %>
    <a href="products.asp?id=<% =rs("GoodID") %>"><img src="<% =trim(rs("Goodpic")) %>"
alt="aaaa" width="100" height="100" border="0" align="absmiddle" /></a>
    <% end if %></TD></TR></tbody>
                    </table>
                    </td>
                  </tr>
                  <tr>
                    <td align="left">
        <table width="95%" height="60" align="center" cellpadding="0" cellspacing="0">
                        <tr>
                          <td width="203" align="center"><% response.write "<a class=a4
href=products.asp?id="&rs("GoodID")&"><font color=#FF0000>"
            if len(trim(rs("GoodName")))>7 then
            response.write left(trim(rs("GoodName")),7)&".."
            else
            response.write trim(rs("GoodName"))
            end if
            response.write "</font></a>"
```

```
%>
                        <br />
                        </b></td>
                    </tr>
                    <tr>
                      <td align="center">市场价:<s><% =rs("Price")&"" %></s>元</td>
                    </tr>
                    <tr>
                    <td align="center">会员价:<font color="#FF0000"><% =
(rs("Price")*0.9) %></font>元 </td>
                    </tr>
                    <tr>
              <td height="1" background="../wqeshop/images/body/lineld.gif"></td>
                    </tr>
                  </table></td>
                </tr>
              </table>
              </td>
              <% if i mod 4 = 0 then %>
            </tr>
            <%
              end if
              rs.movenext
            i=i+1
            loop
          rs.close
          end if
          end if
      %>
          </table>
```

(2) 在浏览器中预览的效果如图 11-1 所示。

代码说明:

本代码中实现一行显示 4 个商品,总体思路如下。

① 首先输出表格和行开始标签,代码如下:

```
<table width="700" border="0" align="left" cellpadding="0" cellspacing="0">
    <tr>
```

② 接着提取商品表中的部分数据(如最新发布的 8 条商品)展示给用户,代码如下:

```
i=1
do while not rs.eof
  逐一显示单个商品……
  rs.movenext
  i=i+1
loop
```

③ 在上面的循环中如果不输出行结束符"</br>",则所有商品会显示在一行,这样就达不到换行显示的效果。所以需要在循环中 rs.movenext 代码行前加入如下代码:

```
<% if i mod 4  =  0 then %>
    </tr>
<%
    end if
 %>
```

以上代码的作用是判断当一行显示了4个商品时输出表格行结束符“</br>”，这样就实现了一行显示多个商品的功能，最后输出表格的结束标签“</table>”。

任务 11-3　编写浏览具体商品页面

任务背景

用户需要点击某一具体商品获得该商品的更详细信息，同时在该页面给用户提供“购买”、“在线支付”和“收藏”等功能。

任务要求

浏览具体商品界面将向用户显示更详细的商品信息，可利用商品id从数据库中提取商品详细信息显示给用户。

【技术要领】首先获取地址栏中商品id的值，然后利用该商品id值从数据库中提取商品详细信息。

【解决问题】商品信息展示。

【应用领域】商品信息展示。

效果图

浏览某一商品的界面如图11-2所示。

图 11-2　浏览具体商品界面

任务分析

当用户单击图 11-1 中某一商品图片时，该商品的 id 值会以超链接参数的形式传递到图 11-2 网页。在图 11-2 网页中首先获取地址栏中商品 id 的值，然后利用该商品 id 值从数据库中提取商品信息显示给用户。

重点和难点

地址栏参数获取和商品信息提取。

操作步骤

(1) 创建 products.asp 页面，在网页中输入如下代码：

```
<%
editid = Request.Querystring("id")
Set rs = Server.CreateObject("ADODB.Recordset")
rs.ActiveConnection = Conn
sql = "select * from Goods where GoodID = '"&editid&"'"
rs.Open sql
if rs.state = 1 then
%>
<Form method = "post" action = "buy.asp">
<table width = "700" height = "265" border = "1" align = "center" cellpadding = "0" cellspacing
= "0">
  <tr>
    <td width = "166" rowspan = "6"><img src = "<% = rs("Goodpic") %>" width = "200" height =
"200"></td>
    <td width = "328"><img src = "images/body/orange - bullet.gif" alt = "箭头" width = "9"
height = "7" />商品编号:<% = rs("GoodID") %>
    <input name = "GoodID" type = "hidden" id = "GoodID" value = "<% = rs("GoodID") %>" />
    </td>
  </tr>
  <tr>
    <td height = "31"><img src = "images/body/orange - bullet.gif" alt = "箭头" width = "9"
height = "7" />商品名称:<% = rs("GoodName") %></td>
  </tr>
  <tr>
    <td height = "30"><img src = "images/body/orange - bullet.gif" alt = "箭头" width = "9"
height = "7" />商品类别:<% = rs("Category") %></td></tr>
  <tr>
    <td height = "26"><img src = "images/body/orange - bullet.gif" alt = "箭头" width = "9"
height = "7" />库存:<% = rs("Quantity") %></td></tr>
  <tr>
    <td height = "29"><img src = "images/body/orange - bullet.gif" alt = "箭头" width = "9"
height = "7" />市场价:<s><% = rs("Price") %></s></td></tr>
  <tr>
    <td><img src = "images/body/orange - bullet.gif" alt = "箭头" width = "9" height = "7" />
会员价:<% = rs("Price") * 0.9 %></td>
  </tr>
  <tr>
    <td height = "42" align = "center"><img src = "images/body/itemzoom.gif" alt = "商品大图"
width = "69" height = "23" /></td>
    <td>
```

```
    < input type = "image" src = "images/buy1.gif" width = "114" height = "37"  border = 0 >
    < img src = "images/alipay.gif" alt = "支付宝" width = "114" height = "37" style = "cursor:hand;"
onclick = "SureBuy( '< % = rs("GoodID") % >', '< % = rs("GoodName") % >', '< % = rs("Price") % >')" />
    < img src = "images/fav.gif" width = "90" height = "37"  border = 0 ></td >
  </tr >
  < tr >
    < td height = "42" colspan = "2" align = "left">产品详细说明: < % = rs("Description") % >
</td >
  </tr >
</table >
</Form >
< %
end if
rs.close
Set rs = nothing
Conn.close
Set Conn = nothing
% >
```

(2) 在浏览器中预览效果如图 11-2 所示。

代码说明:

① 获取地址栏参数的代码如下。

```
editid = Request.Querystring("id")
```

② 通过商品 id 值查找商品信息的 SQL 语句如下。

```
sql = "select * from Goods where GoodID = '"&editid&"'"
```

任务 11-4　编写购物车页面

任务背景

当用户单击如图 11-2 所示页面的"购买"按钮时,会将要购买的商品添加到购物车。

任务要求

购物车页面应该能够显示所购买商品的名称、数量和价格等信息。还应提供修改数量,删除所选商品和清空购物车等功能。

【技术要领】使用 Session+Dictionary 实现"购物车"功能。

【解决问题】使用 Session+Dictionary 实现"购物车"功能时购物车中商品的添加、修改和删除等功能的实现。

【应用领域】购物车设计实现。

效果图

购物车页面的界面如图 11-3 所示。

任务分析

本任务使用 Session+Dictionary 实现"购物车"功能,Session 对象[1]存储特定用户会话所需的信息。Dictionary 对象[2]可以存储 key/item 数据对,其中 key 的值是唯一的,而 item 的值可以重复,且 item 项与 key 项相关联。这样 key 可以用来存储购买商品的 ID,而 item

图 11-3 购物车界面

则可以存储购买商品的数量。

重点和难点

Dictionary 对象的使用。

操作步骤

(1) 创建 buy.asp 页面,在网页中输入如下代码:

```
GoodID = request.Form("GoodID")
response.Write GoodID
Num = 1
'如果 Session("cart")不存在,则创建 Dictionary 对象并将其存入 Session("cart")中。
 If (Not IsObject(Session("cart"))) then
   Set Session("cart") = Server.CreateObject("Scripting.Dictionary")
 end if
   Set Cart = Session("cart")   '将 Session("cart")展开一个本地副本调用。
   '如果该商品的 ID 不存在,则可以使用 Dictionary 对象的 Add 方法
   '将商品的编号(GoodID)和购买的数量 Num 写入到 Cart 中,
   '否则商品数量加 1。
   If (Not Cart.Exists(GoodID)) then
     Cart.Add GoodID,Num
   else
     Cart.item(GoodID) = Cart.item(GoodID) + 1
   end if
   '接着再将修改后的本地副本整体赋值给 Session ("cart")
```

```
    Set Session("cart") = Cart
    '跳转到 shopCart.asp 页面。
    response.Redirect("shopCart.asp")
```

（2）创建 shopCart.asp 页面，在网页中输入如下代码：

```
<%@LANGUAGE = "VBSCRIPT" CODEPAGE = "936" %>
<!-- #include file = "conn.asp" -->
<html xmlns = "http://www.w3.org/1999/xhtml">
<head>
<meta http-equiv = "Content-Type" content = "text/html; charset = gb2312" />
<title>购物车</title>
<script language = "javascript1.2" type = "text/javascript">
<!--
function changenum(id,numid){
  num = document.getElementById(numid).value;
  window.location.href = "changeCart.asp?id = " + id + "&num = " + num
}
function deleteGood(id){
  window.location.href = "deleteCart.asp?id = " + id
}
function gotoindex(){
  window.location.href = "index.asp"
}
function gotoClearCart(){
  window.location.href = "clearCart.asp"
}
function gotomyCart(){
  window.location.href = "myCart.asp"
}
-->
</script>
</head>
<body>
<form id = "form1" name = "form1" method = "post" action = "modifyCart.asp">
  <p> </p>
  <table width = "663" height = "117" border = "1" align = "center" cellpadding = "0"
cellspacing = "0">
    <tr>
      <th width = "96">商品编号</th>
      <th width = "128">商品名称</th>
      <th width = "168">数量</th>
      <th width = "71">类别</th>
      <th width = "62">总价</th>
      <th width = "80">修改数量</th>
      <th width = "42">删除</th>
    </tr>
    <%
'将 Session("cart")展开一个本地副本 Cart 调用。
Set Cart = Session ("cart")
'采用将 Cart 中的数据组分别赋值给 Keys(商品 ID 组)和 Items (商品数量组)这 2 个变量。
```

```
Keys = Cart.keys
Items = Cart.items
dim sum,sumPrice
sum = 0
sumPrice = 0
'使用循环语句显示用户购买的商品和数量以及总价等信息。
For i = 0 To Cart.Count - 1
goodid = Keys(i)
sum = sum + Items(i)
Set rs = Server.CreateObject ("ADODB.Recordset")
ssql = "SELECT * FROM Goods WHERE GoodID = '"&goodid&"'"
Rs.Open ssql,conn,1,3
sumPrice = sumPrice + Items(i) * rs("Price")
    %>
    <tr>
      <td><% = rs("GoodID") %></td>
      <td><% = rs("GoodName") %></td>
      <td><input id = "goodNum<% = rs("GoodID") %>" type = "text" value = "<% = Items(i) %>">
</td>
      <td><% = rs("Category") %></td>
      <td><% = rs("Price") %></td>
      <td align = "center"><input name = "changeNum" type = "button" id = "changeNum" value =
"修改" onclick = "changenum('<% = rs("GoodID") %>','goodNum<% = rs("GoodID") %>')"/></td>
      <td align = "center"><img src = "images/trash.gif" style = "cursor:hand;" alt = "删除"
width = "18" height = "18" onclick = "deleteGood('<% = rs("GoodID") %>')" /></td>
    </tr>
    <%
     rs.close
Next
    %>
    <tr>
      <td colspan = "7" align = "center">购物车里有商品  <font color = "#FF0000"><% =
Cart.Count %></font>  种总数  <font color = "#FF0000"><% = sum %></font>  
件共计  <font color = "#FF0000"><% = sumPrice %></font>  元 </td>
    </tr>
    <tr>
      <td colspan = "7" align = "center"><label>
        <input type = "button" name = "Submit" value = "继续购物" onclick = "gotoindex()" />
        <input type = "button" name = "clearCart" value = "清空购物车" onclick =
"gotoClearCart()" />
        <input type = "button" name = "Submit4" value = "去收银台" onclick = "gotomyCart()" />
        </label></td>
    </tr>
  </table>
</form>
</body>
</html>
```

(3) 在网页中浏览购物车的效果如图 11-3 所示。

(4) 当在如图 11-3 所示的文本框中修改所购买的商品数量并单击“修改”按钮时，会调用 changeCart.asp 网页，创建 changeCart.asp 网页并在其中输入如下代码：

```
<%@LANGUAGE="VBSCRIPT" CODEPAGE="936"%>
<%
'获取商品 id 和购买数量参数
id=request.Querystring("id")
num=request.Querystring("num")
'将 Session("cart")展开一个本地副本 Cart 调用。
Set Cart=Session("cart")
'如果 Cart 存在改商品,则修改购买数量。
If Cart.Exists(id) Then
  Cart.item(id) = Int(num)
End If
'接着再将修改后的本地副本整体赋值给 Session ("cart")
Set Session("cart") = cart
'跳转到 shopCart.asp 页面。
Response.Redirect "shopCart.asp"
%>
```

(5) 当在如图 11-3 所示的网页中单击“删除”图标时，会调用 deleteCart.asp 网页。创建 deleteCart.asp 网页并在其中输入如下代码：

```
<%@LANGUAGE="VBSCRIPT" CODEPAGE="936"%>
<%
id=request.Querystring("id")
'将 Session("cart")展开一个本地副本 Cart 调用。
Set Cart=Session("cart")
If Cart.Exists(id) then    '判断商品 ID 是否存在
  Cart.Remove(id)           '在 Cart 中删除该 ID
End if
'接着再将修改后的本地副本整体赋值给 Session ("cart")
Set Session("cart") = cart
'跳转到 shopCart.asp 页面。
Response.Redirect "shopCart.asp"
%>
```

(6) 当在如图 11-3 所示的网页中单击“清空购物车”按钮时，会调用 clearCart.asp 网页。创建 clearCart.asp 网页并在其中输入如下代码：

```
<%@LANGUAGE="VBSCRIPT" CODEPAGE="936"%>
<%
'将 Session("cart")展开一个本地副本 Cart 调用。
Set Cart=Session("cart")
'使用 Dictionary 对象的 RemoveAll 方法清空"购物车"。
Cart.Removeall()
'接着再将修改后的本地副本整体赋值给 Session ("cart")
Set Session("cart") = cart
'跳转到 shopCart.asp 页面。
Response.Redirect "shopCart.asp"
%>
```

(7) 当在如图 11-3 所示网页中单击“继续购物”按钮时，会跳转到 index.asp 网页让用户继续选择商品。

(8) 当在如图 11-3 所示网页中单击“去收银台”按钮时,会跳转到 myCart. asp 网页让用户实现结算和生成订单。

任务 11-5 编写结算和生成订单页面

任务背景

用户在确定所购买商品后,接着就需要实现结算和生成订单。此时用户单击图 11-3 所示网页中的“去收银台”按钮,会跳转到 myCart. asp 网页,该网页完成结算和生成订单功能。

任务要求

结算页面在用户提交订单前应该还能看到其选购的商品信息,同时还能让用户输入收货人和发票等相关信息,用户完成这些步骤提交订单最后才生成订单号。

【技术要领】利用 Select…Case 多分支结构在一个 asp 网页实现结算的多个步骤。

【解决问题】分步收集用户订单信息。

【应用领域】结算和生成订单。

效果图

结算和生成订单的效果如图 11-4～图 11-7 所示。

图 11-4 呈现订单内容

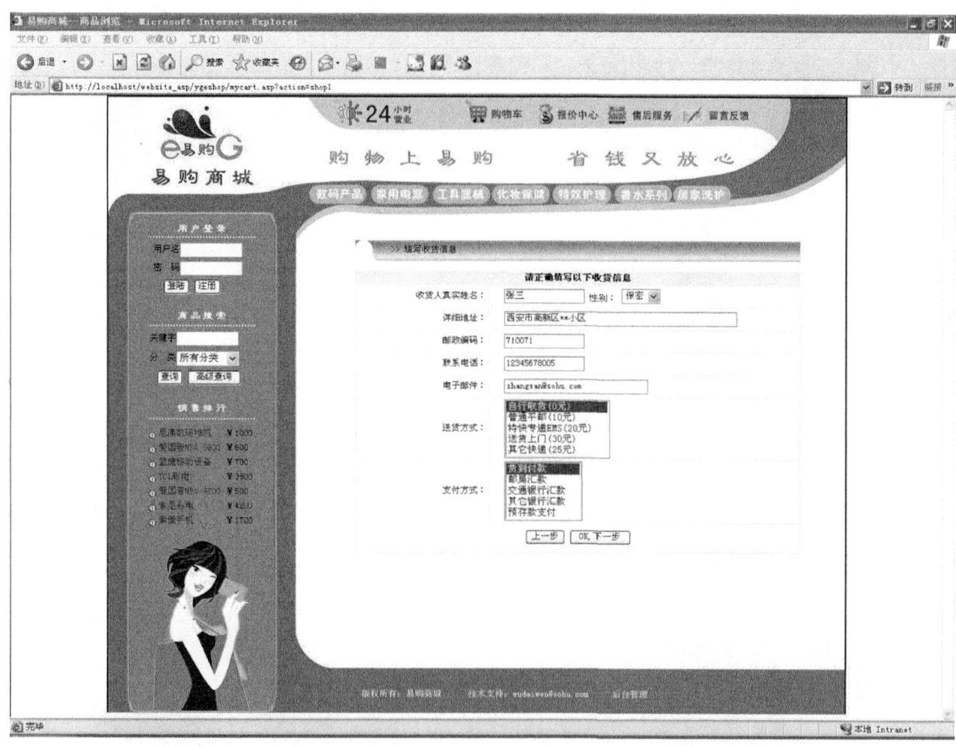

图 11-5　收集用户信息

图 11-6　用户确认订单

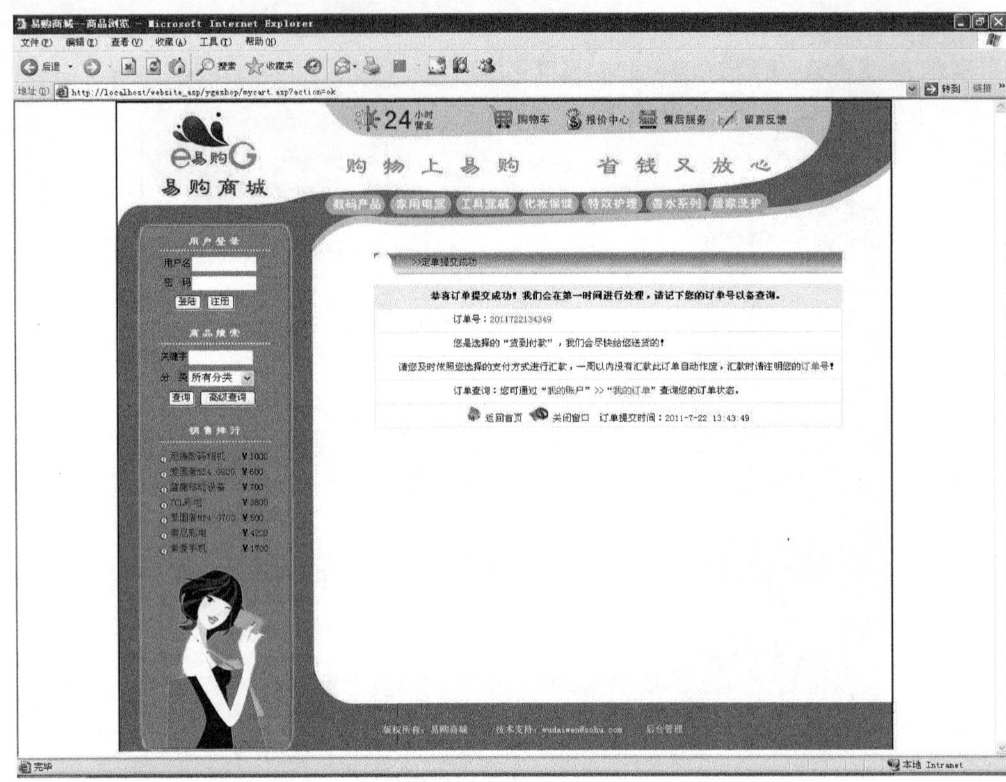

图 11-7　生成订单

任务分析

结算和生成订单页面需要分多步实现，利用 Select…Case 多分支结构[3]在一个 ASP 网页实现结算的多个步骤。

重点和难点

在一个 asp 网页用多个表单收集用户数据。

操作步骤

(1) 制作 myCart.asp 网页，在网页中输入如下代码：

```
<%@LANGUAGE="VBSCRIPT" CODEPAGE="936"%>
<!--#include file="conn.asp"-->
<html xmlns="http://www.w3.org/1999/xhtml">
<head>
<meta http-equiv="Content-Type" content="text/html; charset=gb2312" />
<title>我要下订单</title>
<script language="javascript1.2" type="text/javascript">
<!--
function gotoshopCart(){
  window.location.href="shopCart.asp"
}
 -->
</script>
</head>
```

```
<body>
<%
dim bookid,action,i
action=request("action")
select case action
case ""
%>
    <table width="100%" align="center" border="0" cellspacing="0" cellpadding="0">
      <tr><td background="images/body/pdbg01.gif" height=28>下订单</td>
      </tr></table><br>
<form id="form1" name="form1" method="post" action="mycart.asp?action=shop1">
  ……订单信息的回显。
</form>
<%
case "shop1"
set rs=server.CreateObject("adodb.recordset")
rs.open "select * from users where username='"&session("username")&"'",conn,1,1
userid=rs("userid")
%>
    <table width="100%" align="center" border="0" cellspacing="0" cellpadding="0">
          <tr>
            <td  height=28>  >>填写收货信息</td>
          </tr>
        </table>
        <table width="90%" border="0" align="center" cellpadding="2" cellspacing="1"
bgcolor="#F1F1F1">
       <tr>
        <td bgColor="#F1F1F1" colspan="2" align="center">请正确填写以下收货信息</td>
       </tr>
<form name="shouhuoxx" method="post" action="mycart.asp?action=shop2" >
        ……收集收货人相关信息的表单项
</form></table>
<%
case "shop2"
%>
    <table width="100%" align="center" border="0" cellspacing="0" cellpadding="0">
       <tr><td  height=28>  >> 提交订单</td></tr>
    </table>
    <br><table width="90%" align="center" border="0" cellspacing="0" cellpadding="0">
    <tr><td>
     ……订单信息的确认。
          <form name="shouhuoxx" method="post" action="mycart.asp?action=ok">
               <tr bgcolor="#ffffff" align="center">
               <td colspan="2"><br><table width="90%" border="0" cellpadding="0">
               <tr><td><input type="checkbox" name="fapiao" value="1">
               是否要发票?
            <input name=username type=hidden value="<%=trim(request("username"))%>">
            ……通过更多隐藏域(hidden)收集上一步信息传送至下一步。
          <tr><td height="30">此订单的附加说明(30字内)
             <input type="text" name="liuyan" size="35" maxlength="30">
             </td></tr>
```

```
        <tr><td align="center">
<input type="button" name="Submit2" value="上一步" onClick="javascript:history.go
(-1)">
<input type="submit" name="Submit3" value="完成"></td></tr></table></td>
         </tr>
         </form>
    </table></td></tr></table>
<%
case "ok"
dim shijian,dingdan
shijian=now()
dingdan=now()
dingdan=replace(trim(dingdan),"-","")
dingdan=replace(dingdan,":","")
dingdan=replace(dingdan," ","")
Set Cart=Session("cart")
Keys=Cart.keys
Items=Cart.items
dim sumPrice3
For i = 0 To Cart.Count-1
  goodid = Keys(i)
  sumPrice3=0
  Set rs = Server.CreateObject("ADODB.Recordset")
  ssql="SELECT * FROM Goods WHERE GoodID='"&goodid&"'"
  Rs.Open ssql,conn,1,3
  sumPrice3=sumPrice3+Items(i)*rs("Price")
  goodname=rs("GoodName")
  price=rs("Price")
    '将订单信息添加到订单 Orders 表。
    sql2="select * from orders"
    Set rs2=Server.CreateObject("ADODB.Recordset")
    rs2.Open sql2,conn,1,3
    rs2.addnew
    if trim(request("username"))="" then
      rs2("username")=dingdan
    else
      rs2("username")=trim(request("username"))
    end if
    ……省略了修改订单 Orders 表中其他字段的代码。
    rs2.Update
    rs2.Close
  rs.close
Next
%>
   <table width="100%" align="center" border="0" cellspacing="0" cellpadding="0">
        <tr><td  background="images/body/pdbg01.gif" height=28>
           >>订单提交成功</td>
        </tr>
      </table>
      <table width="90%" border="0" align="center" cellpadding="2" cellspacing="1">
        <tr bgcolor="#ffffff">
```

```
            <td height = "30" colspan = "2" align = "center" bgColor = "#F1F1F1"><strong>恭
喜订单提交成功!我们会在第一时间进行处理,请记下您的订单号以备查询。</strong></td>
          </tr>
          ……订单提交成功后相关反馈信息
 </table>
<%
    end select
 %>
</body>
</html>
</body>
</html>
```

(2) 在浏览器中预览的效果如图 11-4～图 11-7 所示。

代码说明:

本页代码利用 Select…Case 多分支结构在一个 ASP 网页实现结算的多个步骤,总体思路如下。

```
<%
dim action
action = request("action")
select case action
case ""
  '订单信息回显…
case "shop1"
  '用户填写收货信息…
case "shop2"
  '订单提交代码,发票信息…
case "ok"
     '订单生成代码…
end select
%>
```

任务 11-6　编写订单查询页面

任务背景

订单生成后用户应该能够查看订单处理状态和详细信息等内容。

任务要求

订单查询页面需要显示订单的基本信息,用户点击订单号后可以查看订单的详细信息。

【技术要领】通过超链接带参数形式把订单号传递到订单详细页面,实现订单详细信息的显示。

【解决问题】订单信息提取与显示。

【应用领域】订单信息提取与显示。

效果图

订单查询页面的效果如图 11-8 和图 11-9 所示。

图 11-8 订单查询页面

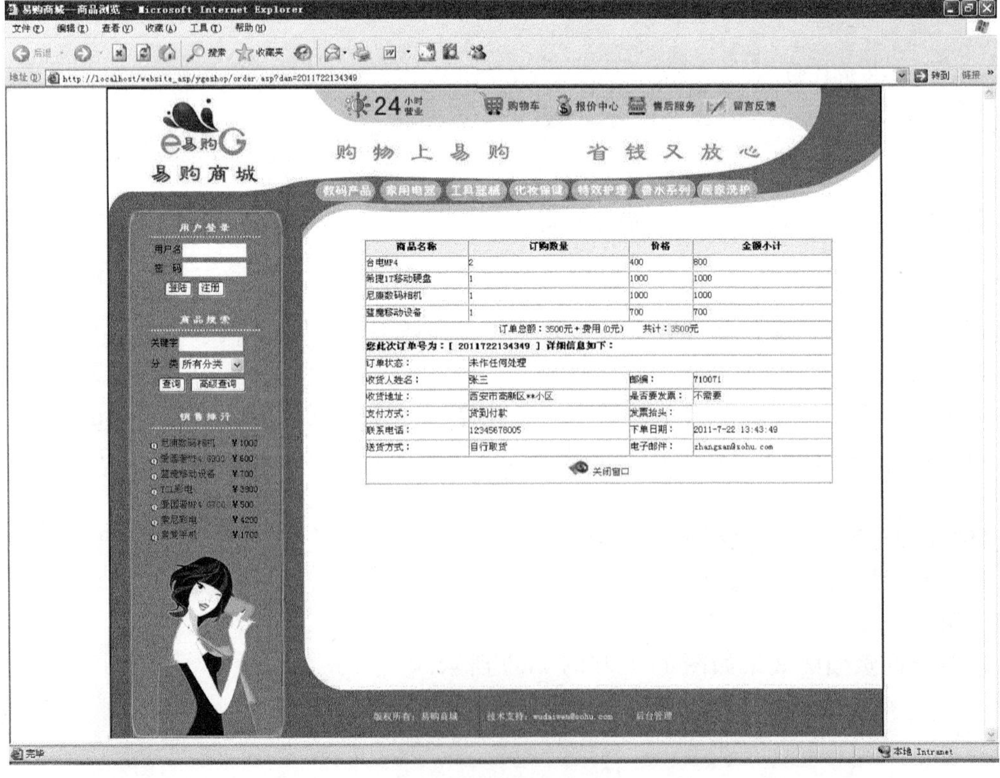

图 11-9 订单详细页面

任务分析

由于用户需要查看订单状态，所以可以提供下拉菜单的方式让用户选择订单状态。

重点和难点

用户选择订单状态后订单查询页面的结果显示。

操作步骤

(1) 制作 mydingdan.asp 网页，在网页中输入如下代码：

```
<%@LANGUAGE="VBSCRIPT" CODEPAGE="936"%>
<!-- #include file="conn.asp" -->
<html>
<head>
<title>订单查询</title>
</head>
<body>
<table width="90%" border="0" align="center" cellpadding="0" cellspacing="1">
<tr>
<td width="100%" align="right"><img src="images/mingle/state.gif" width="20" height
="18" />请选择查找不同状态下的订单
<select name="zhuangtai" onChange="var jmpURL=this.options[this.selectedIndex].value ;
if(jmpURL!='') {window.location=jmpURL;} else {this.selectedIndex=0 ;}" >
<option
value="mydingdan.asp?zhuangtai=0&dingdan=<%=request.QueryString("dingdan")%>"
selected>==请选择查询状态==</option>
<option
value="mydingdan.asp?zhuangtai=0&dingdan=<%=request.QueryString("dingdan")%>">全部
订单状态</option>
<option
value="mydingdan.asp?zhuangtai=1&dingdan=<%=request.QueryString("dingdan")%>">未作
任何处理</option>
……这里省略了其他订单状态选项代码。
</select>
</td>
</tr>
</table>
……这里省略了订单显示代码。
</body>
</html>
```

(2) 运行结果如图 11-8 所示。

(3) 制作 order.asp 网页，该网页显示订单的详细信息，详细代码在此省略。运行结果如图 11-9 所示。

代码说明：

订单状态选择的思路总体如下。

① 首先将目的网页地址放入下拉菜单各选择项 value 属性中。

```
mydingdan.asp?zhuangtai=0&dingdan=<%=request.QueryString("dingdan")%>
```

② 然后在订单选择下拉菜单的 onChange 函数中加入如下代码：

```
var jmpURL = this.options[this.selectedIndex].value ;
if(jmpURL! = '') {window.location = jmpURL;} else {this.selectedIndex = 0 ;}
```

③ 当在图 11-8 下拉菜单中选择订单的不同状态时,第②步中的代码实现当前网页的跳转,跳转的目的网页即为第①步设定的各选择项的值。这里仍然跳转到本网页,但网页后附加的参数可以筛选出不同处理状态的订单。

任务 11-7 集成支付宝在线支付功能

任务背景

电子商务网站通常需要实现在线支付功能,而支付宝是目前市场占有率最高的第三方在线支付平台,因此集成支付宝在线支付功能就很有必要。

任务要求

将支付宝的即时到账功能集成到本网站,实现网站的在线支付功能。

【技术要领】签约支付宝账号和支付宝功能集成。

【解决问题】网站的在线支付。

【应用领域】网站的在线支付。

效果图

当用户单击图 11-2 浏览商品界面中的"支付宝"按钮后,在线支付效果如图 11-10 和图 11-11 所示。

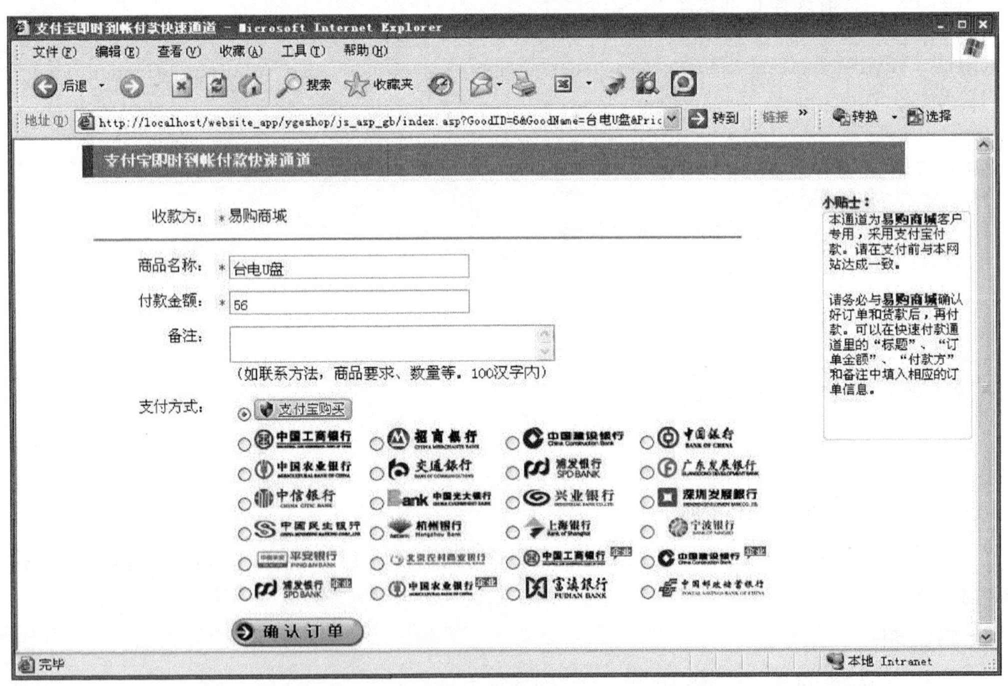

图 11-10 支付宝即时到账付款快速通道

任务分析

本任务首先需要商家建立一个可供正常访问的电子商务网站;然后再到支付宝网站签

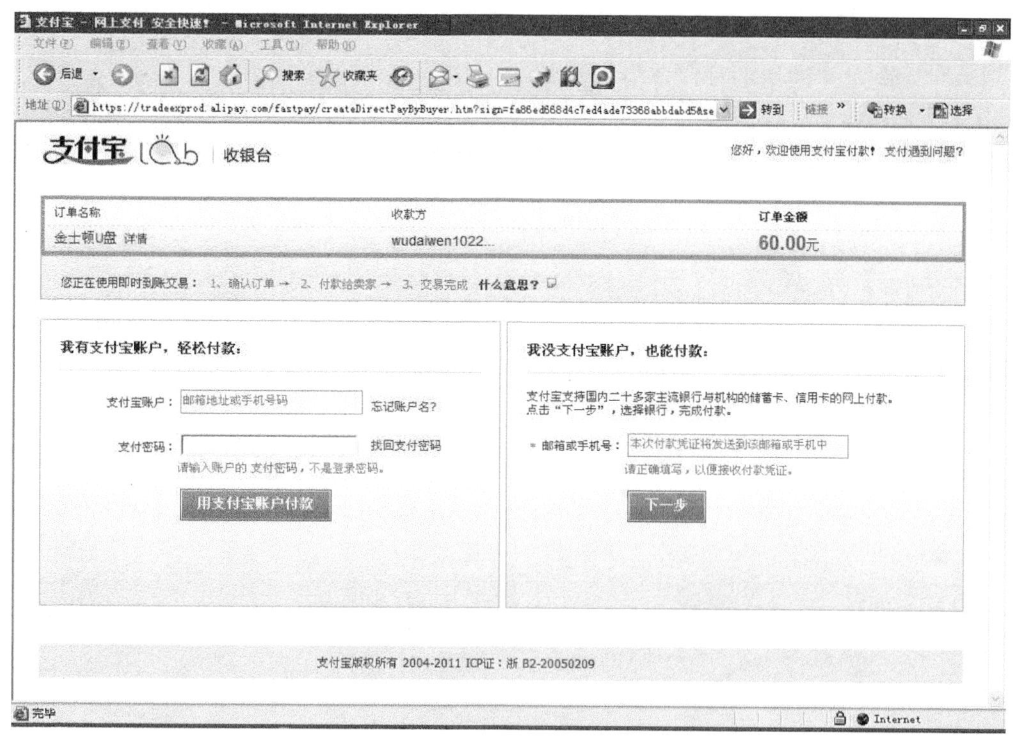

图 11-11　支付宝网上支付

约一个支付宝账号；最后下载支付宝集成文档，利用签约支付宝账号集成在线支付功能。

重点和难点

支付宝功能的集成。

操作步骤

(1) 商家到出租网络虚拟空间和域名的网站申请相应的空间和域名，将自己的提前做好电子商务网站上传到相应的网络空间，并保证能正常访问。当然也可以用自己的服务器直接发布网站。

(2) 商家用自己已经申请的支付宝账号登录支付宝官方网站(www.alipay.com)，并进入"商家服务"栏目，里面有多种针对不同商家的产品，如图 11-12 所示。

(3) 这里选择针对普通网站的"即时到账收款"产品，申请时需要用户填写相关资料，如商家信息、公司规模和网址等信息，提交信息后几个工作日内即可获得审核结果。

(4) 审核通过后在"我的商家服务"选项中可以查询商家"合作身份者 ID (PID) "和"安全检验码(Key) "，如图 11-13 所示。其中"合作者身份 ID"是以 2088 开头的 16 位纯数字，如"2088002681286679"。而"安全检验码"是以数字和字母组成的 32 位字符串，如"3kedlxfn7wu6ya6i9h4tzey45hpd5v89"。

(5) 商家再从支付宝网站下载相应版本的支付宝集成文档[4]，利用签约支付宝账号、"合作身份者 ID"和"安全检验码"等信息集成在线支付功能。

(6) 在下载的 ASP 版的支付宝接口中有一个网页文件 alipay_config.asp。该文件用于配置商户的基本信息，这些基本信息如下所示：

图 11-12 支付宝商家服务产品大全

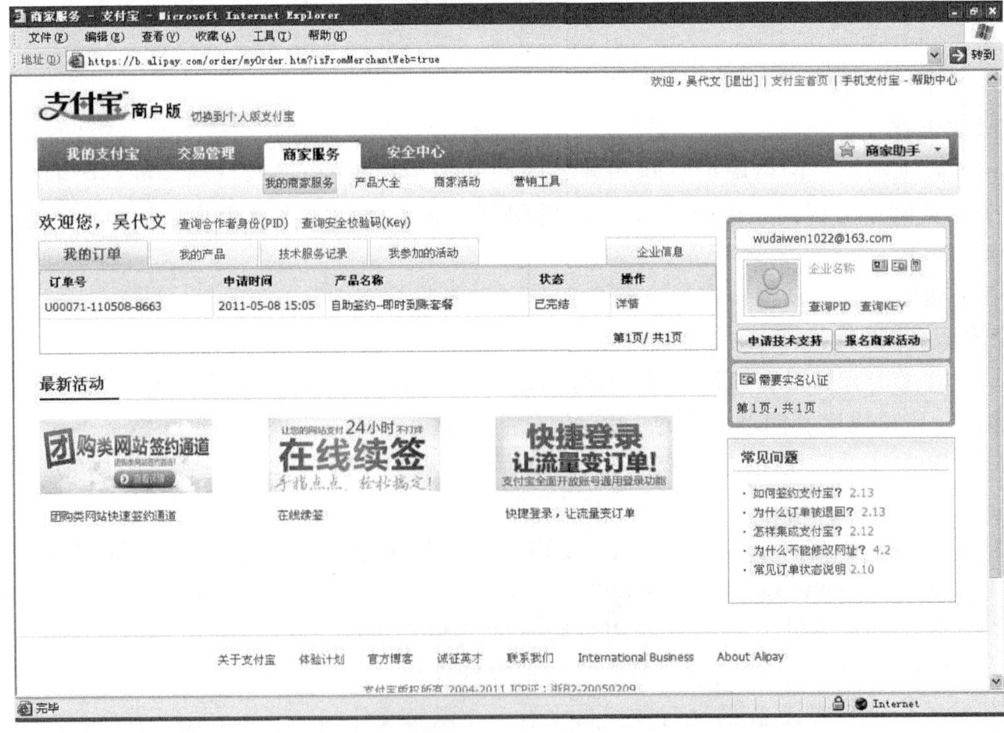

图 11-13 查询合作身份者 ID 和安全校验码

```
'合作身份者 ID,以 2088 开头的 16 位纯数字
partner = "2088002681286672"
'安全检验码,以数字和字母组成的 32 位字符
key = "1kedlxfn7wu6ya6i9h4tzey45hpd5v89"
'签约支付宝账号或卖家支付宝帐户
seller_email = "wudaiwen1022@163.com"
'交易过程中服务器通知的页面,要用 http://格式的完整路径,不允许加?id = 123 这类自定义参数
notify_url = "http://www.xxx.com/js_asp_gb/notify_url.asp"
'付完款后跳转的页面 要用 http://格式的完整路径,不允许加?id = 123 这类自定义参数
return_url = "http://www.xxx.com/js_asp_gb/return_url.asp"
'return_url 的域名不能写成 http://localhost/js_asp_gb/return_url.asp,否则会导致 return_url
执行无效
'网站商品的展示地址,不允许加?id = 123 这类自定义参数
show_url = "http://www.wudaiwen.com"
'收款方名称,如:公司名称、网站名称、收款人姓名等
Mainname = "易购商城"
```

(7) 填写完商家基本参数后，只需要将图 11-2 浏览商品界面中的商品的相关参数传递到图 11-10 所示的网页即完成了在线支付的集成。图 11-10 所对应的网页文件为 ASP 版的支付宝接口中的 index. asp，商家可以根据自己的需要修改这一网页。

知识点拓展

[1]　HTTP 是基于无连接的通信协议，无法在用户浏览网页期间跟踪用户。ASP 提供 Session 对象用于管理用户会话，当一个用户在 Web 站点的多个页面间切换时，使用 Session 对象可以保存用户的相关信息，使改用户在访问网站时信息能够共享。

利用 Session 存储信息其实很简单，可以把变量或字符串等信息很容易地保存在 Session 中。

设置 Session 的语法：

```
Session("Session 名字") = 变量或字符串信息
```

获取 Session 信息的语法：

```
变量 = Session("Session 名字")
```

[2]　Dictionary 对象用于在结对的名称/值中存储信息（等同于键和项目）。Dictionary 对象看起来比数组更为简单，但其处理关联数据的效果却比数组更好。

Dictionary 对象的常用属性如表 11-3 所示。

表 11-3　Dictionary 对象的常用属性

属　性	描　述
CompareMode	设置或返回用于在 Dictionary 对象中比较键的比较模式
Count	返回 Dictionary 对象中键/项目对的数目
Item	设置或返回 Dictionary 对象中一个项目的值
Key	为 Dictionary 对象中已有的键值设置新的键值

Dictionary 对象的常用方法如表 11-4 所示。

表 11-4 Dictionary 对象的常用方法

方　法	描　述
Add	向 Dictionary 对象添加新的键/项目对
Exists	返回一个逻辑值,这个值可指示指定的键是否存在于 Dictionary 对象中
Items	返回 Dictionary 对象中所有项目的一个数组
Keys	返回 Dictionary 对象中所有键的一个数组
Remove	从 Dictionary 对象中删除指定的键/项目对
RemoveAll	删除 Dictionary 对象中所有的键/项目对

[3] Select … Case 语句的语法如下:

```
Select Case 变量或表达式
Case 结果 1
  执行语句 1
Case 结果 2
  执行语句 2
  …
Case 结果 n
  执行语句 n
Case Else
  执行语句 n+1
End Select
```

在 Select … Case 语句中,首先对表达式进行计算(可以是数学计算或字符串运算),然后将运算结果依次与结果 1 至结果 n 作比较。如果找到相等的结果,则执行该 Case 语句中的语句;如果未找到相等的结果,则执行 Case Else 语句后面的执行语句。最后退出 Select Case 语句。运用 Select … Case 语句实现的功能相当于嵌套使用 If 语句实现的功能。

[4] 支付宝集成文档的版本有 ASP、PHP、JSP、ASP.NET(C#)和 ASP.NET(VB)等,可以满足各种不同 Web 服务器下建设网站时集成支付宝在线支付功能的需要。本书使用的是 ASP 版支付宝集成文档,集成的支付宝接口为“即时到账收款”。该集成文档再按支持网页编码语言细分为 gb2312 和 utf-8 两个子版本,其中支持 gb2312 语言的集成文档的结构如下。

```
js_asp_gb
   │
   ├class------------------------------------类文件夹
   │    │
   │    ├alipay_function.asp-----------公用函数类文件
   │    │
   │    ├alipay_md5.asp -----------------MD5 类文件
   │    │
   │    ├alipay_notify.asp--------------支付宝通知处理类文件
   │    │
   │    └alipay_service.asp -----------支付宝请求处理类文件
   │
```

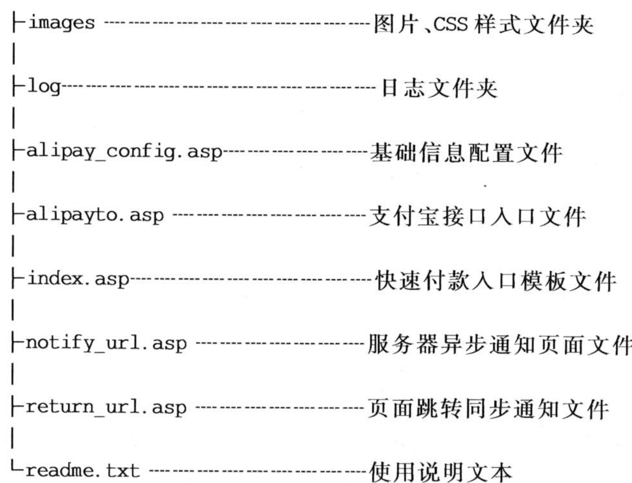

```
├images ------------------------------------------图片、CSS样式文件夹
|
├log------------------------------------------------日志文件夹
|
├alipay_config.asp----------------------基础信息配置文件
|
├alipayto.asp ----------------------------支付宝接口入口文件
|
├index.asp------------------------------------快速付款入口模板文件
|
├notify_url.asp -------------------------服务器异步通知页面文件
|
├return_url.asp -------------------------页面跳转同步通知文件
|
└readme.txt ---------------------------------使用说明文本
```

商家在建立自己的网站并签约支付宝账号后，只需把自己的相关信息写入 alipay_config.asp 网页即可轻松集成支付宝"即时到账付款"功能。其他接口功能的集成过程与任务 11-7 基本相似，商家可以自己尝试或请求支付宝公司的技术支持。

综合任务

1. 利用本章所学知识设计和实现一个简单购物车。

2. 利用 Select…Case 多分支结构在一个 ASP 网页实现一个简单的在线考试，要求分多步呈现考试题，最后一步给出考试成绩。

3. 自建一个简单电子商务网站，然后尝试利用支付宝接口文件集成支付宝在线支付功能。

12模块 网站测试发布与宣传推广

网站系统制作完成以后，并不能直接投入运行，而必须进行全面、完整的测试，包括本地测试、网络测试等多个环节。本模块主要讲解网页测试、网站发布管理和网站宣传推广等方面内容，通过学习使读者掌握本地站点的测试上传和宣传推广等内容。

能力目标

1. 能对网页进行浏览器兼容性测试。
2. 能对网页和网站进行链接测试。
3. 能利用 CuteFTP 进行网站的发布和上传。

知识目标

1. 常用的网页测试方法。
2. 常见搜索引擎网站的登录入口。

知识储备

知识 12-1　网站测试内容及方法

网站系统的设计开发人员一旦完成网站的设计开发工作之后，都必须保证所有网站系统的组成部分能够配合起来，协调有序地正常工作。因此，网站系统的测试工作十分重要。

1. 测试的内容

(1) 浏览器的兼容性测试。对不同浏览器的测试，就是在不同浏览器和不同的版本下，测试网页的运行和显示状况。在实际工作中，用户会使用不同的浏览器登录互联网，通过此项测试和修改，可以保证网页在大多数的浏览器中都能正确显示。既给出网页在 IE 浏览器和 Netscape 浏览器下的显示报告，也详细统计了网页中哪些 HTML 语法不被浏览器支持以及改善的建议。

(2) 操作系统测试。在不同的操作系统下，网页显示效果是否一致。

(3) 分辨率测试。显示器在 1024×768 像素与 800×600 像素情况下网页有哪些变化。

(4) HTML 语法检查。不正确的 HTML 语法会影响浏览器的编译速度，而且可能会导致页面在容错性差的浏览器中出错。

(5) 链接情况检查。帮助检查页面上所有链接是否正确，有没有死链接。当页面创建了很多链接时，用它来帮助检查链接的正确性。

(6) 下载时间测试。测试网页在不同连接速度下的下载时间，并且指出被测试页面所链接的文件(图片文件、框架页面、样式表文件及脚本文件等)中哪个过于庞大。

(7) 拼写检查。检查网页上的中英文语法错误。

2. 测试的方法

常用的网页测试方法见表 12-1。

表 12-1　网页测试方法

测 试 类 型	测 试 方 法
浏览器测试	用 Dreamweaver 中的"结果"面板
操作系统测试	在不同操作系统下测试
分辨率测试	在操作系统中调整分辨率
HTML 语法检查	用 Dreamweaver 中的"命令"→"清理 HTML"
链接情况检查	用 Dreamweaver 中的"结果"面板
下载时间测试	将网页上传、下载测试
拼写检查	用 Dreamweaver 中的"文本"→"检查拼写"

知识 12-2　不同浏览器的测试

在不同的浏览器和相同浏览器的不同版本下，测试页面的运行和显示情况。在 Dreamweaver 中能将测试出来的错误或可能出现错误的地方列出一个报告单，根据报告单的提示进行网页的修改和处理，以免在浏览页面时出现错误。

(1) 选择菜单"窗口"|"结果"|"浏览器兼容性"命令，打开"浏览器兼容性"面板，如图 12-1 所示。

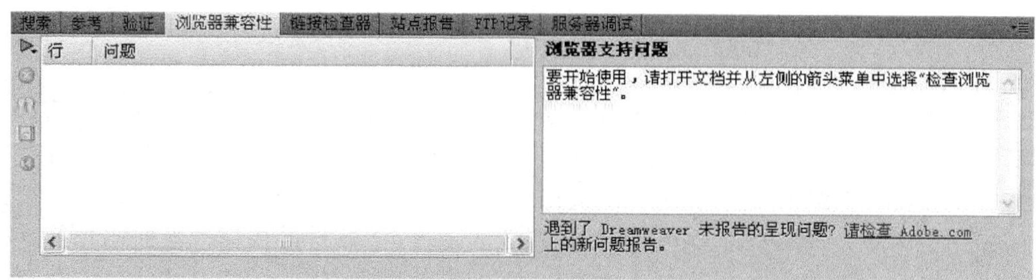

图 12-1　"浏览器兼容性"面板

(2) 单击左侧的绿色三角符号，在弹出的菜单下选择"设置"命令，弹出"目标浏览器"对话框，该对话框设置的是选择什么样的浏览器和哪个版本作为最低的标准，如图 12-2 所示。原则是选择版本较低的浏览器进行测试，因为新版本浏览器一般都支持旧版本的浏览器。

(3) 单击"确定"按钮，回到如图 12-1 所示的"浏览器兼容性"面板。打开需要检查浏览器兼容性的网页，点击左侧的绿色三角符号，在弹出的菜单中选择"检查浏览器兼容性"命令。Dreamweaver 随即对该网页的浏览器兼容性进行检查。

(4) 检查完成后，会在"浏览器兼容性"面板中列出一个报告单，如图 12-3 所示。该报

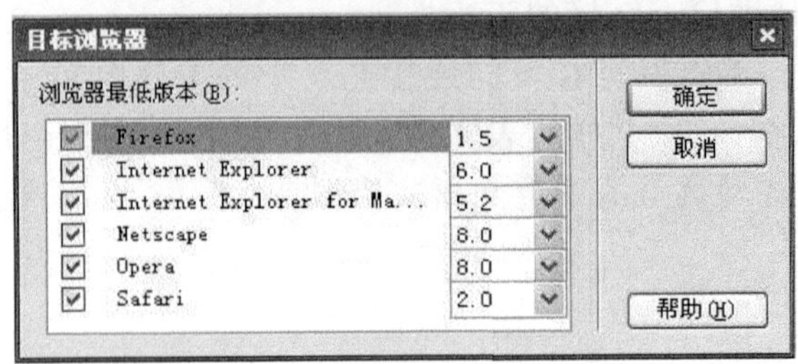

图 12-2 目标浏览器设置

告单中列出了错误项、警告项和有可能出现的错误项,并在该报告的后面列出了出现错误的具体位置和原因。

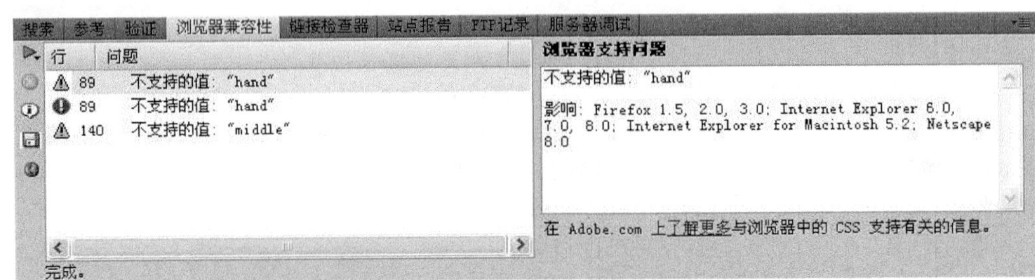

图 12-3 “浏览器兼容性”检查结果

知识 12-3 链接测试

链接测试主要是看网页中是否有文件名不正确或路径名有误等错误的超级链接,包括页面、图片、服务器端程序等。该测试可分为三个方面:测试所有链接是否按指示的那样确实链接到了应该链接的页面;测试所链接的页面是否存在;保证 Web 应用系统上没有孤立的页面。所谓孤立页面,是指没有链接指向该页面,只有知道正确的 URL 地址才能访问。链接测试的方法如下:

(1) 打开“结果”面板组中的“链接检查器”面板。在“显示”下拉列表框中可以选择要检查的链接方式,如图 12-4 所示。选择“断掉的链接”,则会在站点或文档中检查是否存在断掉的链接。“外部链接”则会显示站点或文档中的外部链接。“孤立文件”只在检查整个站点链接的操作中才有效,检查站点中是否存在孤立的文件,即没有被任何链接所引用的文件。

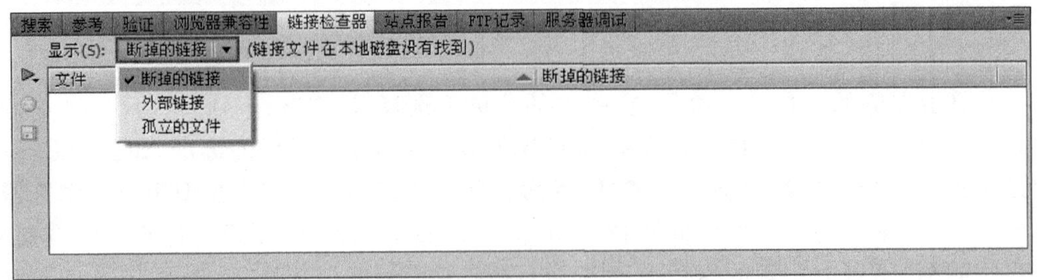

图 12-4 检查链接方式的选择

（2）单击面板左侧的绿色三角符号，在下拉菜单中选择要检查的范围，如图 12-5 所示。选择“检查当前文档中的链接”，则弹出显示当前文档中链接检查的报告单。“检查整个当前本地站点的链接”对整个站点进行检查。“检查站点中所选文件的链接”则是可以针对部分文档进行检查。

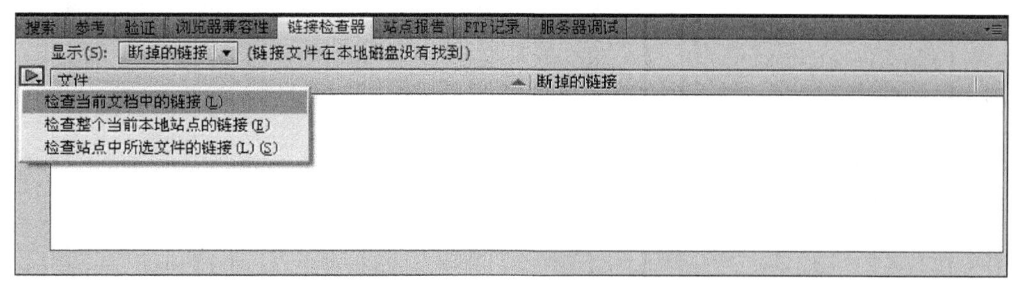

图 12-5　检查范围的选择

（3）若检查的链接方式设置为“孤立文件”，选择检查的范围是“检查整个当前本地站点的链接”，则在面板中显示的报告单如图 12-6 所示。

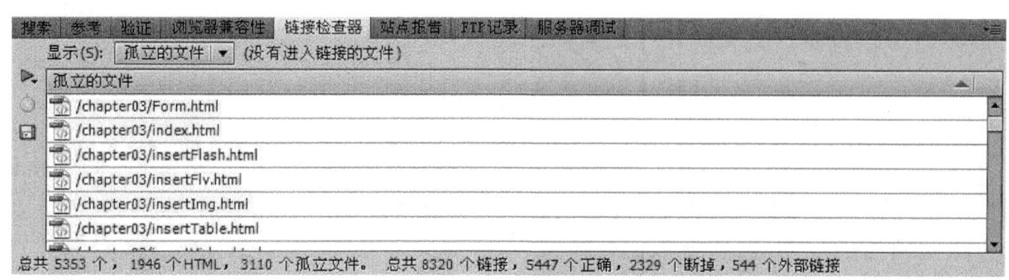

图 12-6　链接检查的报告单

一般的链接检查主要是检查“孤立文件”和“断掉的链接”。孤立文件只在检查整个站点时才能被查出。一般情况下，它是没用的文件（首页以及库和模板文件除外），最好删除掉，方法是：在孤立文件列表中选中想要删除的孤立文件，按 Delete 键即可。如果想要修改外部链接，可先在“链接检查器”面板中选中该外部链接，再输入一个新的链接即可。

知识 12-4　网页下载时间测试

同一个页面在不同速率的 Modem 下其下载速度是不同的，在 Dreamweaver 中可以选择不同速率的 Modem 对页面进行测试，了解其下载速度，看是否需要对页面进行修改。具体测试方法如下：

（1）打开需要测试的页面，选择“编辑”菜单下的“首选参数”子菜单，在左侧的“分类”中选择“状态栏”，在右侧的“连接速度”下拉列表框中选择 Modem 的速度，有 14.4、28.8、33.6、56、64、128 和 1500 七个参数供选择，如图 12-7 所示。

（2）单击“确定”回到页面编辑状态。在状态栏右则就会出现一个数值“91KB/15s”。该数值表示当前文档大小为 91KB，大概需要 15s 的时间可以下载完毕。修改一下 Modem 的速度，设置为 128，则状态栏数值变为“91KB/12s”，表示该文档只需要大概 12s 的时间就

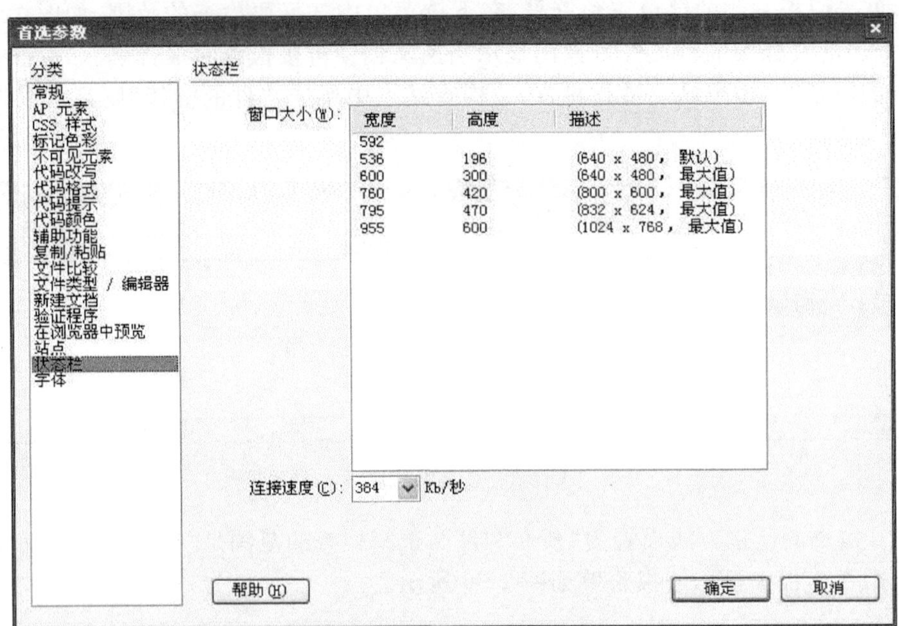

图 12-7 状态栏首选参数设置

可下载完成。

当然,在正式的网站开发项目中,网站的测试则要更专业。包括需求测试、概要测试、详细测试及整体测试等,每一项测试又包含很多子项目的测试。在测试中还会借助于其他相关专业测试软件进行测试,此处不再赘述。

知识 12-5 空间申请和网站发布

1. 空间申请

网页设计与制作完成之后,只能在本地计算机上用浏览器浏览。若要让更多的人浏览就必须放到因特网的 Web 服务器上。如果本地计算机就是一个 Web 服务器,则可以将网站通过本地开设的 Web 服务器进行发布。但是对于大多数用户来说,在本地开设 Web 服务器,不仅成本较高,而且维护起来比较麻烦,所以大多数用户都是到网上寻找主页空间。网络上提供的主页空间有两种形式:收费的主页空间和免费的主页空间。

目前,有很多网络公司免费为用户提供个人主页空间,而且有的服务非常周到。当用户向该公司填写好包含个人信息和网站内容介绍的申请后,一般都能在一定时期内收到回复,获得公司提供给用户预先设置的密码。这样,用户便拥有了该公司服务器上的账户,就可以上传网页了。下面以“3V.CM”网的免费网络空间申请为例详细讲述网络空间的申请过程,具体步骤如下。

(1) 在浏览器中输入网址“www.3v.cm”并按回车键后即可进入该网站。如图 12-8 所示。

(2) 单击图 12-8 中的“免费空间”链接,在出现的对话框中填写相关的注册信息,如图 12-9 所示。

图 12-8　3V.CM 首页

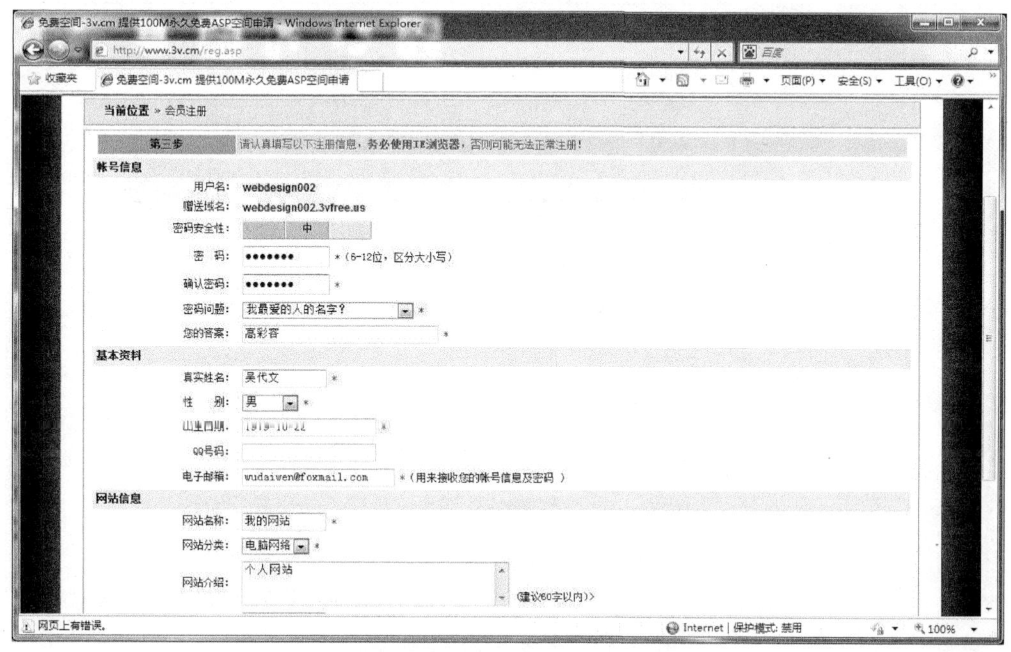

图 12-9　填写免费空间注册信息

(3) 单击图 12-9 下方的“提交”按钮后会出现如图 12-10 所示的注册成功提示。

(4) 注册成功后 2 秒钟内会自动登录到用户后台管理页面，如图 12-11 所示。该页面可以用户申请的免费空间进行管理。从图 12-11 可以看出刚才申请的免费网络空间的网址为 http://webdesign002.3vfree.us。

(5) 使用上面的网址在浏览器访问刚才申请的免费空间可以打开如图 12-12 所示的

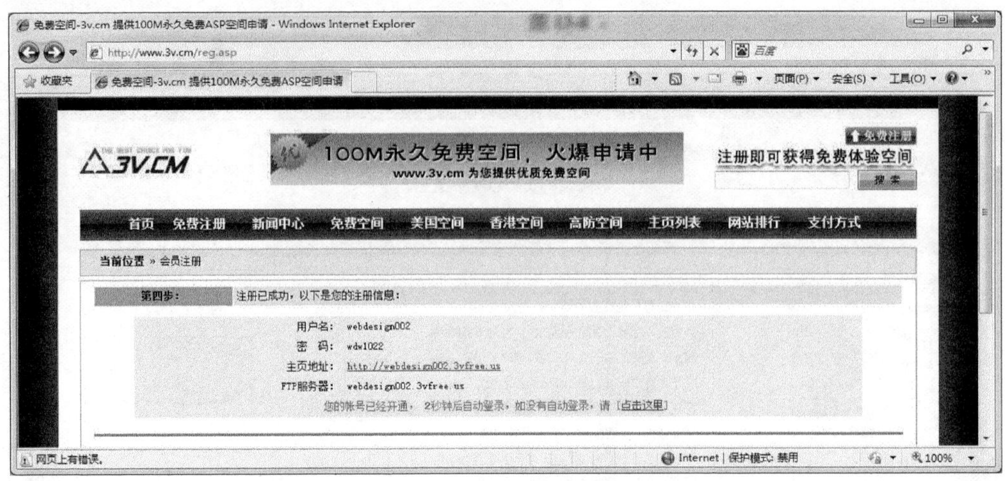

图 12-10 注册成功提示

图 12-11 免费空间后台管理页面

网页。

(6) 由于我们没有上传网页,因此图 12-12 显示的是免费空间的默认页面。要上传网页需要获取免费空间的 FTP 信息。单击图 12-11 中的“FTP 管理”链接,打开如图 12-13 所示的页面。该页面列出了免费空间的 FTP 地址、账号和密码等信息,这些信息可用于后续网站的发布上传。

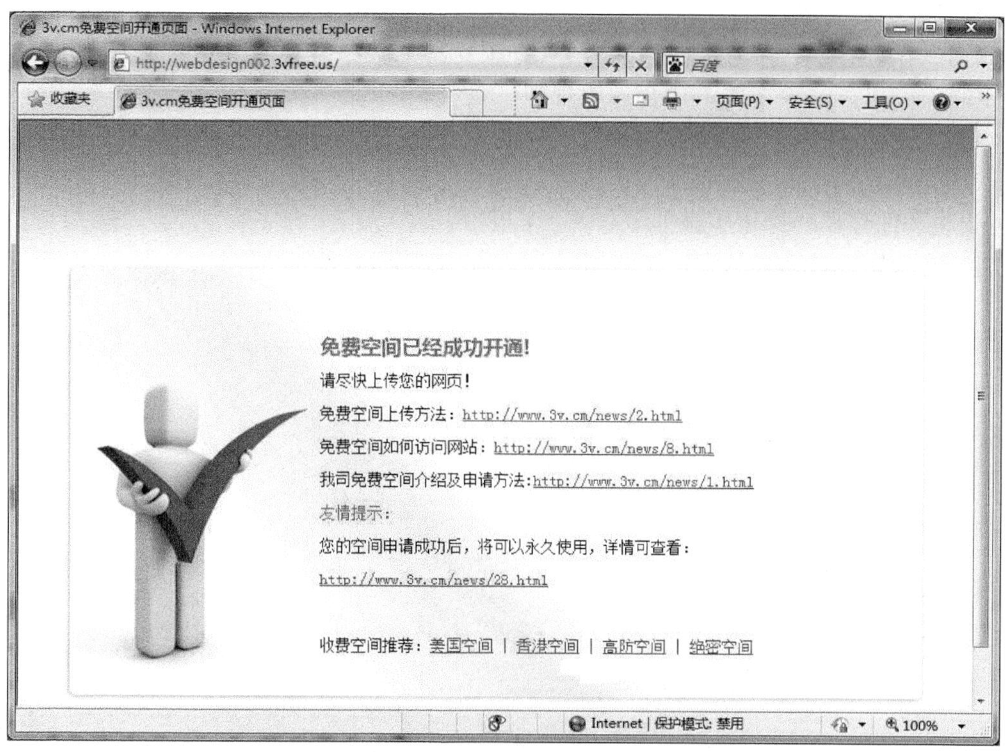

图 12-12　访问免费空间网页

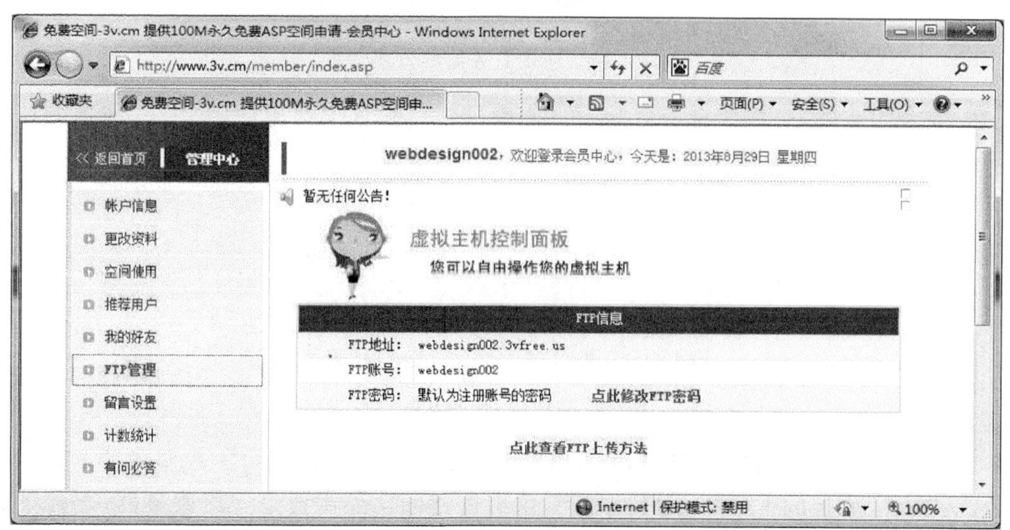

图 12-13　免费空间 FTP 信息

2. 网站发布

当网页制作与测试完成并拥有网页空间后，就可以将网站传送到远程的服务器上了。通常网页上传有三种方式。

1) 直接复制文件

利用磁盘、网络共享文件的形式将网页直接复制到服务器上的相应目录下,或直接在服务器上制作完成。这种方式不适合远程管理。

2) 使用 Dreamweaver 上传文件

Dreamweaver 本身附带有文件传输协议的上传和下载功能,可以方便地进行网站的上传、下载和文件管理。操作步骤如下:

(1) 设置服务器的基本信息如图 12-14 所示。在"FTP 地址"文本框中输入 FTP 地址,在"用户名"文本框中输入 FTP 账号,在"密码"框中输入 FTP 密码。

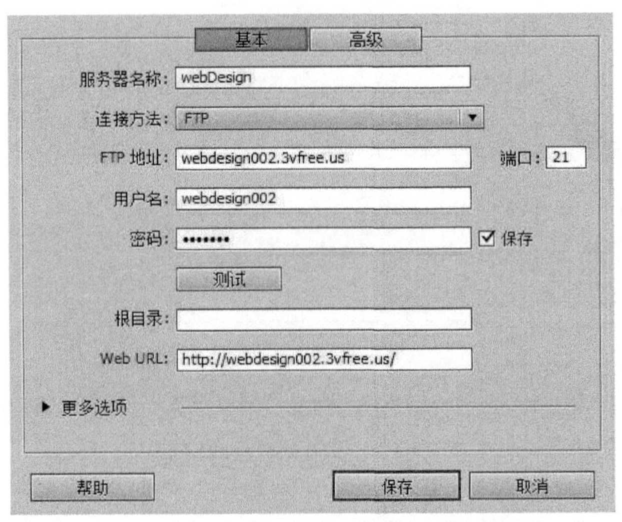

图 12-14 设置连接服务器的方式为 FTP

(2) 完成服务器 FTP 信息设置后,单击"测试"按钮,如果弹出如图 12-15 所示的对话框就说明成功连接到 Web 服务器。

图 12-15 成功连接到 Web 服务器提示

(3) 单击图 12-15"确定"按钮后再单击图 12-14"保存"按钮即可完成服务器 FTP 配置。

(4) "文件"面板的上端有一组"按钮",这组按钮的功能主要是连接服务器,上传下载文件,刷新和同步文件等,如图 12-16 所示。单击 Dreamweaver 的"文件"面板中的上传按钮,即可上传网站文件,根据连接的速度和文件大小的不同,上传网站需要经过一段时间,上传的这些文件将构成远程站点。

图 12-16 中黑色边框内的按钮组从左到右依次为:连接到测试服务器、刷新、从"测试服务器"获取文件、向"测试服务器"上传文件、取出文件、存回文件、与"测试服务器"同步、展开以显示本地和远端站点。这些按钮的功能基本可以做到见名知意,在此就不再赘述。

图 12-16　“文件”面板

(5) 上传网站文件后，单击“文件”面板的“展开以显示本地和远端站点”按钮，就可以看到站点文件已被上传到主机目录中了，如图 12-17 所示。

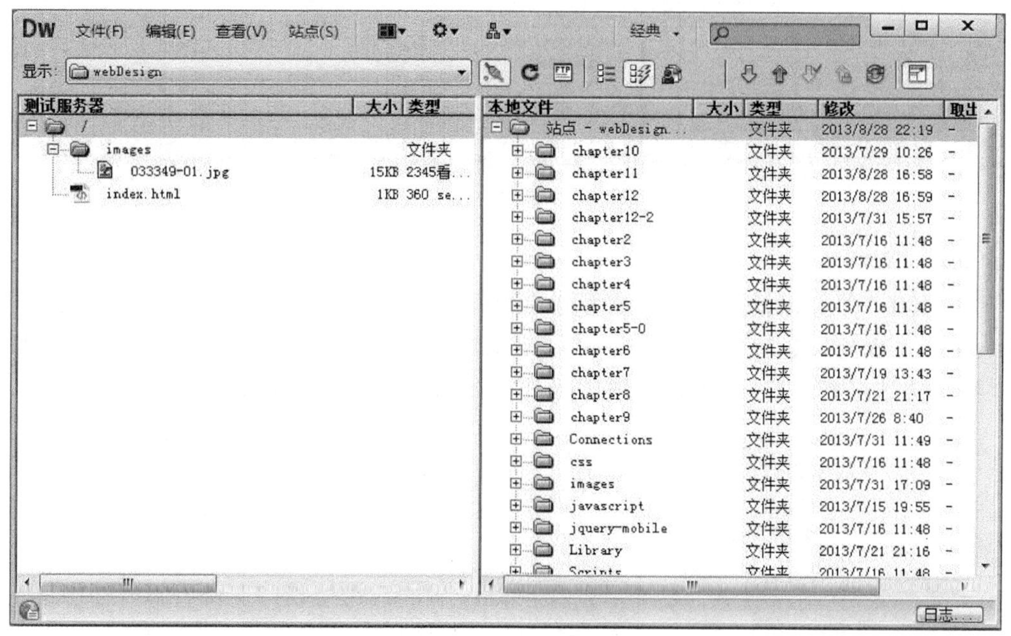

图 12-17　显示本地和远端站点

3) 使用 FTP 软件上传网站文件

目前的 FTP 软件比较多，常用的有 FileZilla、8UFTP、FlashFXP 和 CuteFTP 等，它们的上传原理基本相似。这些软件可以从国内许多软件下载网站获得，这里以 8UFTP 绿色版为例详细讲述一下网站文件的上传。

8UFTP 绿色版无须安装，只有一个后缀为“. exe”的可执行文件，双击该文件即可进入软件界面，如图 12-18 所示。

在“地址”、“用户名”和“密码”三个输入框中分别输入 FTP 地址、账号和密码信息，然后单击右端的“连接”按钮即可连接到远程服务器。如图 12-18 左边显示的是本地网站中的文件，右边显示的是远程网站的文件。要将本地文件上传到远程服务器，只需选择本地网站文件并拖动到右边的窗口即可。另外也可以右击左边的文件，从弹出的快捷菜单中选择“上

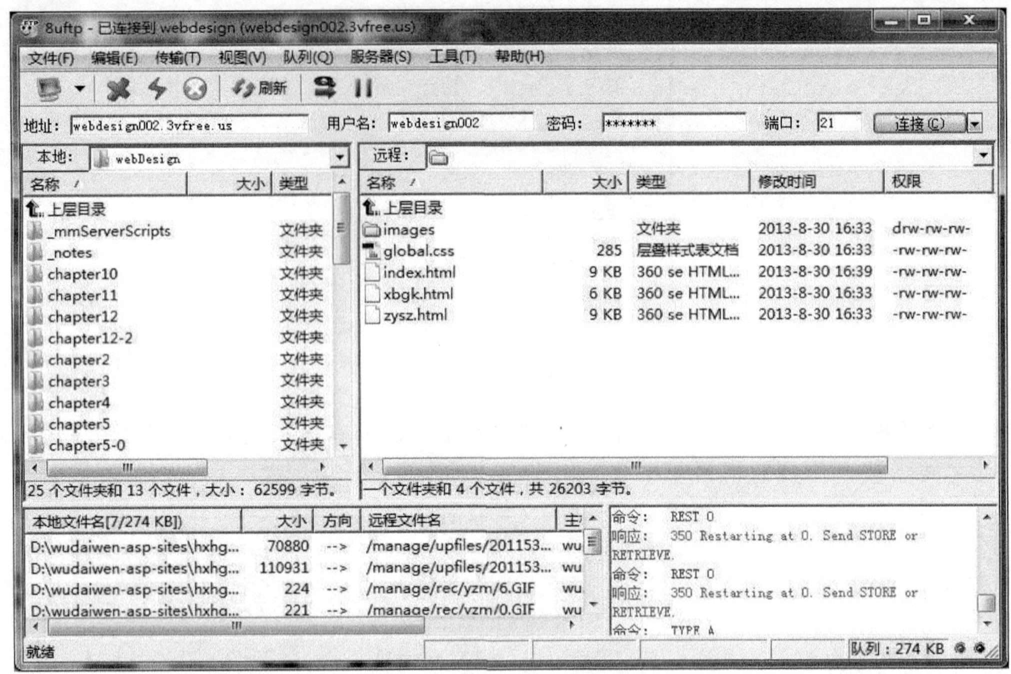

图 12-18 8UFTP 主界面

传”命令来上传文件。

另外 8UFTP 还提供了站点管理功能，可以将常用的远程站点保存到“站点管理器”中，这样就不用下次连接远程站点时仍需要在图 12-18 中输入 FTP 信息。保存远程站点请选择“文件”→“站点管理器”命令，即可打开如图 12-19 所示的对话框。

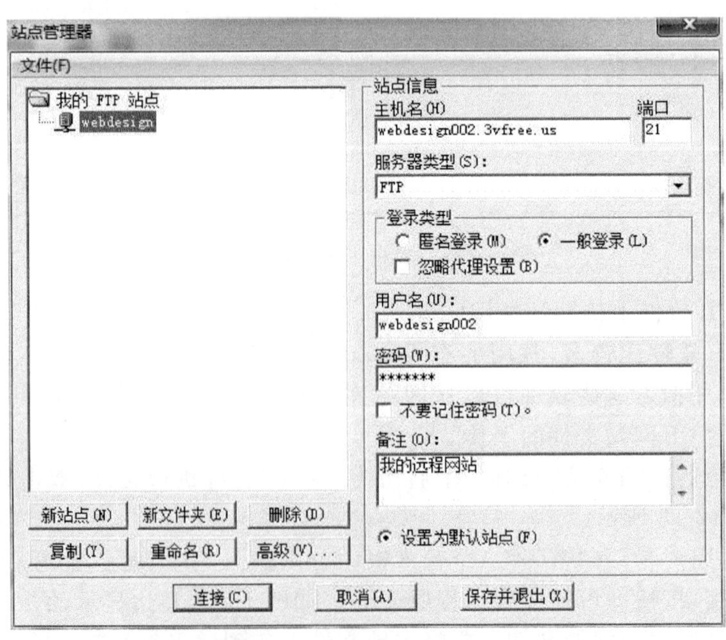

图 12-19 FTP 站点管理器

单击如图 12-19 所示对话框中的“新站点”按钮即可在“我的 FTP 站点”下方新建一个新站点。将站点名称命名为“webdesign”，并在“主机名”、“用户名”和“密码”三个输入框中分别输入 FTP 地址、账号和密码信息，然后单击“保存并退出”按钮即可保存该远程站点。当需要连接该远程站点时，只需要在图 12-19 中“我的 FTP 站点”下方选择它，然后单击底部的“连接”按钮即可连接到该远程站点。当有多个远程站点时，使用“站点管理器”来管理这些站点将会变得非常方便。

当把网页上传到远程站点后就可以通过浏览器来进行访问了，如图 12-20 所示为发布的网站首页。

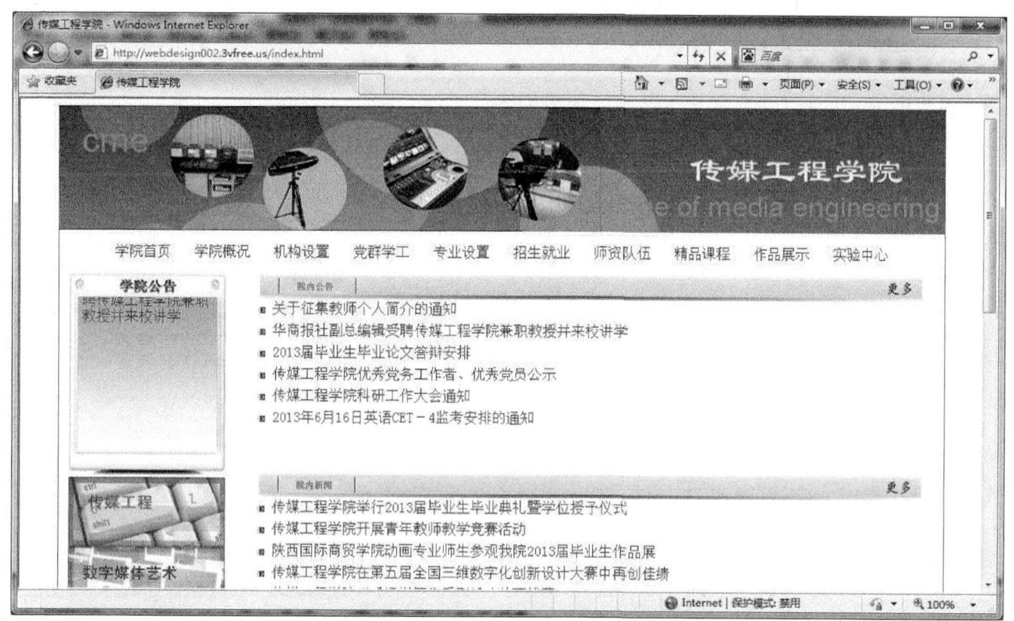

图 12-20　发布的网站首页

知识 12-6　Access 数据库的压缩和修复

Office 的 Access 软件自带有 Access 数据库压缩功能，可以利用这个功能压缩和修复数据库。用 Access 打开网站数据库，选择“工具”|“数据库实用工具”命令，即可实现 Access 数据库的压缩和修复。可以发现压缩以后的数据库文件会减少很多。

也可以用 ASP 编程的方法实现数据库的压缩。下面就是用 ASP 实现 Access 数据库服务器压缩和修复的全部代码。

```
<% @LANGUAGE = "VBSCRIPT" CODEPAGE = "65001" %>
<html xmlns = "http://www.w3.org/1999/xhtml">
<head><meta http-equiv = "Content-Type" content = "text/html; charset = utf-8" />
<title>压缩 Access 数据库</title></head>
<%
Const JET_3X = 4
Function CompactDB(dbPath, boolIs97)
Dim fso, Engine, strDBPath
```

```
strDBPath = left(dbPath,instrrev(DBPath,"\"))
Set fso = CreateObject("Scripting.FileSystemObject")
If fso.FileExists(dbPath) Then
Set Engine = CreateObject("JRO.JetEngine")
If boolIs97 = "True" Then
Engine.CompactDatabase "Provider = Microsoft.Jet.OLEDB.4.0;Data Source = " & dbpath, _
"Provider = Microsoft.Jet.OLEDB.4.0;Data Source = " & strDBPath & "temp.mdb;" _
& "Jet OLEDB:Engine Type = " & JET_3X
Else
Engine.CompactDatabase "Provider = Microsoft.Jet.OLEDB.4.0;Data Source = " & dbpath, _
"Provider = Microsoft.Jet.OLEDB.4.0;Data Source = " & strDBPath & "temp.mdb"   '产生一个新的临
时数据库文件 temp.mdb
End If
'复制新的数据库文件 temp.mdb 覆盖压缩前的文件。
fso.CopyFile strDBPath & "temp.mdb",dbpath
fso.DeleteFile(strDBPath & "temp.mdb")        '删除新的临时数据库文件 temp.mdb。
Set fso = nothing
Set Engine = nothing
CompactDB = "您所指定的数据库, " & dbpath & ", 已经使用过压缩." & vbCrLf
Else
CompactDB = "请检查您的数据库路径." & vbCrLf
End If
End Function
%>
<body>
<form action = "yasuoDatabase.asp" method = "post" name = "zipdata">
        数据库地址:
        <label for = "dbpath"></label>
        <input type = "text" name = "dbpath" value = "data.mdb" />
        <input type = "checkbox" name = "boodlIs97" value = "True">
        ACCESS97 数据库
        <input type = "submit" name = "submit" value = "压缩数据库">
</form>
<%  Dim dbpath,boolIs97
dbpath = request("dbpath")
boolIs97 = request("boolIs97")
If dbpath <> "" Then
dbpath = server.mappath(dbpath)
response.write(CompactDB(dbpath,boolIs97))
End If   %>
</body></html>
```

代码说明:

ASP 提供了 Engine.CompactDatabase 的方法来实现数据库的压缩。这段程序实际上是用一个表单输入数据库路径,注意这里的数据库路径用的是文档相对路径。然后调用 Engine.CompactDatabase 来实现数据库的压缩。压缩以后会产生一个新的临时数据库文件 temp.mdb,将这个压缩后的临时数据库文件复制并覆盖以前的数据库文件,最后删除这个临时的数据库文件。Access 数据库压缩的网页运行效果如图 12-21 所示。

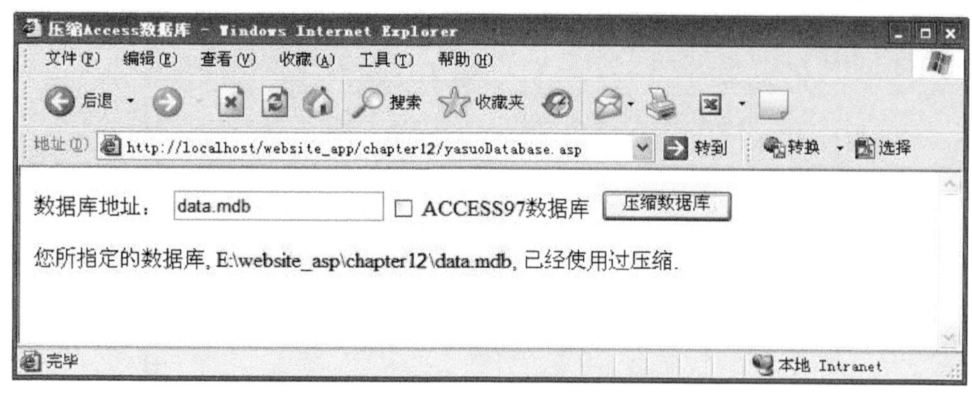

图 12-21　用 ASP 程序压缩 Access 数据库

知识 12-7　使用 ASP Encoder 对网页进行加密

可以从网络上下载 ASP Encoder 进行安装，ASP Encoder 有字符命令版和界面版两种。字符版使用命令进行网页加密[1]，界面版则在窗口下进行操作。

1. 字符版 ASP Encoder

从微软官方网站下载中心可以下载到 Script Encoder 加密程序，这时一个字符版的 ASP 加密程序。下载完后安装即可在安装目录中出现一个 screnc. exe 文件。在字符界面下面运行这个工具即可实现 ASP 文件的加密。例如要把 d:\a. asp 文件加密存放到 d:\b. asp，可以运行以下命令。

```
screnc d:\a.asp d:\b.asp
```

screnc 可以直接对 ASP 文件进行加密。相关参数如下。使用这些参数可以对 ASP Encoder 的加密输出进行设置。

(1) /s：可选。让 Script Encoder“安静”地工作，不输出执行过程。

(2) /f：可选。是否覆盖同名文件。

(3) /xl：可选。是否在. asp 文件的顶部添加@Language 指令。

(4) /l：可选，默认脚本语言。

(5) /e：指定待加密文件的文件扩展名。

2. 界面版 ASP Encoder

现在网络上也有很多操作界面方便的 ASP Encoder，这些工具不需要输入命令，直接选择输入输出的文件夹即可完成加密操作。如图 12-22 所示是 ASP Encoder 的工作界面，选择输入输出的文件夹，在单击 Start 按钮，即可对一个文件夹中的 ASP 网站进行加密。

选择菜单 File|Option 命令可对 ASP Encoder 的加密进行设置。如图 12-23 所示，可以设置默认网页服务器脚本、默认客户端脚本和加密文件类型等。

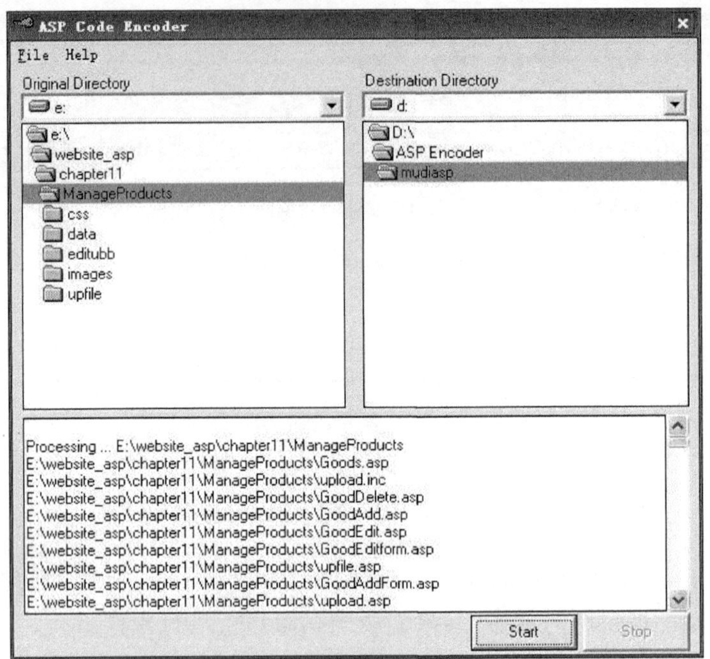

图 12-22 使用 ASP Encoder 加密网页

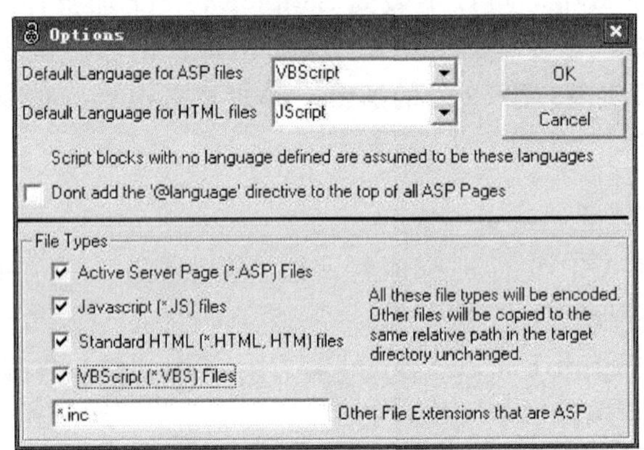

图 12-23 ASP Encoder 的设置

知识 12-8 网站的宣传与推广

1. 注册到搜索引擎

搜索引擎就是一些用来为用户提供搜索功能的网站。用户通常通过搜索引擎查找自己所需要的网站或信息,然后根据搜索到的结果单击所需要的网站。所以,网站如果可以出现在搜索引擎的结果中,就可以使大量的人访问自己的网站。

搜索引擎一般有自动收录功能,网站运行一段时间以后,搜索引擎可能根据网站的域名搜索到自己的网站,并且遍历网站中所有的网页。把网站中的网页进行分析,当用户查找相关的关键字时，自己的网站就可以出现在搜索的结果中。

谷歌、百度和雅虎等著名搜索引擎都可以给网站带来大量的流量。一些较小的搜索引擎，如一搜、北大天网等网站也可以给自己的网站带来一定的流量。

但搜索引擎并不一定能自动搜索并添加自己的网站，搜索引擎都有网站手动添加功能。需要把网站的域名和相关信息手动添加到搜索引擎中。如图 12-24 所示为百度的搜索引擎登录入口。在搜索引擎的网站登录网页中提交自己的网站以后，搜索引擎会在很短时间内收录自己的网站。

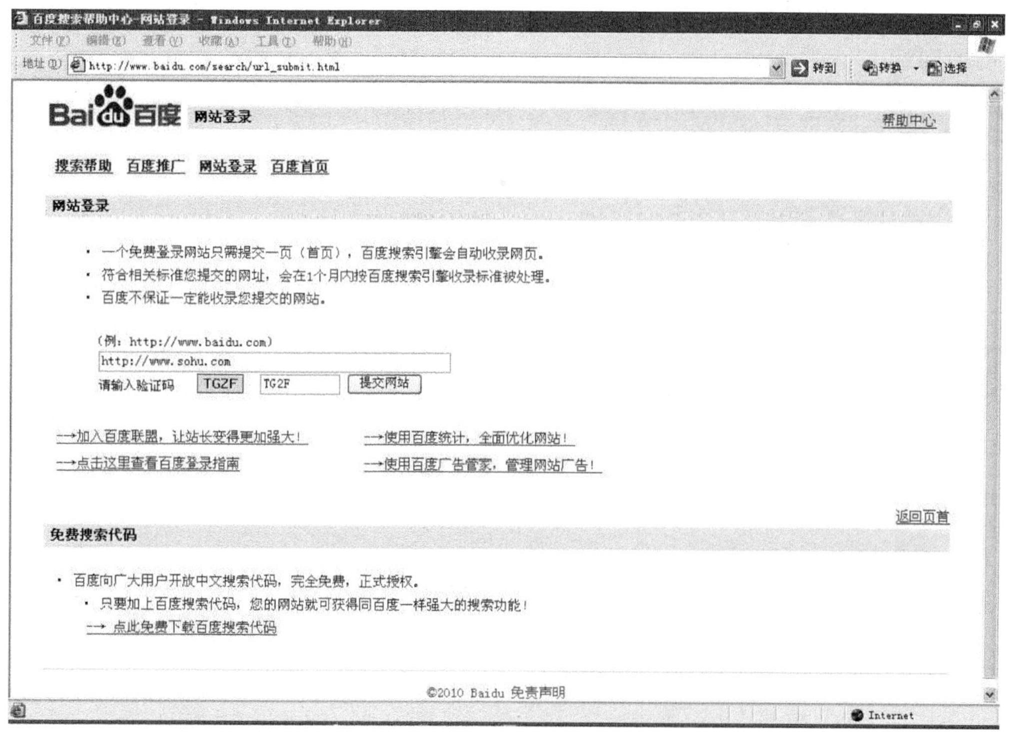

图 12-24　在百度网站登录网页添加网站

下面是一些常见搜索引擎网站的登录入口。

(1) Google 免费登录入口：http://www.google.com/intl/zh-CN/add_url.html。

(2) 百度免费登录入口：http://www.baidu.com/search/url_submit.html。

(3) 雅虎免费登录入口：http://search.help.cn.yahoo.com/h4_4.html。

(4) 网易有道免费登录入口：http://tellbot.youdao.com/report。

(5) 腾讯搜搜免费登录入口：http://www.soso.com/help/usb/urlsubmit.shtml。

(6) 天网免费登录入口：http://home.tianwang.com/denglu.htm。

(7) 新浪免费登录入口：http://bizsite.sina.com.cn/newbizsite/docc/index-2jifu-09.htm。

(8) 中搜网免费登录入口：http://ads.zhongsou.com/register/page.jsp。

2. 登录到导航网站

导航网站是一种专门用来为访问用户提供访问链接的网站。在这种网站上,有很多网站按照一定的分类排列在一起,用户可以很方便地根据网页上的分类找到自己所需要的网站。导航网站的访问量常常很大,可以给网站带来很大的访问流量。著名的网址导航网站有 360 网址导航、hao123 和谷歌 265。可以向这些网站提交链接申请,申请加入自己网站的名称和链接。

用户可以在不同的网站导航网站登录自己的网站。如图 12-25 所示为在谷歌 265 上注册自己的网站。

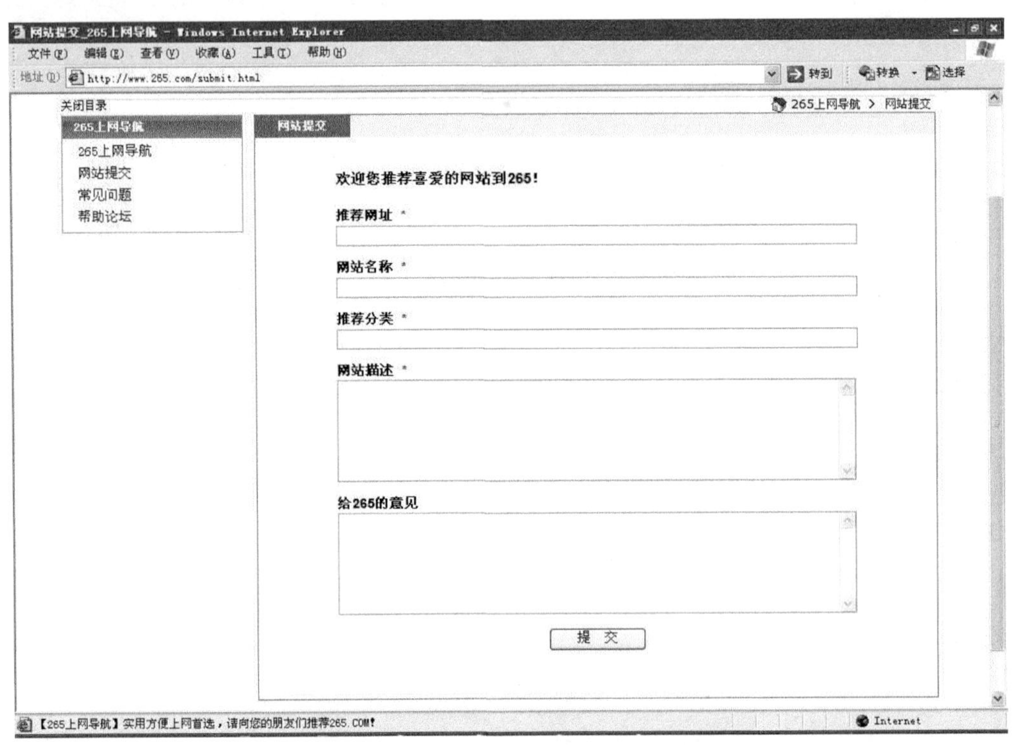

图 12-25 在谷歌 265 中登录自己的网站

3. 友情链接

网站上有一些链接是指向其他网站的链接,单击这些链接时会打开其他网站的网页,这种链接就是友情链接。如图 12-26 所示为“中国传媒大学”网站首页底部中的文字导航链接,这种友情链接就是在网页的底部用表格的方式排列出需要注意链接的网页。

当然,网页中除了文字链接之外,还可以使用 Logo 图片导航链接。这种友情链接网站的 Logo 链接到其他站点上。制作精美的 Logo 图片可以吸引用户的点击访问。如图 12-27 所示为“中国传媒大学”网站首页中的 Logo 图片友情链接。

友情链接

中华人民共和国教育部	中国传媒大学南广学院	人民网传媒频道
视友网	高校传媒联盟	中国传媒大学出版社
传媒青年网	新华网传媒频道	党风廉政建设之窗
中国传媒大学电视台	中国传媒大学校报	校园广播台
中国传媒大学艺术教育部	北广在线	中国教育电视台
中传嘉艺	中国传媒大学MBA学院	中国广播网
首都教育60年人物专栏	中国传媒大学学生会	校社团联合会官方网站

图 12-26　网页中的文字友情链接

图 12-27　网页中的 Logo 友情链接

4. 网络广告

为了使自己的网站在短期内被大量用户知道和访问，可以在某些网站上发布网络广告。用户在访问这些网站时，可以单击这些网络广告链接到自己的网站上。

网络广告可能是文字链接、图片广告、动画广告和弹出式广告等形式。如果是图片、动画等形式的广告，就需要有较好的广告创意，能给用户留下很深的印象，以此吸引用户的点击。

大型门户网站的访问量大，在大门户网站上投放网络广告会对自己的网站有很好的推广效果。这些网络广告的收费可能是计时或计次的。如果是计次的网络广告，广告服务器会统计广告的有效点击次数，然后根据这些有效的点击次数进行广告费用结算。如图 12-28 所示为“天涯社区”的网络广告。

5. 发布信息推广

网络中有很多免费自由发布信息的空间，如留言板、论坛和博客等，都可以自由发布各种信息。用户在查看这些信息时，可能打开这些信息中留下的网站或链接。

在进行网站推广时，可以到相关网站留言板中留言，留下网站的相关信息。对于供求类网站，可以在网站上发布自己的网站的产品信息和供求信息，并添加自己网站的链接。用户

图 12-28 “天涯社区”网站首页的网络广告

在查看这些信息时就可能会浏览自己的网站。

论坛和博客常常有大量的用户，而且有很大用户访问发布的信息，所以，论坛和博客对网站推广有很大的作用。可以在博客的网站上开设一个和网站信息相关的博客，经常发布一些与网站信息相关的产品和图片等内容，并积极参与博客或论坛的交流，在发布的内容中加入自己的网站的信息，这样可以带来一定的网站点击量。

比如可以到天涯论坛发布一些自己网站的推广信息，或者利用新浪、网易和搜狐等博客发布网站推广信息。如果网站的用户群体有一部分是学生的话，可以考虑到一些重点高校的论坛发布网站推广信息。这些论坛有清华大学的水木清华(bbs. tsinghua. edu. cn)、华中理工的白云黄鹤 bbs(bbs. whnet. edu. cn)和西安电子科技大学的西电好网(http://www. xdnice. com/)等。

6. 传统广告和户外广告

传统广告和户外广告的形式已经被绝大多数群体所接受，广告的覆盖面广，影响力大，能对网站的推广起到很好的效果。网站完成后，可以选择报纸、电视、公交车体广告、公交移动电视广告、公交站牌广告和户外墙体广告等形式，对自己的网站进行有针对性的宣传和推广。如果是针对电子商务网站和公司产品推广网站，这种有针对性的广告可以在短时间内取得较好的广告回报。

知识 12-9　在网站中集成 QQ

在网站上面集成几个自己常用的 QQ 号码，以方便和网站浏览者随时沟通，这也是推广网站的一个重要途径。现在的年轻人基本人人都有 QQ 号码，有的甚至一人有几个 QQ 号码，因此在网站上集成 QQ 号码就显得非常必要，尤其对于从事网上商务活动的网站就更有必要了。在网站中集成自己的 QQ 号码比较简单，主要步骤如下：

(1) 进入 QQ 推广的主页面，网址是 http://shang.qq.com/v3/index.html。刚进入网站时要用自己打算公布的 QQ 号码登录网站。

(2) 登录后点击网页上方导航栏的"推广工具"链接，进入推广工具网页，如图 12-29 所示。

图 12-29　QQ 推广工具网页

(3) 在如图 12-29 所示的网页中可以设置组件样式和提示语等，设置完成后复制网页下发的代码放到自己的网站相应位置即可。

利用页面左侧的"一键加群组件"功能可以很方便地推广商家创建的 QQ 群，其他用户只要点击商家发布的"一键加群"按钮，即可无须认证地加入该群，方便商家快速积累更多的客户，如图 12-30 所示。

在图 12-30 网页的左侧选择自己要设置为一键加群的 QQ 群，可供选择的群是用户自己创建的 QQ 群，选择 QQ 群后右侧随即生成相应的一键加群代码。代码分为网页代码、iPhone 代码、Android 代码和二维码四种，根据需要选择复制即可使用。

图 12-30 QQ 一键加群设置页面

知识 12-10 在网站中集成百度商桥

百度商桥是一款商务沟通工具,针对百度推广用户与非百度推广用户,分别重磅推出 VIP 版商桥及标准版商桥,提供网络营销"成单关键环节"所需的全部服务。安装商桥客户端后,只需在网站上添加一段代码,商家即可获得网民:"进入网站、浏览网页、商业意图判断、捕获访客发出商机、建立在线沟通、成单记录、效果分析、优化建议"全程数据和解决方案。在网站中集成百度商桥功能比较简单,主要步骤如下:

(1) 进入百度商桥主页面,网址是 http://qiao.baidu.com/home/,如图 12-31 所示。

图 12-31 百度商桥首页

（2）根据要推广的网站类型下载不同类型的百度商桥安装程序，本书以PC版百度商桥为例讲解。单击图12-31“立即下载”按钮下载PC版百度商桥安装程序，然后安装到自己的计算机中。

（3）单击图12-31中的“非百度推广客户，请注册”超链接，注册一个百度推广用户。

（4）打开已经安装好的百度商桥程序，进入如图12-32所示百度商桥的登录界面，输入已经注册的百度推广用户名和密码即可登录。

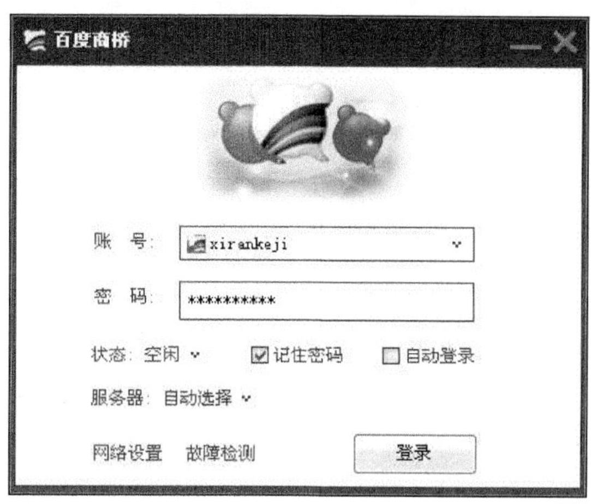

图12-32　百度商桥登录界面

（5）登录后选择窗口右上方的“系统设置”按钮，进入系统设置窗口，如图12-33所示。

图12-33　百度商桥样式管理

(6) 选择"网站管理"下的"样式管理"可设置百度商桥在网页上面显示的样式。

(7) 选择"PC 站点"可以在百度商桥中添加 PC 站点,如图 12-34 所示。

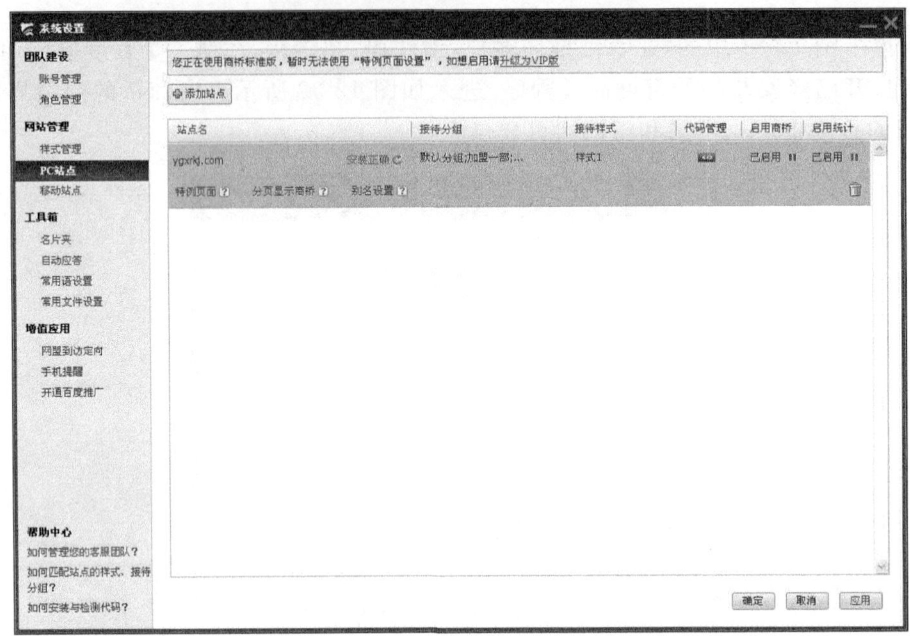

图 12-34 百度商桥 PC 站点管理

(8) 设置完成后单击"代码管理"下面的代码按钮,进入如图 12-35 所示的代码界面。

图 12-35 百度商桥代码管理

(9) 选择左侧的生成的代码加入到你的网站即可完成百度商桥的集成工作。集成了百度商桥后的网站首页如图 12-36 所示。

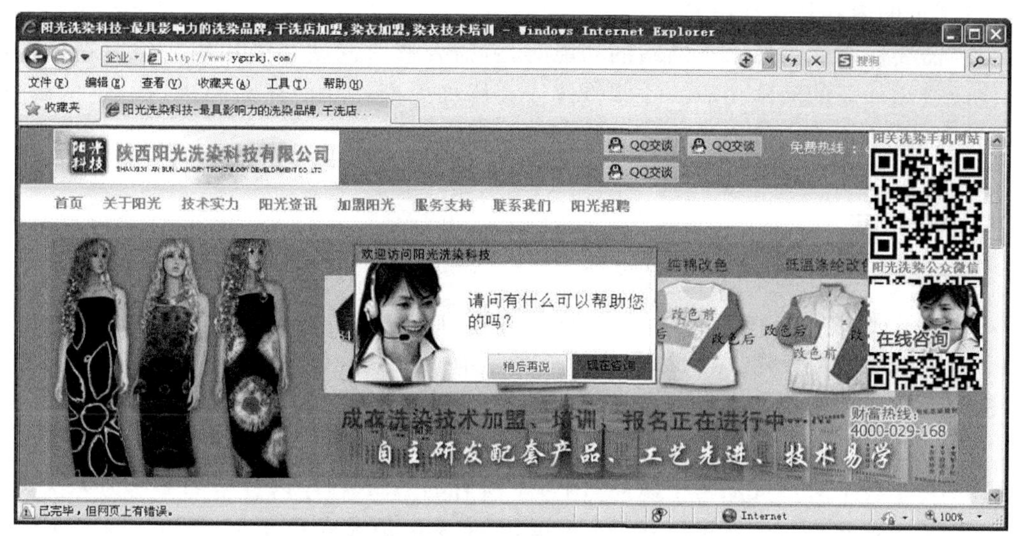

图 12-36　集成百度商桥的网站首页

当访问者访问该网站、和客服在线交谈以及退出在线交谈时，百度商桥后台会给商家有相应的提示。商家可以在网站后台直接与网站浏览者进行沟通。百度商桥系统设置还有很多功能，如账号管理、角色管理和名片夹等，用户可以根据提示进行更多设置，这里不再讲解。

知识 12-11　网页维护更新

网站正常运以后，每隔一段时间需要对网站内容进行更新。网站中的网页通常有静态网页和动态网页，静态网页的更新就是增加新的网页内容。动态网页的更新可以在网站后台直接进行操作。

1. 静态网页的维护更新

静态网页制作完成后，维护和更新需要重新设计制作新的网页。或者在原有网页的基础之上进行修改，添加相应的网页内容。设计制作新的网页时应该注意和网站的风格保持一致。最后，将新建的网页和已经更新的网页上传服务器覆盖原网页即可。

(1) 网页更新：如果需要更新的网页的具体内容和网页效果，就需要重新设计网页。这时可以重新设计网页效果图和网页的布局，更新后重新上传到网站的服务器空间即可。

(2) 资源文件更新：网页如果只更新资源文件而不更新其他内容，如只更新图片，动画和视频文件等。可以将修改后的资源文件重命名和原来一样的文件名，然后上传到服务器覆盖以前的文件即可。

2. 动态网页的更新

动态网页的更新可分为数据库内容更新和网站功能的更新。动态网站设计完成之后，一般都有比较完整的网站内容管理功能。网站的后台可以方便地对数据库的内容进行管理和更新。而前台网页的内容通常是从后台数据库提取的,这样只要更新了后台数据库的内容,前台网页的内容就自动更新了。

但当需要修改或添加动态网站的功能时,就需要修改网站功能代码或编写新的功能代码以修改或添加新的网站功能。这些修改或新添加的网站功能还需要进行一定的测试,测试通过后把这些修改或添加的网页上传到服务器即可。

知识点拓展

ASP是一种解释源码的语言,ASP程序所有的内容都是以纯文本的形式存放在服务器上的。只要进入了服务器,就可以得到网站的所有程序和控制整个网站的数据。这给ASP程序的商业化应用和软件产权保护带来了很大的困难。

于是,微软针对这个问题推出了用ASP Encoder技术对ASP网页进行加密。使用了ASP Encoder技术对网页加密了以后,网页上所有的ASP程序内容全部加密为无法识别的不规则代码。这些代码依然可以在IIS上运行,但不能被改变和读取,从而达到了保护ASP程序的目的。

ASP Encoder对ASP网页的加密,是对网页中的ASP代码进行一定规则的替换和运算,使之成为不可识别的代码。ASP Encoder的加密有以下特点。

(1) ASP Encoder只对ASP网页中的程序脚本进行加密,而网页中的HTML标签保持不变。网页中的客户端脚本代码也可以被加密。

(2) ASP Encoder对网页中的脚本进行加密以后,网页中的程序无法被读取,且网页中的程序脚本就作为一个整体,增加了其他任何网页就无法运行。从而保护了程序的内容。

(3) IIS内嵌有ASP Encoder的解释功能,经过加密以后的网页,IIS不需要第三方插件就可以正常运行。

下面用一个简单的网页程序来说明ASP Encoder的加密功能。以下为一段访问数据库测试数据库连通性的代码:

```
<%
    Set Conn = Server.CreateObject("ADODB.Connection")
    Conn.Open "DSN = TestDSN"
    if Conn.State = 1 then
          Response.Write("数据库打开成功<hr>")
    end if
    Conn.Close
    if Conn.State = 0 then
          Response.Write("数据库已经关闭<br>")
    end if
    Set Conn = nothing
%>
```

对这段代码使用ASP Encoder加密,加密后的代码如下。加密后的代码无法识别,这样就很好地保护了代码内容。

```
<%@ LANGUAGE = VBScript.Encode %>
<%#@~^JwEAAA==@#@&P~,? YP;W  U'U+.\D /M+1Dnr(L+1OcJzf}f$R/G xnmDrW Jb@#@&PP~/KxUR}2x~rfU1': +kOfU1E@#@&P~~b0P;Gx
R?DCO+{F,Y4+U@#@&P~P,~P,P]nkwWUd R DbO'E数据库打开成功@!tM@*J*@#@&~P,+UN,kW@#@&PP,/W xR;sG/@#@&P~PrW,ZGx
?D1On{!PO4x@#@&,~,P~,P,I+kwKU/R  DbYncr数据库已经关闭@!4M@*J*@#@&,~~+
  N,kW@#@&~,Pj+D~ZKxUx  WY4r
o@#@&o0gAAA==^#~@%>
```

职业技能知识点考核

简答题

(1) 简述网站测试的内容。

(2) 简述网站宣传和推广的常用方法。

(3) 列举一些常见搜索引擎网站的登录入口。

参 考 文 献

[1] 吴代文等. 网页设计基础与实训[M]. 北京：清华大学出版社，2011.
[2] 吴代文等. 网站建设与管理基础及实训(ASP)版[M]. 北京：清华大学出版社，2012.
[3] 吴代文等. 网站建设与管理基础及实训(PHP)版[M]. 北京：清华大学出版社，2013.
[4] 吴代文等. 网页设计基础及实训(第二版)[M]. 北京：清华大学出版社，2014.
[5] 莫治雄等. 网页设计实训教程(第 2 版)[M]. 北京：清华大学出版社，2007.
[6] 曾顺. 精通 DIV+CSS 网页设计与布局[M]. 北京：人民邮电出版社，2007.
[7] 喻钩等. ASP 程序设计循序渐进教程[M]. 北京：清华大学出版社，2009.

图书资源支持

感谢您一直以来对清华版图书的支持和爱护。为了配合本书的使用，本书提供配套的资源，有需求的读者请扫描下方的“书圈”微信公众号二维码，在图书专区下载，也可以拨打电话或发送电子邮件咨询。

如果您在使用本书的过程中遇到了什么问题，或者有相关图书出版计划，也请您发邮件告诉我们，以便我们更好地为您服务。

我们的联系方式：

地　　址：北京市海淀区双清路学研大厦 A 座 701

邮　　编：100084

电　　话：010－62770175－4608

资源下载：http://www.tup.com.cn

客服邮箱：tupjsj@vip.163.com

QQ：2301891038（请写明您的单位和姓名）

资源下载、样书申请

书圈

扫一扫，获取最新目录

用微信扫一扫右边的二维码，即可关注清华大学出版社公众号“书圈”。